21 世纪高校计算机系列规划教材

Visual Basic 程序设计

主 编 宁爱军 赵 奇

副主编 窦若菲 王 燕

中国铁道出版社
CHINA RAILWAY PUBLISHING HOUSE

内 容 简 介

本书以 Visual Basic 6.0 为编程环境，通过分析问题、设计算法、编写和调试程序的步骤讲解程序设计的过程，以培养学生分析问题、算法设计和程序设计能力为重点，注重语言和语法知识、界面设计的讲解，通过文件、图形、数据库编程和高级编程技术等培养应用程序的编写能力。

全书针对初学者的实际情况和学习进度，内容由浅入深、循序渐进，可读性强，解决了以往程序设计课程教学中，学生能掌握语言语法知识但不会设计算法、编写程序解决实际问题的不足。本书适合作为大学生初次学习程序设计的教材，也可以作为 Visual Basic 语言编程的参考书。

图书在版编目（CIP）数据

Visual Basic 程序设计 / 宁爱军，赵奇主编. — 北京：中国铁道出版社，2015.2
21 世纪高校计算机系列规划教材
ISBN 978-7-113-19680-6

Ⅰ. ①Ⅴ… Ⅱ. ①宁… ②赵… Ⅲ. ①BASIC 语言—程序设计—高等学校—教材 Ⅳ. ①TP312

中国版本图书馆 CIP 数据核字（2014）第 293270 号

书　　名：Visual Basic 程序设计
作　　者：宁爱军　赵　奇　主编

策　　划：魏　娜　　　　　　　　　　　读者热线：400-668-0820
责任编辑：孟　欣　徐盼欣
封面设计：付　巍
封面制作：白　雪
责任校对：汤淑梅
责任印制：李　佳

出版发行：中国铁道出版社（100054，北京市西城区右安门西街 8 号）
网　　址：http:// www.51eds.com
印　　刷：三河市航远印刷有限公司
版　　次：2015 年 2 月第 1 版　　　2015 年 2 月第 1 次印刷
开　　本：787mm×1092mm　1/16　印张：18.5　字数：481 千
书　　号：ISBN 978-7-113-19680-6
定　　价：36.00 元

前　言

　　Visual Basic 继承了 BASIC 语言简单、易学的特点，采用面向对象、可视化、事件驱动等先进的软件开发方法，是使用广泛的程序设计语言和集成开发环境。

　　本书以 Visual Basic 6.0 为编程环境，通过分析问题、设计算法、编写和调试程序，重点培养学生分析问题和算法设计的能力，以及对语言和语法知识的理解和掌握，也注重 Visual Basic 界面设计、文件、图形、数据库编程等实际应用能力的培养，力求弥补以往在程序设计课程教学中，学生能掌握语言语法知识但不会自己设计算法、编写程序解决实际问题的不足。

　　全书针对程序设计初学者实际情况和学习进度，内容由浅入深、循序渐进，可读性强，是适合大学生阅读的程序设计课程教材，也可以作为 Visual Basic 语言编程的参考书。

　　本书共分为 14 章。其中第 1~3 章介绍程序设计的基础知识和 Visual Basic 的基础知识；第 4~7 章介绍顺序、选择、循环结构程序设计和数组，采用先讨论算法设计、后介绍编程语言的方法，力求培养读者的算法设计和编程能力；第 8 章介绍使用函数和过程进行模块化程序设计的方法；第 9、10 章介绍常用控件和界面设计方法；第 11~13 章介绍数据文件编程、图形编程以及数据库编程方法；第 14 章介绍高级编程技术，旨在提高读者的实际编程能力。每章后附有针对性强的习题，帮助读者复习和巩固所学内容。

　　教师选用本书作为教材，可以根据授课学时情况适当取舍教学内容。教学建议如下：

　　(1) 如果学时充分，建议系统学习全部内容。如果学时较少，建议以第 1~10 章作为教学内容。后续章节可以在选修课或课程设计中介绍，也可以建议学生自学。

　　(2) 第 4~8 章作为课程的教学重点，应该先进行问题分析、算法设计，后学习语言语法、程序设计和程序调试，从而努力培养学生分析问题、解决问题的能力。

　　(3) 学生应该认真完成课后习题，以巩固语言和语法知识，培养实际编程能力，力求达到全国计算机等级考试（二级 Visual Basic）要求的水平。

　　(4) 本书中标注*的内容初学时可以暂时不予关注，在具备一定编程能力或者实际编程需要时再阅读或学习。

　　本书编者都是长期从事软件开发和大学程序设计课程教学的一线教师，具有丰富的软件开发和教学经验。本书由宁爱军、赵奇主编，负责全书的总体策划、统稿和定稿；由窦若菲、王燕任副主编。其中，第 1、2、3 章由赵奇编写，第 4、5、6、7、8 章由宁爱军编写，第 9、10、13、14 章由窦若菲编写，第 11、12 章由王燕编写。为本书的出版提供帮助的有熊聪聪、满春雷、李伟、张艳华等老师，本书还得到了天津科技大学各级领导的大力支持，在此一并表示感谢。

　　虽然本书的成稿是编者多年软件研发和教学经验的总结，但是由于编者水平有限，书中肯定还存在很多不足之处，热切希望得到专家和读者的批评指正。联系信箱：ningaijun@sina.com。

编　者

2015 年 1 月

目录

第1章 程序设计基础

自从第一台计算机诞生以来，计算机已经成为人们生活和工作中不可或缺的工具。计算机不能直接理解人们日常使用的自然语言，只能运行二进制指令，因此为了便于人们同计算机沟通，人们设计了程序设计语言。程序员使用程序设计语言编写程序，由计算机执行。随着计算机技术的飞速发展，程序设计语言与程序设计方法也在不断进步。本章主要介绍程序设计语言和算法的相关知识，以及如何通过流程图描述算法。

1.1　程序设计语言

人们想用计算机解决问题，必须事先设计好计算机处理信息的步骤，把这些步骤用计算机能够识别的指令编写出来并输入计算机执行。计算机执行的指令序列称为程序，而编写程序的过程称为程序设计。随着计算机技术的发展，出现了不同风格的程序设计语言，逐步形成了计算机语言体系。程序设计语言在发展的过程中也经历了由低级到高级的发展过程。

计算机语言按照其发展过程可以分为：机器语言、汇编语言和高级语言。其中机器语言和汇编语言被称为低级语言，而高级语言又分为面向过程编程语言和面向对象编程语言。

1. 机器语言

计算机能够直接识别和执行的二进制指令称为机器指令，机器指令的集合就是机器语言指令系统，简称机器语言，是最早的程序设计语言。因为机器语言是由一连串 0 和 1 组合起来的二进制编码，所以用机器语言编写的程序可以直接被计算机识别和执行，执行效率高、速度快。但机器语言随不同类型的计算机而异，针对一种计算机编写的程序不能在另一种计算机上运行，可移植性差。机器语言编写起来非常烦琐，调试、修改不方便，需要具有非常专业的计算机知识才能掌握。

2. 汇编语言

为了克服机器语言的缺点，使得更多的人能够进行程序设计，人们对机器语言进行了改进，使用一些便于记忆的助记符号来代替机器指令。使用这些助记符号代替机器指令所产生的语言称为汇编语言。汇编语言中所使用的助记符号更多是使用一些英文单词的缩写，如 ADD 表示加法、SUB 表示减法等。这些助记符号可以让人们很容易地理解指令的含义，便于记忆。汇编语言比机器语言易读、易懂，而且修改也较为方便，主要用于硬件编程。目前，汇编语言仍广泛应用于实时控制、实时处理、嵌入式设计等领域。

3. 高级语言

汇编语言从可读性方面已经比机器语言有了很大进步，但仍然没有摆脱指令系统的束缚，也不符合人们的表达习惯。高级语言更类似于自然语言，直接使用英文单词的缩写，便于记忆，而计算公式更接近于数学公式，易于编写。

高级语言根据发展的先后顺序分为面向过程的编程语言和面向对象的编程语言。面向过程的编程语言中较为典型的有 BASIC、Pascal、FORTRAN、COBOL、C 等；而面向对象的编程语言中较为典型的有 Visual Basic、Visual C++、Visual FoxPro、Delphi、Java、.NET 等。

因为计算机不能直接识别高级语言，所以用高级语言编写的程序，必须被翻译成目标程序才能被机器识别，这一过程分为编译方式和解释方式。

编译方式是将源程序翻译成目标程序，然后再生成一个可执行程序。产生的可执行程序可以脱离编译程序和源程序独立存在并反复执行。编译方式如图 1-1 所示。

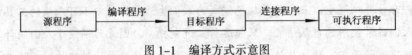

图 1-1　编译方式示意图

解释方式是将源程序逐句解释成二进制指令，解释一句执行一句，不生成可执行文件，执行速度比编译方式慢。

1.2　算法的概念

日常生活中，无论做什么事情都要有一定的步骤，算法是为解决一个问题而采取的方法和步骤。计算机算法是计算机为解决某一问题而采取的方法。计算机算法可以分为两大类：数值运算算法和非数值运算算法。数值运算算法的目的是求数值解，如方程的根、定积分等。非数值运算算法主要用于管理领域，如文字处理、图形图像处理、信息检索、信息管理等。

无论采用何种程序设计语言解决问题，算法永远是程序设计的核心，只要设计好了算法，就可以使用程序设计语言来实现。由此可见，算法在程序设计中起着举足轻重的作用，著名计算机科学家尼·沃思曾提出一个公式：

数据结构+算法=程序

数据结构是对数据的描述，在程序中指定数据的类型和数据的组织形式。同一问题可以有多个不同算法，这些算法有优劣之分，要在保证算法正确性的前提下，使算法的效率和速度更快，所以应该尽量设计正确且高效的算法。下面将通过几个算法实例，来了解算法的概念和特点。

【例 1.1】求 $1 \times 2 \times 3 \times 4 \times 5$。

【解】算法主要步骤如下：

（1）先求 1×2，得到结果 2。

（2）将步骤（1）得到的结果 2 乘以 3，得到结果 6。

（3）将 6 再乘以 4，得 24。

（4）将 24 再乘以 5，得 120。

（5）输出 120。

（6）结束。

本算法虽然正确，却过于烦琐，缺乏通用性，可以通过引入中间变量存放计算结果来简化算法，使得算法通用性更好。步骤如下：

（1）使 1→t，将数值 1 存放于 t 中。

（2）使 2→i，将数值 2 存放于 i 中。

（3）使 t×i 的乘积仍然存放于变量 t 中，表示为 t×i→t。

（4）使 i 的值＋1，即 i＋1→i。

（5）如果 i≤5，返回步骤（3），否则转入步骤（6）。

（6）输出 t。

i	2
t	1

说明：此处 i 和 t 称为变量，即名字为 i 和 t 的内存，用于存取数据，如图 1-2 所示。

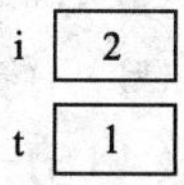

图 1-2　变量

如果要求 n!，只要在步骤（1）前增加步骤（0）输入 n 的值，再将算法中步骤（5）的 i≤5 改为 i≤n，使得上限不再是一个固定的数字即可。

【例 1.2】有 A 和 B 两个数，将 A 和 B 中的数据互换。

【解】算法主要步骤如下：

（1）A→C。

（2）B→A。

（3）C→B。

（4）输出 A 和 B。

算法执行过程如图 1-3 所示，需要借助一个中间变量 C。另有一个不需要借助中间变量的算法，实现步骤如下：

（1）A＋B→A。

（2）A－B→B。

（3）A－B→A。

（4）输出 A 和 B。

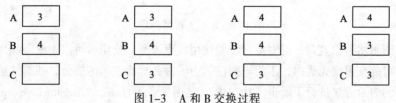

图 1-3　A 和 B 交换过程

学习提示：解决问题不一定只有一种算法，重要的是选择最适合的算法。权衡算法的质量，主要考虑算法的时间效率和空间效率。

【例 1.3】判断某一年份是否闰年。闰年的判定条件是：

（1）能被 4 整除，但不能被 100 整除。

（2）能被 100 整除，又能被 400 整除。

【解】假设要判断的年份存放在 year 中，算法的主要步骤如下：

（1）如果 year 不能被 4 整除，则输出 year "不是闰年"，转入步骤（4）。

（2）如果 year 能被 4 整除，不能被 100 整除，则输出 year "是闰年"，转入步骤（4）。

（3）如果 year 能被 100 整除，又能被 400 整除，则输出 year "是闰年"，转入步骤（4）。

（4）结束。

1.3 算法的特性

由以上例子可见，一个算法应具有以下特性：

（1）有穷性：算法都应当在有限的时间内解决问题，算法执行的步骤也应有限。

（2）确定性：算法的每一个步骤都必须是确定的，不应存在二义性。

（3）有零个或多个输入：算法可以没有输入，也可以有一个或多个输入。

（4）有一个或多个输出：算法在执行完毕后，需要将运行的结果返回，即输出。算法可以有一个或多个输出结果。

（5）有效性：算法中的每一个步骤都应该有效地执行，并能得到确定结果。

1.4 算法的表示方法

一个算法可以用自然语言、传统流程图、N-S 流程图或伪代码等方式来描述。1.2 节中的算法都是使用自然语言描述的。使用自然语言描述算法通俗易懂，但比较冗长，容易产生歧义。

1. 传统流程图和 N-S 流程图

传统流程图是用一些图框、流程线以及一些文字说明来描述操作过程的。使用流程图来表示算法，更加直观、易于理解。常用流程图符号如图 1-4 所示。

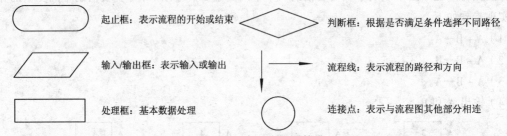

起止框：表示流程的开始或结束　　判断框：根据是否满足条件选择不同路径

输入/输出框：表示输入或输出　　流程线：表示流程的路径和方向

处理框：基本数据处理　　连接点：表示与流程图其他部分相连

图 1-4　常用流程图符号

传统流程图虽然形象直观，但对流程线的使用没有限制，使用者可以不受限制地使流程随意跳转，流程图可能变得毫无规律，不便于阅读。为了提高算法表示的质量，使算法更便于阅读，人们对流程图的表示方法进行了改进。1973 年，美国学者 I. Nassi 和 B. Shneiderman 提出了 N-S 流程图。这种流程图去掉了带有箭头的流程线，更适合于结构化程序设计，因此更多地被应用于算法设计中。N-S 流程图与传统流程图一样，唯一的区别是没有了流程线。

2. 三种基本结构

1966 年，Bohra 和 Jacopini 提出了三种程序设计的基本结构：顺序结构、选择结构和循环结构。经过理论证明，无论多么复杂的算法，都可以表示为这三种基本结构的组合。

（1）顺序结构：顺序结构是三种基本结构中最简单的一种，程序在执行过程中会按照语句的先后顺序依次执行。图 1-5（a）所示为传统流程图表示方式，图 1-5（b）所示为 N-S 流程图表示方式。

（2）选择结构：选择结构又称分支结构，指在程序执行过程中经过判定条件的真假来选择执行下一步的操作。图 1-6（a）、

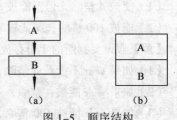

图 1-5　顺序结构

（b）所示为传统流程图表示方式，图 1-6（c）所示为 N-S 流程图表示方式。

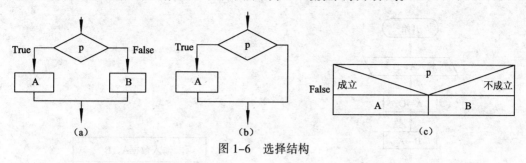

图 1-6　选择结构

（3）循环结构：循环结构用于重复执行相似或相同的操作，但循环应该在有限次循环后结束。循环结构有两种类型：当型循环和直到型循环。图 1-7（a）所示为当型循环传统流程图表示方式，图 1-7（b）所示为当型循环 N-S 流程图表示方式，图 1-7（c）所示为直到型循环传统流程图表示方式，图 1-7（d）所示为直到型循环 N-S 流程图表示方式。

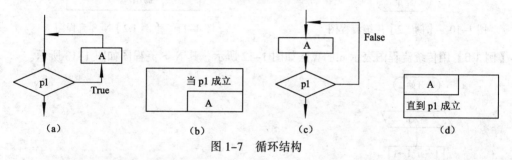

图 1-7　循环结构

以上三种结构具有以下共同特征：

（1）只有一个入口和一个出口。

（2）结构中的每一个部分都有可能被执行到。

（3）结构内不存在"死循环"。

【例 1.4】用传统流程图表示【例 1.1】的算法如图 1-8 所示，其 N-S 流程图如图 1-9 所示。

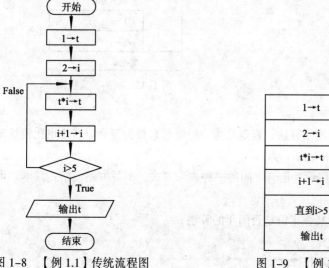

图 1-8　【例 1.1】传统流程图　　　　图 1-9　【例 1.1】N-S 流程图

【例 1.5】用传统流程图表示【例 1.2】的算法如图 1-10 所示，其 N-S 流程图如图 1-11 所示。

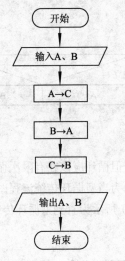

图 1-10 【例 1.2】传统流程图   图 1-11 【例 1.2】N-S 流程图

【例 1.6】用传统流程图表示 n!的算法如图 1-12 所示，其 N-S 流程图如图 1-13 所示。

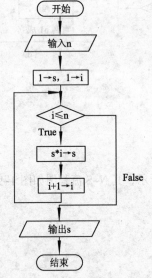

图 1-12 n!传统流程图   图 1-13 n!N-S 流程图

3. 伪代码

用传统流程图和 N-S 流程图表示算法，直观易懂，但画起来较为复杂，修改也比较烦琐，在设计算法时，也可以使用伪代码来表示。

伪代码是介于自然语言与程序设计语言之间的一种表示方式，书写方便，格式紧凑，可以很方便地向程序设计语言过渡。

【例 1.7】用伪代码表示判断某一年份是否闰年的算法。

【解】伪代码具体如下：

```
IF year 满足闰年的判定条件 THEN
```

```
            输出 "是闰年"
    ELSE
            输出 "不是闰年"
    END IF
```

学习提示：伪代码虽然与最终的程序设计语言不同，但在某些方面有相似之处，因此某些算法不能根据流程图很快写出代码时，可以使用伪代码进行过渡。

1.5 结构化程序设计方法

人们在编写程序时很难一下就写出全部程序代码，因此提出问题、算法设计到最后编码实现，需要经过一定的步骤和过程，而这个过程就称为结构化程序设计方法。

结构化程序设计方法是把一个复杂问题的求解过程分阶段进行，使得每个阶段的问题都在人们容易理解和处理的范围内。它遵循的一般原则是：

（1）自顶向下，逐步细化。解决一个复杂问题，一般有两种方法：一种是自顶向下、逐步细化。比如写文章时，先列出提纲，将文章分为几章，然后再将每章分为几节，每节再分为几段，再考虑每段的内容。采用这种方法进行程序设计，考虑周全，结构清晰，程序可读性强。另一种方法是自下而上，逐步积累。比如写文章时，提笔就写，想到什么就写什么，直到最后完成文章。

自顶向下，逐步细化是结构化程序设计方法的核心，在今后的学习中应学会使用这种方法来进行思考和解决问题。

（2）模块化设计。当程序比较复杂时，经常采用模块化的程序设计方法。将一个大的程序，分为若干个子模块，每个子模块还可以分解为更多小的子模块。每个模块实现一个特定的功能，模块之间可以相互调用。在 Visual Basic 中，模块可以通过过程（Sub）和函数（Function）来实现。

（3）结构化编码。应该采用结构化的编码来编写程序，实现结构化程序设计的三种基本结构。

习 题

一、练习题

1. 选择题

（1）最早出现的计算机语言是（　　）。

    A. 高级语言　　　　　　B. 汇编语言　　　　　　C. 机器语言　　　　　　D. 过程语言

（2）Visual Basic 程序设计语言属于（　　）的程序设计语言。

    A. 面向过程　　　　　　B. 面向问题　　　　　　C. 面向机器　　　　　　D. 面向对象

（3）计算机能直接执行（　　）。

    A. 源程序　　　　　　　　　　　　　　B. 机器语言程序

    C. 汇编语言程序　　　　　　　　　　　D. 高级语言程序

（4）以解释方式执行程序的过程是边逐条解释边执行，不生成（　　）。

    A. 目标程序　　　　　　B. 源程序　　　　　　C. 连接程序　　　　　　D. 库文件

（5）以下关于解释程序和编译程序的叙述中，正确的是（　　）。

A. 解释程序产生目标程序而编译程序不产生目标程序

B. 编译程序产生目标程序而解释程序不产生目标程序

C. 编译程序和解释程序都产生目标程序

D. 编译程序和解释程序都不产生目标程序

（6）以下关于算法的叙述中不正确的是（　　　）。

A. 算法中执行的步骤可以无休止地执行下去

B. 算法中的每一步操作必须含义明确

C. 算法中的每一步操作都必须是可执行的

D. 算法必须有输出

（7）要交换任意两个数 x、y 的值，以下（　　　）步骤是正确的。

A. x→y　y→x

B. t→x　x→y　y→t

C. x→t　y→x　t→y

D. x→t　t→y　y→x

（8）结构化程序设计的三种基本结构是（　　　）。

A. 层次结构、模块结构、选择结构

B. 顺序结构、选择结构、循环结构

C. 顺序结构、循环结构、跳转结构

D. 顺序结构、转移结构、循环结构

2. 画流程图

（1）画传统流程图和 N–S 流程图，输入长方形的长和宽，计算长方形的周长和面积。

（2）画传统流程图和 N–S 流程图，有三个数 a、b、c，求出最大值。

（3）画传统流程图和 N–S 流程图，计算 $\frac{1}{1}+\frac{1}{3}+\frac{1}{5}+\frac{1}{7}+\cdots+\frac{1}{99}$ 的值。

二、参考答案

1. 选择题

（1）	（2）	（3）	（4）	（5）	（6）	（7）	（8）
C	D	B	A	B	A	C	B

2. 画流程图（略）

第**2**章 | Visual Basic 简介

Visual Basic 是 Microsoft 公司推出的以 BASIC 语言为基础，以事件驱动为运行机制的可视化编程语言。它提供了开发 Microsoft Windows 程序的快捷方法，使得人们可以很方便地开发 Windows 程序。本章主要介绍 Visual Basic 的特点和集成开发环境、可视化编程的基本概念、Visual Basic 的常用控件以及开发 Visual Basic 工程的步骤。

2.1 概　　述

Visual Basic 起源于 BASIC 语言，以 BASIC 语言为基础。BASIC 语言是 20 世纪 60 年代产生的程序设计语言，具有简单易学、人机交互方便、程序运行调试方便等特点，得到了广泛应用。随着 Microsoft 公司推出 Windows 操作系统，图形用户界面（GUI）逐渐成为主流。在图形用户界面中，用户只要通过鼠标点击和拖动就可以完成各种操作。因此，需要有相应的可视化编程环境，使程序员可以将重点偏向于业务逻辑，而减少烦琐的界面开发工作。

20 世纪 90 年代初，Microsoft 公司把 BASIC 语言向可视化方向发展，产生了第一代 Visual Basic，也就是 Visual Basic 1.0。随着 Windows 平台的不断成熟，Visual Basic 产品由 1.0 版本逐步升级到了 6.0 版本（以下简称 Visual Basic 6.0）。

如今 Visual Basic 已经有了 .NET 版本（称为 VB.NET），目前它已经成为一种专业的开发语言和环境，广泛用于企业应用与开发。

Visual Basic 具有以下功能特点：

（1）面向对象的可视化程序设计工具。在 Visual Basic 中，对象都是可视的，在设计界面时，程序员只要在屏幕上根据设计要求"画出"所需控件，并进行设置，就可以完成界面设计。Visual Basic 会自动产生界面设计代码，程序员可以花更多的精力在功能实现的代码上，提高了程序设计的效率。

（2）事件驱动的编程机制。传统的面向过程的应用程序按程序设计的流程运行，而事件驱动的编程机制则根据用户的操作执行相应代码。每个事件都能驱动一段程序的运行，程序员只需编写响应用户动作的代码。

（3）易学易用的集成开发环境。在 Visual Basic 集成开发环境中，用户可以在 Windows 环境中设计界面、编写代码和调试程序。

（4）结构化程序设计的思想。Visual Basic 具有丰富的数据类型、众多内部函数和结构化的程序设计结构，简单易学。

（5）多种数据库操作功能。Visual Basic 能够访问 Microsoft Access、dBASE、SQL Server 等数据库，也可以访问 Microsoft Excel 等。

（6）ActiveX 技术。ActiveX 技术使得程序员可以使用其他应用程序提供的功能，并直接应用于 Visual Basic 应用程序中。

（7）完备的联机帮助功能。在 Visual Basic 中，利用"帮助"菜单或者【F1】键，可以方便地获得包括 Visual Basic 语言与 Visual Basic 集成开发环境的相关帮助。

2.2 Visual Basic 的安装与启动

1. Visual Basic 的版本

Visual Basic 6.0 包括三个版本：

（1）标准版：让编程人员很容易地创建功能强大的 Microsoft Windows 和 Windows NT 应用程序。它包括所有内部控件，以及网络、选项卡、数据绑定控件等。

（2）专业版：向计算机专业人员提供了一套功能完整的工具，以便开发解决方案。专业版包含了标准版的所有功能，还加上了附加的 ActiveX 控件、Internet Information Server 应用程序设计器、集成数据工具和数据环境、Active Data Objects，以及动态 HTML 页面设计器等。

（3）企业版：最高级的版本，是针对小组开发环境中建立分布式应用程序的编程人员的版本。它包括专业版的所有特性，外加 Visual SourceSafe（一种版本控制系统）和 Automation and Component Manager（自动化和组件管理器）等工具。

2. Visual Basic 的系统要求

Visual Basic 6.0 是运行于 Windows 9x 或 Windows NT 以上版本操作系统的应用程序，对软、硬件环境的要求如下：

（1）微处理器：486DX/66 MHz 或更高级处理器的多媒体个人计算机，推荐使用 Pentium 或更高级处理器。

（2）内存：16 MB 以上。

（3）硬盘空间：标准版，典型安装需要 48 MB，完全安装需要 80 MB；专业版，典型安装需要 48 MB，完全安装需要 80 MB；企业版，典型安装需要 128 MB，完全安装需要 147 MB；MSDN（帮助文档）需要 67 MB。

（4）操作系统：Microsoft Windows 95 操作系统或更新版本；带 Service Pack 3 或更新版本（含 Service Pack 3）的 Microsoft Windows NT 操作系统。

3. Visual Basic 的安装

Visual Basic 6.0 的任意一个版本都可以放入一张 CD 光盘中，用户可以在安装提示的帮助下进行安装，安装的主要步骤如下：

（1）在安装 CD 中找到 Setup.exe 文件，双击图标启动安装程序，打开图 2-1 所示的安装向导对话框，单击"下一步"按钮。

（2）打开用户协议界面。显示用户许可协议，选择接受协议并继续下一步安装。

（3）打开产品号和用户 ID 界面，如图 2-2 所示。输入购买的 Visual Basic 产品的序列号。

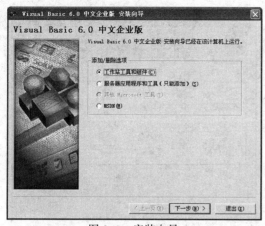

图 2-1　安装向导

图 2-2　产品号和用户 ID 号

（4）打开服务器安装程序选项界面，如图 2-3 所示。默认选择"安装 Visual Basic 6.0 中文企业版"单选按钮。

（5）选择公用安装文件夹界面，如图 2-4 所示。Visual Basic 有默认安装文件夹，用户也可以指定一个文件夹，用于存放 Visual Basic 系统文件。

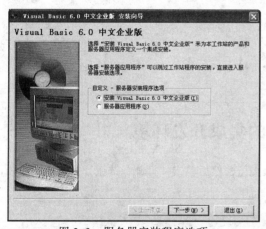

图 2-3　服务器安装程序选项

图 2-4　选择公用安装文件夹

（6）打开选择安装类型界面，如图 2-5 所示。包括典型安装和自定义安装两种类型，单击"典型安装"按钮，开始安装。

① 典型安装：由系统自动进行配置，适于没有安装经验的用户。

② 自定义安装：用户可自行设置安装路径、安装组件等选项，比较适合具有一定安装经验的专业用户。

（7）在完成 Visual Basic 6.0 的安装后，重新启动计算机。用户还可以选择安装联机帮助文档（MSDN），MSDN 与 Visual Basic 6.0 不在同一张 CD 盘中，需另行安装。

4．Visual Basic 的启动

完成 Visual Basic 6.0 的安装后就可以启动程序，Visual Basic 6.0 的启动与 Windows 的一般应用程序相同，执行"开始"→"所有程序"→"Microsoft Visual Basic 6.0 中文版"→"Microsoft Visual Basic 6.0 中文版"命令，即可启动 Visual Basic，打开"新建工程"对话框，如图 2-6 所示。

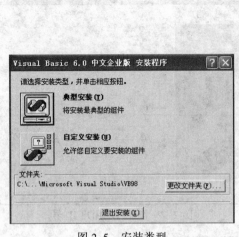

图 2-5 安装类型   图 2-6 "新建工程"对话框

"新建工程"对话框中显示出可以创建的应用程序类型，其中包括以下三个选项卡：

（1）新建：用于建立一个新工程，默认为"标准 EXE"，用户也可以选择其他类型，单击"打开"按钮后，将会创建一个所选择类型的应用程序工程。

（2）现存：选择和打开一个已经存在的工程。

（3）最新：列出最近使用过的工程。

学习提示：："标准 EXE"工程是一般应用程序，对于初学者来说，最常用的是"标准 EXE"工程。

2.3 Visual Basic 的集成开发环境

启动 Visual Basic 后，选择"标准 EXE"工程类型，然后单击"打开"按钮，打开图 2-7 所示的 Visual Basic 集成开发环境。

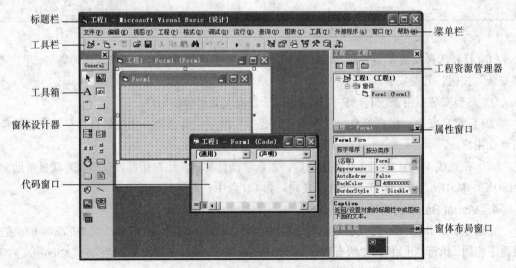

图 2-7 Visual Basic 集成开发环境

Visual Basic 集成开发环境主要包括标题栏、菜单栏、工具栏、工具箱、窗体设计器、代码窗口、工程资源管理器、属性窗口、窗体布局窗口等。

1．标题栏

标题栏中显示的内容为"工程 1 – Microsoft Visual Basic [设计]"，其中"工程 1"为当前的工程名，方括号中显示的是当前工作模式，共有三种工作模式：

（1）设计：进行界面设计和代码编写。

（2）运行：运行应用程序，查看运行效果，此时用户不可以编辑代码，也不可以设计界面。

（3）中断：暂时中断程序的运行，此时用户只能修改代码，而不能设计界面。按【F5】键或单击工具栏上的"继续"按钮▶可以继续执行；单击工具栏上的"结束"按钮■结束程序运行。

学习提示：中断模式主要用于调试程序，当用户程序发生错误需要修改时，可以暂时中断执行并修改程序。

2．菜单栏

菜单栏中列出了 Visual Basic 提供的所有命令，包括文件、编辑、视图、工程、格式、调试、运行、查询、图表、工具、外接程序、窗口和帮助。

（1）文件（File）：包括用户对工程和文件操作的相关选项，其中包括新建工程、保存工程、打印和生成可执行文件等命令。

（2）编辑（Edit）：包括用户编辑程序代码所需要的相关命令。

（3）视图（View）：主要控制 Visual Basic 各种窗口的显示，如代码窗口、本地窗口等。

（4）工程（Project）：主要包括与工程管理有关的相关选项。

（5）格式（Format）：调整窗体中控件的布局等格式化选项。

（6）调试（Debug）：主要用于程序调试，帮助用户查错。

（7）运行（Run）：包括程序启动、中断和停止等程序运行命令。

（8）查询（Query）：在设计数据库应用程序时用于设计 SQL 查询。

（9）图表（Diagram）：用于数据库中表、视图的各种相关操作。

（10）工具（Tools）：用于应用程序扩展开发。

（11）外接程序（Add-Ins）：用于为工程添加或删除外接程序。

（12）窗口（Windows）：用于设置窗口的布局方式以及列出所有打开文档窗口。

（13）帮助（Help）：提供用户系统掌握 Visual Basic 的使用方法和程序设计方法。

3．工具栏

工具栏包括常用的菜单命令。一般情况下，Visual Basic 集成环境只显示标准工具栏，如图 2-8 所示。标准工具栏中包括打开、保存、关闭、启动等常用命令按钮。用户可以通过选择"视图" →"工具栏"菜单中的命令来显示或隐藏所需工具栏。在标准工具栏的空白处右击，在弹出的快捷菜单中选取所需的工具栏。

图 2-8　标准工具栏

4．工具箱

工具箱中包括常用的基本控件图标，如图 2-9 所示。用户可以利用这些部件设计界面。执行"视图"→"工具箱"命令，可以显示或隐藏工具箱。

程序启动时，工具箱中只会显示常用标准控件，用户可以执行"工程"→"部件"命令将 Windows 中注册过的其他控件加入到工具箱中。

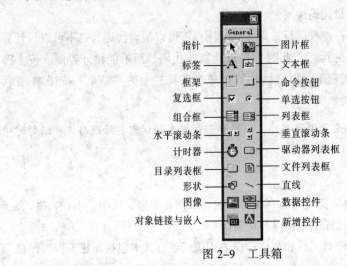

图 2-9　工具箱

5．工程资源管理器

工程资源管理器如图 2-10 所示，显示工程的所有资源文件，并提供管理功能。执行"视图"→"工程资源管理器"命令打开或关闭工程资源管理器。

工程资源管理器中有三个按钮：

（1）"查看代码"按钮 ▤：显示代码窗口，用于编辑代码。

（2）"查看对象"按钮 ▦：显示窗体设计器，显示和编辑对象。

（3）"切换文件夹"按钮 ▰：切换工程中显示文件的样式。

工程资源管理器中的所有文件以树形结构显示，主要包括以下三种类型的文件：

（1）窗体文件（.frm 文件）：该文件存储窗体及窗体中的所有控件的属性、对应的事件过程、程序代码。

（2）标准模块文件（.bas 文件）：该文件存储所有模块级变量和用户自定义的通用过程，是一个只包含代码的文件，不属于任何窗体。

（3）类模块（.cls 文件）：该文件包含用户自定义的类。

6．窗体设计器

窗体设计器如图 2-11 所示，用户在其中设计应用程序界面。一个应用程序至少有一个窗体，建立窗体时默认的名称为 Form1、Form2 等。默认情况下，窗体设计器中显示网格点，便于用户将控件对齐。

双击工程资源管理器中的窗体图标，可以打开窗体设计器。

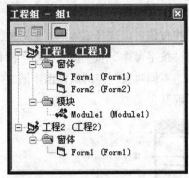

图 2-10 工程资源管理器

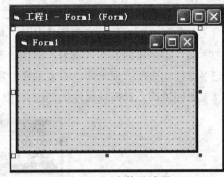

图 2-11 窗体设计器

7. 代码窗口

代码窗口如图 2-12 所示，用户在其中编写应用程序的相关代码，工程中的每个窗体和模块都有各自独立的代码窗口。打开代码窗口有四种方式：

（1）双击工程资源管理器中的一个窗体或窗体中的控件。

（2）右击一个窗体，在弹出的快捷菜单中选择"查看代码"命令。

（3）从工程资源管理器中选择一个窗体或标准模块，单击工程资源管理器中的"查看代码"按钮 。

（4）执行"视图"→"代码窗口"命令。

代码窗口主要由对象列表框、过程列表框、代码框、过程选择按钮组成。

图 2-12 代码窗口

执行"工具"→"选项"命令，打开"选项"对话框，如图 2-13 所示，设置代码编写中的相应选项，其中包括：

（1）自动语法检测：自动对代码进行语法错误检查。

（2）自动列出成员：自动列出对象的所有成员。

（3）自动显示快速信息：自动显示语句和函数的语法。

（4）要求变量声明：强制要求声明程序中使用的变量。

8. 属性窗口

属性窗口如图 2-14 所示，列出了窗体和控件的所有属性，如标题、颜色、字体等。执行"视图"→

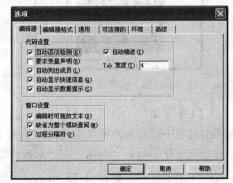

图 2-13 "选项"对话框

"属性窗口"命令打开或关闭属性窗口。属性窗口包括以下几个部分：

（1）对象列表框：显示当前所选对象，单击右侧的下拉按钮可以选择窗体的其他对象。

（2）属性显示排列方式选项卡：属性的显示方式，有"按字母序"和"按分类序"两种。

（3）属性列表框：列出所选对象的所有属性和属性值，不同对象列出的属性值不同。

（4）属性说明：对所选属性的简要介绍，便于用户了解其含义。

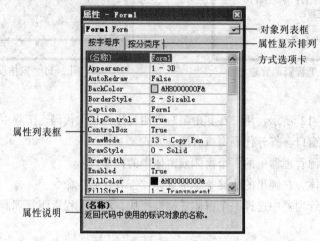

图 2-14　属性窗口

9. 窗体布局窗口

窗体布局窗口如图 2-15 所示，用于指定窗体启动后在屏幕中的位置，可以通过拖动其中的窗体小图标来调整窗体启动时的位置。执行"视图"→"窗体布局窗口"命令，打开窗体布局窗口。

10. 其他窗口

以下三个窗口作为辅助窗口，用于调试应用程序，帮助用户查找错误代码。

（1）立即窗口：如图 2-16 所示，用于显示当前过程中的有关信息，在立即窗口可以输入或粘贴一行代码，按【Enter】键执行该代码。执行"视图"→"立即窗口"命令，打开立即窗口。

图 2-15　窗体布局窗口

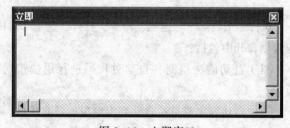

图 2-16　立即窗口

（2）本地窗口：如图 2-17 所示，当程序处于中断模式时，可以在本地窗口中自动显示所有在当前过程中的变量声明及变量值，其中 Me 表示当前窗体。常用于在程序调试运行过程中观察中间值的变化。执行"视图"→"本地窗口"命令，打开本地窗口。

（3）监视窗口：如图 2-18 所示，当程序处于中断模式时，可以在监视窗口中查看指定表达式或变量的值。执行"视图"→"监视窗口"命令，打开监视窗口。

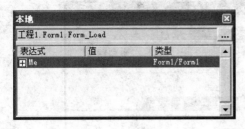

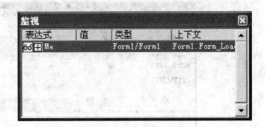

图 2-17　本地窗口　　　　　　　　　　　　图 2-18　监视窗口

2.4　Visual Basic 的帮助系统

Visual Basic 提供了一个功能强大的联机帮助系统，在安装 Visual Basic 时可以选择是否安装 MSDN（Microsoft Developer Network）获得联机帮助。

1. 使用 MSDN Library 浏览器

用户可以通过"帮助"菜单中的"内容""索引""搜索"命令，打开 MSDN Library，如图 2-19 所示。

MSDN Library 包括"目录""索引""搜索""收藏夹"四个选项卡，用户可以使用"目录"选项卡中的树形结构查找相应信息，也可以使用"索引"通过索引表查找，或使用"搜索"进行信息搜索。

2. 使用上下文相关帮助

上下文帮助意味着不必搜索文档就可以直接获得有关内容的相关帮助信息，在 Visual Basic 中选定要帮助的内容，然后按【F1】键，即可显示有关部分的帮助信息。可以选择的内容是：

图 2-19　MSDN Library

（1）Visual Basic 中的每个窗口。

（2）工具箱中的控件。

（3）窗体或文档中的对象。

（4）属性窗口中的属性。

（5）Visual Basic 关键词（声明、函数、属性、方法、事件和特殊对象）。

（6）出错信息。

使用上下文相关帮助可以给用户带来最直接的帮助，因此应熟练掌握。

3. 从 Internet 上获得帮助

用户可以通过访问 Internet 获得有关 Visual Basic 的更多、更详细的信息，也可以连接到 Microsoft 公司的主页 http://msdn2.microsoft.com/zh-cn/library/kehz1dz1.aspx 获得更多帮助，如图 2-20 所示。

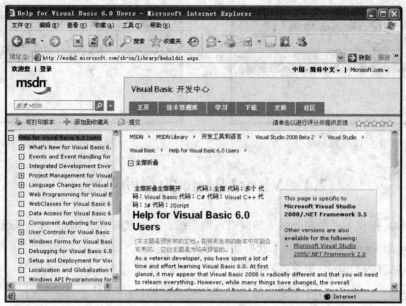

图 2-20　Internet 的帮助

2.5　类 和 对 象

　　Visual Basic 采用事件驱动的编程机制，使得程序在响应不同事件时执行不同代码。对象以及响应各种事件的代码是组成 Visual Basic 的核心内容，准确理解类和对象的概念是学习 Visual Basic 程序设计的关键。

2.5.1　类和对象的概念

　　（1）对象：在现实生活中，对象是实体的逻辑模型，一个实体就是一个对象，如一辆汽车、一个气球、一部计算机等。

　　（2）类：类实际上是将多个对象共有的特征抽取出来，形成这些对象的抽象模型。类是对象的抽象，而对象是类的实例。

　　例如，汽车，并不是指某一辆汽车，而是指具有汽车特性的所有汽车的总称，相当于汽车类。而一辆具体的汽车，则是汽车类的一个实例。可以这样简单记忆："类是抽象的，而对象是具体的"。

　　类包含了描述类的相关信息，包括属性、事件和方法。

　　（3）属性：属性是对象的性质，即用来描述和反映对象特征的参数。不同类的对象有不同属性，同一类的不同对象的同一个属性可以有不同值。

　　例如，都是汽车，但有些汽车是蓝色的，有些汽车是红色的，针对汽车颜色这一属性，两辆汽车就可能具有不同的属性值。

　　（4）方法：方法是对象自身可以进行的动作或行为，是对象自身包含的功能。

　　例如，汽车可以打开车灯，用户只需知道如何打开车灯，而无须了解车灯到底怎样工作。同理，用户无须关心实现的细节，只需使用对象的方法即可。

（5）事件：事件是预先设置好的，可以被对象触发的动作。只要用户设计好了某个事件的代码，对象在响应了该事件后，就会执行相应的事件代码。

例如，给汽车加装了遥控钥匙，则按下遥控钥匙的开锁键，触发汽车的开锁动作打开汽车。

2.5.2　Visual Basic 中的类和对象

1．类和对象

在 Visual Basic 中类可以由系统提供。例如，Visual Basic 的工具箱中的标准控件类，用户在窗体上放置一个控件就是创建该控件类的一个对象。在 Visual Basic 中类也可以由程序员自己设计。

2．属性

Visual Basic 程序中的对象都有自己的属性，常见的属性有标题（Caption）、名称（Name）、字体（Font）等。

在 Visual Basic 中，建立对象后，可以通过两种方法设置对象属性：

（1）在设计阶段，在属性窗口中进行属性设置，如图 2-14 所示。

（2）在程序代码中，使用赋值语句设置。格式为：

　　　对象名.属性名=属性值

3．方法

在 Visual Basic 中，为对象提供了很多方法，供用户调用，它给编程带来了方便。对象方法的调用格式为：

　　　对象名.方法名[参数列表]

4．事件

在 Visual Basic 中，系统为每个对象预定义了一系列事件，例如单击（Click）事件、双击（DblClick）事件、鼠标移动（MouseMove）事件等。

对象的事件是固定的，用户不能建立新事件，当用户触发某一事件时，应用程序将要对该事件做出响应，响应某个事件后执行的程序代码就是事件过程。事件过程的一般格式为：

```
Private Sub 对象名_事件名([参数列表])
    事件过程代码
End Sub
```

可以通过两种方式编写某个对象的事件过程代码：

① 在窗体设计器中双击该对象，打开代码窗口，如图 2-12 所示，显示一个默认的事件过程代码模板。例如，双击命令按钮，则会直接产生 Click 事件过程的代码模板。这种方法用于编写某一对象的常用事件过程代码。

② 执行"视图"→"代码窗口"命令，打开代码窗口，如图 2-12 所示，从对象列表框中选择对象，在过程列表框中选择该对象响应的事件。此时就会自动产生该事件过程的代码模板。

5．事件驱动

在传统的或面向过程的应用程序中，应用程序自身控制了执行哪一部分代码和按何种顺序执行代码。从第一行代码执行程序并按应用程序中预定的路径执行。

在事件驱动的应用程序中，在响应不同的事件时执行不同的代码。事件可以由用户操作触发、也可以由来自操作系统或其他应用程序的消息触发，甚至可以由应用程序本身的消息触发。这些事件决定了代码执行的顺序，因此应用程序每次运行时所经过的代码的路径都可以不同。

Visual Basic 程序的执行步骤如下：

（1）启动应用程序，装载和显示窗体。

（2）窗体（或窗体上的控件）等待事件的发生。

（3）事件发生时，执行相应的事件过程。

（4）转到步骤（2）。

2.6　Visual Basic 的工程管理

用户建立一个 Visual Basic 工程时，Visual Basic 系统就为该应用程序建立了一系列文件，其中包括窗体文件、模块文件和工程文件等。工程文件中存储了与该工程有关的全部文件和对象的清单，也包括所设置的环境选项信息。每次保存工程时，这些信息都会更新。所有这些文件和对象也可供其他工程共享。

1．工程的组成

工程中包含多种类型的文件，主要文件见表 2-1。

表 2-1　工程包含的主要文件

文件类型	说　明
工程文件（.vbp）	与工程有关的全部文件清单
工程组文件（.vbg）	当一个应用程序包含两个以上的工程时，自动形成工程组
窗体文件（.frm）	包含窗体和窗体中的所有控件的属性及相关代码
窗体的二进制数据文件（.frx）	窗体中控件的属性值的二进制值
标准模块文件（.bas）	可选文件，用户编写的代码
类模块文件（.cls）	可选文件，用户创建的对象

2．工程的操作

可以使用菜单命令或工具栏中的相应按钮来进行工程操作。

（1）新建：执行"文件"→"新建工程"命令，打开"新建工程"对话框，如图 2-6 所示。默认是添加"标准 EXE"工程，也可添加其他类型的工程。

（2）打开：执行"文件"→"打开工程"命令，打开"打开工程"对话框，如图 2-21 所示，选择.vbp 文件，打开一个现有工程。

（3）保存：执行"文件"→"保存工程"命令，当第一次保存工程时，会打开"工程另存为"对话框，如图 2-22 所示，提示用户输入工程文件名，否则直接保存工程中的所有文件。

（4）移除：移除当前打开的工程，如果没有保存过则提示是否保存。

说明：注意窗体名和窗体文件名的区别，在工程资源管理器中显示的无括号的名称为工程、窗体、标准模块的名称（可以在属性窗口中的 Name 属性中设置），如 Form1。而括号内的名称为相应项保存在磁盘上的名称，如 From1.frm。有扩展名为保存过的，无扩展名则表示当前文件还未保存。括号内外的名称可以不同，即工程、窗体、标准模块可以保存为不同的名称。

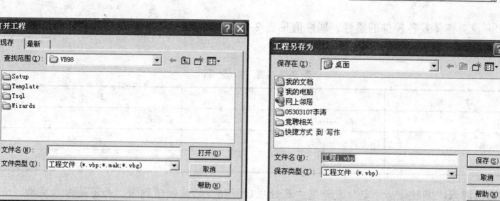

图 2-21　"打开工程"对话框　　　　图 2-22　"工程另存为"对话框

2.7　Visual Basic 应用程序的设计步骤

通过前面的学习，读者已经对 Visual Basic 中的一些基本概念有了初步了解，建立一个完整 Visual Basic 应用程序的基本步骤包括：

（1）新建一个工程。

（2）设计用户界面。

（3）编写代码。

（4）运行、调试并保存工程。

【例 2.1】设计界面如图 2-23 所示，窗体 Form1 上包括命令按钮█Command1 和文本框 ▥Text1，其功能是：单击"清除"按钮，则清除文本框中的内容。

【解】设计过程如下：

（1）启动 Visual Basic，新建一个标准 EXE 工程。

（2）设计用户界面。

① 绘制文本框。单击工具箱中的文本框控件▥，在窗体中按下鼠标左键拖动绘制文本框控件，如图 2-24 所示。或者双击工具箱中的文本框控件▥，自动在窗体中央绘制一个文本框，文本框自动命名为 Text1。

图 2-23　程序设计界面

图 2-24　绘制文本框过程

选中文本框，在其四周出现八个拖动句柄，拖动句柄调整其大小，鼠标在文本框中间按下左键，拖动移动文本框。

学习提示：绘制其他控件的方法与绘制文本框的方法相似。

② 绘制命令按钮。绘制命令按钮█控件与绘制文本框的方法相似，自动命名为 Command1。

③ 设置窗体及各控件的属性，属性值见表 2-2。其操作方法是，先选中窗体或控件，然后在属性窗口中找出对应属性，修改其取值。

表 2-2 属 性 设 置

对　象	属 性 项	属 性 值
Form1	标题（Caption）	简单程序
Command1	标题（Caption）	清除
Text1	文本（Text）	空

学习提示：属性值为"空"表示选中属性项后将相应的属性值删除，而不是输入空格。

④ 编写代码。本例中，只有 Command1 命令按钮需要编写代码。在窗体设计器中双击 Command1 命令按钮，打开代码窗口，并输入以下代码：

```
Private Sub Command1_Click()
    Text1.Text="" '将文本框内容清空
End Sub
```

⑤ 运行、调试并保存工程。单击工具栏上的"启动"按钮 ▶ 或执行"运行"→"启动"命令，可以执行程序。在 Text1 文本框中输入字符，单击 Command1 命令按钮查看运行效果。

⑥ 保存工程。单击工具栏上的"保存"按钮，如果是第一次保存则会依次弹出"文件另存为"和"工程另存为"对话框。

学习提示：在编写程序的过程中，应该在改动程序后及时存盘，以避免意外的数据丢失。

2.8 窗体和常用控件

在 Visual Basic 程序中，窗体、标签、文本框是常用控件，为了便于后续章节的学习，本节简单介绍 Visual Basic 控件的公共属性，以及三个控件的主要属性和设置方法。

2.8.1 控件的公共属性

在 Visual Basic 中，可以在设计阶段通过属性窗口设置对象的属性，也可以在代码窗口中编写程序设置属性。有些属性为只读属性，只能在属性窗口设置，不能通过编写代码来修改。

多数控件共有的属性见表 2-3。

表 2-3 控件的公共属性

属 性 名	说　明
Name	控件的名称
Caption	控件的标题栏显示的文字
Height	控件的高
Width	控件的宽
Top	控件左上角距离容器顶部的距离
Left	控件左上角距离容器左边的距离
Enabled	控件是否可以使用

属 性 名	说　　明
Visible	控件是否显示
Font	控件中输出字符的字体、大小等特性
ForeColor	控件的前景颜色
BackColor	控件的背景颜色
BackStyle	控件的背景样式，包括透明和不透明
BorderStyle	控件的边框样式
MousePointer	设定当鼠标移动到控件上时，显示的鼠标指针类型
MouseIcon	设定自定义的鼠标图标，图标文件为 Icon 或 Cur 文件
Alignment	控件中文字的对齐方式，包括左对齐、右对齐、居中
AutoSize	决定控件是否自动调整大小，以适应正文长度
TabIndex	按下【Tab】键时，焦点在各个控件中的移动顺序

（1）Name 属性：是 Visual Basic 中所有控件都具有的属性，指对象的名称。所有控件在创建时都由 Visual Basic 自动分配一个默认名称（对象名后跟编号，编号从 1 开始，依次累加，如 Form1、Label1 等）。Name 属性是只读的，只可以在属性窗口中修改。Name 的命名规则为：必须以字母或汉字开头，可包含字母、数字、汉字和下画线，长度不超过 40 个字符。

说明：

① Name 属性唯一可以标识对象，因此不同对象的 Name 属性值不能相同。

② 在给对象命名时，应设置一个有实际意义的名字，尽量不要使用中文设置对象名称。

（2）Caption 属性：该属性是在窗体标题栏或控件上显示的文字。默认为控件名称加数字，如 Form1、Label1 等。

（3）Height、Width、Top 和 Left 属性：Height、Width 属性分别决定控件的高度、宽度，Top 和 Left 属性分别表示控件距离容器顶部和左边的距离。例如，在窗体中命令按钮 Command1 的 Height、Width、Top 和 Left 属性，分别表示其高度、宽度和控件在窗体中的位置。以下程序执行的效果如图 2-25 所示。

```
Private Sub Form_Load()
    Command1.Top=1000
    Command1.Left=2000
    Command1.Height=1000
    Command1.Width=1000
End Sub
```

（4）Enabled 属性：决定控件是否可以使用。值为 True 时可用，为 False 时不可用。

（5）Visible 属性：决定控件是否显示。值为 True 时显示，为 False 时隐藏。

（6）Font 属性：在属性窗口中设置时，选中 Font 属性，单击右侧的 按钮，打开"字体"对话框，如图 2-26 所示，在其中设置控件的字体。

Font 属性包括一系列子属性：FontName（字体）、FontSize（大小）、FontBold（粗体）、FontItalic（斜体）、FontStrikethru（删除线）和 FontUnderline（下画线）。

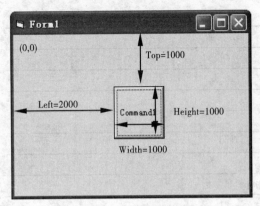

图 2-25　位置示意

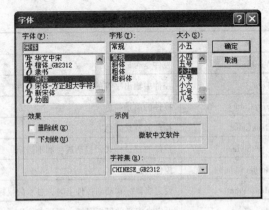

图 2-26　"字体"对话框

（7）ForeColor 属性：决定控件的前景色，例如控件 Label1 中文字的颜色。可以在属性窗口中通过调色板选择颜色，如图 2-27 所示，也可以编写程序代码设置颜色。

（8）BackColor 属性：决定控件正文以外区域的背景色。其设置方法与 ForeColor 属性相同。

（9）BackStyle：决定控件的背景样式。属性值如下：

① 0-Transparent：透明，不显示控件的背景色，使得控件背后的内容可以显示出来。

② 1-Opaque：不透明，此时显示控件的背景色。

（10）BorderStyle 属性：决定控件的边框样式。不同控件的 BorderStyle 属性可选项不同，常用的可选项如下：

① 0-None：没有边框。

② 1-Fixed Single：带有单边框。

（11）MousePointer 属性：设定当鼠标移动到控件上时，显示的鼠标指针类型。其取值范围为 0～15。另外，如取值为 99，则使用用户自定义图标。

（12）MouseIcon 属性：设定自定义的鼠标图标，图标文件为 Icon 或 Cur 文件。该属性当 MousePointer 属性值为 99 时才有效。

在属性窗口中，选中 MouseIcon 属性，单击右侧的 ... 按钮，打开"加载图标"对话框，如图 2-28 所示。在其中选择图标文件即可。

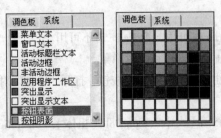

图 2-27　调色板

图 2-28　"加载图标"对话框

（13）Alignment 属性：控件中文字的对齐方式。取值如下：

① 0–Left Justify：正文左对齐。

② 1–Right Justify：正文右对齐。

③ 2–Center：正文居中。

（14）AutoSize 属性：决定控件是否自动调整大小，以适应正文长度。如取值为 True，则根据内容自动调整大小，否则剪裁内容。

（15）TabIndex 属性：决定键盘按下【Tab】键时，焦点在各个控件中的移动顺序。

当前接收鼠标和键盘操作的控件获得焦点。获得焦点的当前控件只有一个，可以通过按【Tab】键切换焦点。按照 TabIndex 值从小到大，决定按【Tab】键时焦点在各个控件中的移动顺序。TabIndex 默认值，按照控件的建立顺序依次为 0、1、2 等。TabIndex 属性值不一定递增 1，中间可以有未使用的值。

2.8.2　窗体（Form）

窗体是一个特殊对象，它既是对象，也是其他对象的容器。

1．主要属性

窗体的常用属性见表 2-4。

表 2-4　窗体常用属性

属 性 名	说　　明
Caption	窗体的标题栏显示的文字
Picture	设置窗体上显示的图片。默认属性为（None），可以选择 Bitmap、Icon、Metafile、Gif、Jpeg 格式的图片
MaxButton	是否显示最大化按钮
MinButton	是否显示最小化按钮
ControlBox	窗体右上角是否显示控制菜单框
Moveable	窗体是否可以移动
BorderStyle	窗体边框的样式
Icon	窗体显示的图标，图标文件为 Icon 或 Cur 文件
WindowState	窗体的运行时状态是正常（Normal）、最小化（Minimized）还是最大化（Maximized）

（1）Caption（标题）：是显示在窗体标题栏上的文字。默认为窗体名称加数字，如 Form1、Form2 等。Caption 属性既可以在属性窗口中设置，也可以在程序代码中设置。例如：

```
Form1.Caption="窗体标题"
```

（2）Picture（图片）：用于设置窗体中显示的图片。Picture 属性既可以在属性窗口中设置，也可以在程序代码中设置。通过 LoadPicture() 函数加载图形文件。例如：

```
Form1.Picture=LoadPicture("c:\aaa\1.jpg")
```

如果要清除所显示的图片可以通过将 LoadPicture() 函数的路径设置为空。例如：

```
Form1.Picture=LoadPicture("")
```

（3）MaxButton 属性：是否显示最大化按钮。值为 True 时显示，为 False 时不显示。

（4）MinButton 属性：是否显示最小化按钮。值为 True 时显示，为 False 时不显示。

（5）ControlBox 属性：窗体右上角是否有控制菜单框　Form1　□□×。当值为 True 时，右上角显示控制菜单框；当值为 False 时，不显示控制菜单框，且 MaxButton 和 MinButton 都不自动设置为 False。

（6）BorderStyle 属性：窗体边框的样式，与一般控件不同。它的可选项如下：

① 0-None：窗体无边框，无法移动和改变大小。

② 1-Fixed Single：单线边框，可移动，不可以改变大小。

③ 2-Sizable：默认值，窗体双线边框，可移动，可改变大小。

④ 3-Fixed Double：窗体为固定对话框，不可以改变大小。

⑤ 4-Fixed Tool Window：外观与工具栏相似，有关闭按钮，不能改变大小。

⑥ 5-Sizable Tool Window：外观与工具栏相似，有关闭按钮，能改变大小。

2．事件

窗体的事件比较多，常用的事件见表 2-5。

表 2-5　窗体常用事件

事件名	说明
Click（单击）	单击窗体中不含任何其他控件的空白区域，触发该事件
DblClick（双击）	双击窗体中不含任何其他控件的空白区域，触发该事件
Load（载入）	窗体被载入工作区时，触发该事件
Activate（活动）	窗体变为活动窗口时，触发该事件
MouseDown（鼠标按下）	在窗体上空白区域按下鼠标时，触发该事件
MouseUp（释放鼠标）	释放鼠标时，触发该事件
Unload（卸载）	从工作区卸载窗体时，触发该事件
Resize（改变尺寸）	改变窗体的尺寸时，触发该事件

（1）Load：在窗体被载入工作区时触发该事件。一般用于属性和变量的初始化。其事件过程的形式如下：

```
Private Sub 窗体名称_Load()
    …程序代码
End Sub
```

（2）Click：单击窗体的空白区域时触发该事件。其事件过程的形式如下：

```
Private Sub 窗体名称_Click()
    …程序代码
End Sub
```

3．方法

窗体上常用的方法有 Print 和 Cls 等。

（1）Print：将文本输出在窗体上。

（2）Cls：清除通过代码输出到窗体上的文字。

【例 2.2】设计一个窗体如图 2-29（a）所示，其中以一幅图片为背景，标题栏文字为"Visual Basic 程序设计"，窗体加载时，弹出对话框如图 2-29（b）所示，提示为"窗体正在加载！"，用鼠标单击窗体时，在窗体上输出文字"这是一个好例子"；单击窗体中的"关闭"按钮时，弹出对话框如图 2-29（c）所示，提示"窗体正在卸载！"并关闭窗体。

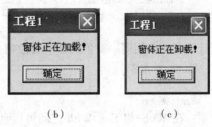

（a）　　　　　　　　　　（b）　　　　　　（c）

图 2-29　窗体举例

【解】设计过程如下：

（1）启动 Visual Basic，新建一个标准 EXE 工程。

（2）设计用户界面，窗体的属性值见表 2-6。

表 2-6　属 性 设 置

对　　象	属 性 项	属 性 值
Form1	标题（Caption）	Visual Basic 程序设计
Form1	图片（Picture）	天堂.jpg
Form1	字体（Font）	字号为"三号"，粗体

（3）编写程序代码如下：

```
Private Sub Form_Click()                    '单击窗体事件
    Print "这是一个好例子"
End Sub
Private Sub Form_Load()                     '加载窗体事件
    MsgBox "窗体正在加载！"
End Sub
Private Sub Form_Unload(Cancel As Integer)  '卸载窗体事件
    MsgBox "窗体正在卸载！"
End Sub
```

2.8.3　标签（Label）

标签 Label**A** 主要用于显示窗体上的说明性文字。

Label1 的主要属性有 Name、Caption、Font、Top、Left、BorderStyle、BackStyle 等。

【例 2.3】改变字体效果。设计一个窗体，其中包括 Label1 标签。编写以下事件过程，运行后时单击窗体的空白处，Label1 标签如图 2-30 所示。

【解】程序代码具体如下：

图 2-30　改变字体效果界面

```
Private Sub Form_click()
    Label1.Caption="Visual Basic 程序设计"
    Label1.FontName="黑体"
    Label1.FontSize=20
    Label1.FontBold=TruTruee
    Label1.FontItalic=T=Trrue
    Label1.FontUnderline=True
End Sub
```

若连续多次使用同一对象的多个属性和方法，可用 With 语句，简化程序代码输入，其格式为：

```
With 对象名
    …
End With
```

说明：在 With 和 End With 之间可以直接使用 ".属性名" 调用属性，使用 ".方法名" 调用方法。例如，【例 2.3】的程序代码可以写为：

```
Private Sub Form_click()
    With Label1
        .Caption="Visual Basic 程序设计"
        .FontName="黑体"
        .FontSize=20
        .FontBold=True
        .FontItalic=True
        .FontUnderline=True
    End With
End Sub
```

2.8.4 文本框（TextBox）

文本框 TextBox abl 是一个文本编辑区域，主要用于输入、编辑和显示文字内容。

1. 属性

文本框 TextBox 的主要属性见表 2-7。

表 2-7 文本框常用属性

属　　性	说　　明
Text	文本框中显示的文字
MultiLine	文本框是否支持多行文本
MaxLength	文本框允许输入正文内容的最大长度
ScrollBars	文本框的滚动条
Locked	文本框的内容是否可以编辑
PasswordChar	文本框中的正文用 PasswordChar 属性的字符替换
SelStart	选定的正文从第几个字符开始，第一个字符的位置为 0
SelLength	选定的正文长度
SelText	选定正文的内容

（1）多行（MultiLine）：该属性决定文本框能否显示多行文本，是只读属性，只可以在属性窗口中修改。当值为 True 时，可以输入或显示多行文本，当文本内容超出一行时自动换行；为 False

时文本内容只显示为一行。

（2）口令（PasswordChar）：该属性可以将文本框中显示的文字以 PasswordChar 的字符替换，而 Text 属性值仍然是用户输入的文本。例如，将 PasswordChar 属性值设置为星号（*），则在文本框中输入文字"123"时，只显示"***"，但 Text 属性值仍然是"123"。

（3）ScrollBars 属性：当 MultiLine 属性为 True 时，ScrollBars 属性确定文本框的滚动条样式。

① 0–None：没有滚动条，如图 2-31（a）所示。

② 1–Horizontal：加水平滚动条，如图 2-31（b）所示。

③ 2–Vertical：加垂直滚动条，如图 2-31（c）所示。

④ 3–Both：加水平和垂直滚动条，如图 2-31（d）所示。

（a）　　　　　　　（b）　　　　　　　（c）　　　　　　　（d）

图 2-31　滚动条

（4）Locked 属性：当 Locked 属性值为 True 时，文本框中的内容不能通过输入改变，只能通过代码赋值改变；当 Locked 属性值为 False 时，文本框中的内容可以通过输入改变。

2. 事件

文本框常用事件见表 2-8。

表 2-8　文本框常用事件

事　件　名	说　　　明
Change	内容改变时的事件
KeyPress	文本框中按下并松开键盘的一个键时的事件
LostFocus	文本框失去焦点时的事件
GotFocus	文本框获得焦点时的事件

例如，当改变文本框的 Text 属性值时触发该事件。其事件过程的形式如下：

```
Private Sub 文本框名称_Change()
    …程序代码
End Sub
```

3. 方法

文本框的一个常用方法是 SetFocus，使得文本框获得焦点。其格式为：

```
[对象].SetFocus
```

【例 2.4】设计一个窗体，其中包括两个 Label 标签，两个文本框控件，属性设置见表 2-9。为 Text1 编写事件过程，运行结果如图 2-32 所示，在 Text1 中输入的字符，立刻在 Text2 中显示。

表 2-9 属性设置

对 象	属性项	属性值
Form1	标题（Caption）	密码
Lable1	标题（Caption）	密码：
Lable2	标题（Caption）	明码：
Text1	Text	空
Text1	PasswordChar	*
Text2	Text	空

【解】编写程序如下：

```
Private Sub Text1_Change()
    Text2.Text=Text1.Text
End Sub
```

2.8.5 命令按钮（CommandButton）

1. 属性

Caption 属性是显示在命令按钮上的文字。默认为命令按钮名称，如 Command1、Command2 等。

图 2-32 文本框示例运行结果

可以对命令按钮设置快捷键。在想要指定为快捷键的字符前加一个 "&" 字符，该字符就会带有一个下画线。运行时，同时按下【Alt】键和带下画线的字符与单击该命令按钮的效果相同。例如，设置为&Ok，显示 Ok，此时按下【Alt+O】组合键，相当于单击该按钮。

Caption 属性既可以在属性窗口中设置，也可以在程序代码中设置。例如：

```
Command1.Caption="命令按钮"
```

2. 事件

单击命令按钮时触发 Click 事件。其事件过程的形式如下：

```
Private Sub 命令按钮名称_Click()
    …程序代码
End Sub
```

2.9 Visual Basic 简单应用程序举例

【例 2.5】设计界面如图 2-33 所示，单击窗体上的 "我是谁" 按钮，在第一个文本框中显示 "You are a learner!"；单击 "你是谁" 按钮，在第二个文本框中显示 "I am a computer!"；单击 "我们在做什么" 按钮，在第三个文本框中显示 "We are studying Visual Basic!"；单击 "退出" 按钮，结束程序运行。

【解】设计过程如下：

（1）启动 Visual Basic，新建一个标准 EXE 工程。

（2）设计用户界面。选择三个文本框、四个命令按

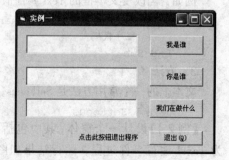

图 2-33 【例 2.5】界面

钮和一个标签。设置窗体及各对象的属性值见表 2-10。

表 2-10 属性设置

对 象	属 性 项	属 性 值
Form1	标题（Caption）	实例一
Command1	标题（Caption）	我是谁
Command2	标题（Caption）	你是谁
Command3	标题（Caption）	我们在做什么
Command4	标题（Caption）	退出(&Q)
Text1	文本（Text）	空
Text2	文本（Text）	空
Text3	文本（Text）	空
Label1	标题（Caption）	点击此按钮退出程序

（3）编写代码。设计界面后，编写四个命令按钮的 Click 事件过程代码。编写程序如下：

```
Private Sub Command1_Click()
    Text1.Text="You are a learner!"           '在 Text1 中显示文字
End Sub
Private Sub Command2_Click()
    Text2.Text="I am a computer!"             '在 Text2 中显示文字
End Sub
Private Sub Command3_Click()
    Text3.Text="We are studying Visual Basic!"  '在 Text3 中显示文字
End Sub
Private Sub Command4_Click()
    End                                        'End 语句结束程序运行
End Sub
```

【例 2.6】设计界面如图 2-34 所示，单击"在窗体上显示文本框中文字"按钮，在窗体上显示文本框中输入的文字；单击"在窗体上显示图片"按钮，在窗体上显示一张图片；单击"清除窗体上的文字和图片"按钮，则会清除窗体上显示的文字和图片，单击"修改窗体的标题"按钮，则将窗体标题设置为文本框中的文字；单击"清空文本框"按钮，则将文本框中的文字清除。

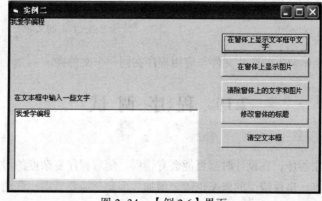

图 2-34 【例 2.6】界面

【解】设计过程如下：

（1）启动 Visual Basic，新建一个标准 EXE 工程。

（2）设计用户界面。在窗体上绘制三个文本框、四个命令按钮和一个标签，并设置窗体及各对象的属性值，见表 2-11。

表 2-11 属 性 设 置

对　　象	属 性 项	属 性 值
Form1	标题（Caption）	实例二
Command1	标题（Caption）	在窗体上显示文本框中文字
Command2	标题（Caption）	在窗体上显示图片
Command3	标题（Caption）	清除窗体上的文字和图片
Command4	标题（Caption）	修改窗体的标题
Command5	标题（Caption）	清空文本框
Text1	文本（Text）	空
	多行（MultiLine）	True
Label1	标题（Caption）	在文本框中输入一些文字

（3）编写代码。本实例中，只有五个命令按钮需要相应用户的单击操作，其他对象都无须相应用户操作。编写程序如下：

```
Private Sub Command1_Click()
    Print Text1.Text                '在窗体上显示 Text1 中的文字
End Sub
Private Sub Command2_Click()
    Form1.Picture=LoadPicture(App.Path + "\picture.jpg")  '在窗体上显示图片
End Sub
Private Sub Command3_Click()
    Form1.Cls                       '清除窗体上显示的文字
    Form1.Picture=LoadPicture("")   '清除窗体上显示的图片
End Sub
Private Sub Command4_Click()
    Form1.Caption=Text1.Text        '设置窗体的标题文字为 Text1 中显示的文字
End Sub
Private Sub Command5_Click()
    Text1.Text=""                   '清除 Text1 中的文字
End Sub
```

说明：App.path 表示装入的图片文件与应用程序在同一个文件夹。

2.10　程 序 调 试

1. 程序错误

无论多简单的应用程序，在设计时都可能会有错误。随着程序复杂度的增加，代码编写和实现会越来越复杂和困难，出现错误的概率也随之增加。因此，需要借助一些调试手段来查错和纠错。常见的错误有三类：

（1）语法错误。在用户编辑代码的时候，输入了不符合 Visual Basic 语法规则的语句时会产生语法错误。如非法使用关键字、不完整的表达式等。Visual Basic 会直接进行语法检查，并弹出对话框，显示错误信息，高亮显示出错行。

例如，在输入代码时，输入"a=a+"，直接按【Enter】键，则会显示出错信息，如图 2-35 所示。

（2）运行时错误。运行时错误是在程序运行时出现的错误。这类错误是由指令代码执行了非法操作所引起的，如类型不匹配、试图打开一个不存在的文件等。

例如，在输入代码时，输入"Form1.Height = "十二""，在运行时产生错误，会显示出错信息，如图 2-36 所示。

图 2-35　语法错误对话框　　　　　图 2-36　运行时错误对话框

（3）逻辑错误。逻辑错误不同于语法错误和运行时错误，出现逻辑错误时程序能够运行，只是得不到期望的结果。如运算符使用错误、语句次序错误等。逻辑错误不会产生错误信息，错误修改较为困难，要纠正此类错误需要使用 Visual Basic 的调试工具进行纠错。

2．程序调试

在调试程序时一般采用插入断点和逐语句跟踪执行的方法来找出程序中存在的错误。插入断点的方式有两种：

（1）将光标定位在需要中断的那一行代码处，执行"调试"→"切换断点"命令，或者单击调试工具栏中的"切换断点"按钮。

（2）在需要中断的那一行代码的左边单击。

设置断点的那一行代码会以粗体显示，并且在代码行的最左端有一个咖啡色的圆点中断标志，如图 2-37 所示。

程序在运行到断点处会自动中断程序运行，进入中断模式。此时用户可以通过立即窗口、本地窗口和监视窗口查看变量和表达式的值，确定程序执行是否正确。

清除断点的方法与插入断点的方法相同。

程序进入中断模式后，还可以通过"逐语句"跟踪和"逐过程"跟踪来调试程序。

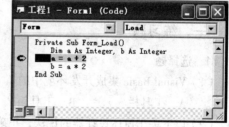

图 2-37　断点

（1）逐语句：会执行在当前执行点上的语句，一次执行一条语句。每执行完一条语句就进入中断模式，便于用户查看变量和表达式的值的变化。

执行"调试"→"逐语句"命令，或单击调试工具栏中的"逐语句"按钮，或者按【F8】

键，实现"逐语句"跟踪。

（2）逐过程：是将过程视为一个基本单位来执行，执行完一个语句后再继续执行下一个语句，不会进入过程中。

执行"调试"→"逐过程"命令，或单击调试工具栏中的"逐过程"按钮 ，或者按【Shift+F8】组合键，实现"逐过程"跟踪的方法。

单击工具栏中的"结束"按钮■可以在调试过程中中止调试，结束程序运行。

3. 常见的错误

下面介绍在设计程序中经常出现的错误：

（1）使用中文标点符号：系统将产生"无效字符"的错误提示，如图 2-38 所示，并以红色高亮显示代码。

（2）字母和数字形状相似：小写字母"l"和数字"1"形式相似，小写字母"o"与数字"0"非常相似，在输入时容易混淆。

（3）对象名称（Name）属性写错：在编写代码时，有可能因为字母顺序输入错误，而导致代码错误。也可能因为在属性窗口中修改了对象名称，而代码中未做相应修改。

（4）对象的属性名、方法名、标准函数名写错：Visual Basic 在输入代码时，在窗体或控件等对象的名字后，输入"."后会自动列出成员其属性和方法，如图 2-39 所示，在其中选择属性和方法就可以了。自动列出成员的方法，可以保证正确地输入属性和方法，避免由于用户直接输入而出现的拼写错误。

图 2-38　无效字符错误

图 2-39　自动列出成员

习　题

一、练习题

1. 选择题

（1）Visual Basic 集成开发环境中的（　　）显示常用控件，用于设计界面。

  A. 工具栏   B. 工具箱   C. 资源管理器   D. 布局窗口

（2）以下关于窗体设计器的说法，正确的是（　　）。

  A. 窗体设计器就是用户要设计的界面

  B. 应用程序中的每一个窗体都有自己的窗体设计器

  C. 应用程序中的所有窗体都使用同一个窗体设计器

  D. 调整窗体设计器的大小将改变窗体的大小

（3）Visual Basic 集成开发环境中的（　　），用于在中断状态下查看变量取值情况。

  A. 立即窗口   B. 本地窗口   C. 代码窗口   D. 布局窗口

（4）以下关于类和对象的选项中，错误的是（　　）。

  A. 类是对象的抽象

  B. 对象是类的实例

  C. 在 Visual Basic 中类只能由系统提供

  D. 类包含了描述类的相关信息，包括属性、事件和方法

（5）以下选项中（　　）不是类的信息。

  A. 属性   B. 方法   C. 事件   D. 系统

（6）以下叙述中正确的是（　　）。

  A. 窗体的 Name 属性指定窗体的名称，只能在属性窗口中修改

  B. 窗体的 Name 属性值是显示在窗体标题栏中的文本

  C. 可以在运行期间改变窗体的 Name 属性值

  D. 窗体的 Name 属性值可以为空

（7）如果要改变窗体的标题，需要设置窗体对象的（　　）属性。

  A. Name   B. Caption   C. Text   D. Title

（8）要在窗体上显示图片，需设置窗体的（　　）属性。

  A. Graphic   B. Icon   C. Picture   D. Control

（9）在设计阶段，双击窗体 Form1 的空白处，打开代码窗口，显示（　　）事件过程。

  A. Form_Click   B. Form_Load   C. Form1_Click   D. Form1_Load

（10）任何控件都具有（　　）属性。

  A. Text   B. Name   C. Caption   D. ForeColor

（11）如果设计时在属性窗口将命令按钮的（　　）属性设置为 False，则运行时命令按钮不显示在窗体上。

  A. Visible   B. Enabled   C. DisabledPicture   D. Default

（12）将文本框的（　　）属性设置为 True 时，文本框可以输入或显示多行文本，且会在输入的内容超出文本框的宽度时自动换行。

  A. Text   B. Enabled   C. ScrollBars   D. MultiLine

（13）如果要在文本框中输入字符时只显示某个字符，如星号（＊），将该文本框设置为密码框，应设置文本框的（　　）属性。

  A. Caption   B. Password   C. PasswordChar   D. Text

（14）程序运行时，当用户向文本框中输入新内容，将触发文本框的（　　）事件。

  A. Click   B. DblClick   C. GotFocus   D. Change

（15）以下（　　）控件没有 Caption 属性。

  A. TextBox   B. CommandButton

  C. Form   D. Label

2.填空题

（1）Visual Basic 的三种工作模式是＿＿＿＿＿、＿＿＿＿＿和＿＿＿＿＿。

（2）一个工程可以包含多种类型的文件，扩展名为.vbp 的文件表示＿＿＿＿＿文件，扩展名为.frm 的文件表示＿＿＿＿＿文件。

（3）类包含了描述类的相关信息，包括＿＿＿＿＿、＿＿＿＿＿和＿＿＿＿＿。

（4）＿＿＿＿＿是对象自身可以进行的动作或行为，是对象自身包含的功能。

（5）控件的长、宽属性分别是＿＿＿＿＿和＿＿＿＿＿。

（6）控件的前景色和背景色属性分别是＿＿＿＿＿和＿＿＿＿＿。

（7）要设置窗体 Form1 的标题文字为 Visual Basic，在代码窗口中需要编写的代码是＿＿＿＿＿。

（8）要在按钮中显示"确定(O)"，则在属性窗体中设置按钮的 Caption 属性值为＿＿＿＿＿。

（9）将 Text2 中显示的文字同样显示在 Text1 中的代码为＿＿＿＿＿。

（10）窗体加载和卸载的事件分别为＿＿＿＿＿和＿＿＿＿＿。

3．程序设计题

（1）设计一个简单的应用程序，界面如图 2-40 所示，其功能为：

① 单击窗体的空白处，结束程序。

② 单击第一个命令按钮，第一个文本框中显示"Visual Basic 程序设计"，而第二个文本框不显示任何文字。

③ 单击第二个命令按钮，第一个文本框中不显示任何文字，而第二个文本框显示"Visual Basic 程序设计"。

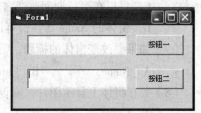

图 2-40 题（1）界面

（2）设计一个简单的应用程序，界面如图 2-41 所示，其功能为：

① 在文本框内输入一些文字的同时，在标签中显示对应文字（编写文本框的 Change 事件过程）。

② 单击第一个命令按钮，清除标签中显示的文字。

③ 单击第二个命令按钮，清除文本框中显示的文字。

④ 单击第三个命令按钮，结束程序。

（3）设计一个窗体，界面如图 2-42 所示，包含两个标签和两个文本框，若在"输入"框中输入任意文字，将在"显示"框中同时显示相同的文字。

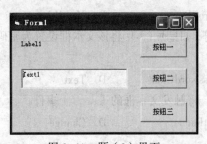

图 2-41 题（2）界面

图 2-42 题（3）界面

（4）编写一个简单的应用程序：只有一个窗体，界面如图 2-43 所示。窗体上有一个标签，一个文本框和一个命令按钮，要求如下：

① 文本框为密码框的形式。

② 在文本框中输入完成后，单击按钮一，则标签显示文本框中输入的以密码形式显示的文字。

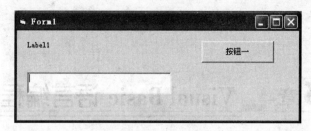

图 2-43　题（4）界面

二、参考答案

1. 选择题

（1）	（2）	（3）	（4）	（5）	（6）	（7）	（8）	（9）	（10）	（11）	（12）	（13）	（14）	（15）
B	C	B	C	D	A	B	C	A	B	A	D	C	D	A

2. 填空题

（1）设计模式　　运行模式　　中断模式

（2）工程　　窗体　　　　（3）属性　　方法　　事件

（4）方法　　　　　　　　（5）Height　　Width

（6）ForeColor　　BackColor　　（7）Form1.Caption = "Visual Basic"

（8）确定(&O)　　　　　　（9）Text1.Text=Text2.Text

（10）Load　　UnLoad

3. 程序设计题（略）

第3章　Visual Basic 语言编程基础

第 2 章主要介绍了 Visual Basic 6.0 集成开发环境，以及如何设计简单的 Visual Basic 应用程序。本章进入 Visual Basic 的编程学习阶段，介绍 Visual Basic 的编程基础，主要包括数据类型、运算符、表达式以及内部函数等基本语法知识。

3.1　数　据　类　型

在程序设计中，根据数据在存储时所占用的空间和处理方式不同，将数据分为不同的类型。Visual Basic 中包括的 11 种数据类型见表 3-1，它还允许用户自定义数据类型。

表 3-1　基本数据类型

数据类型	关 键 字	类型符	所占字节	取 值 范 围
字节型	Byte	无	1	0～255
逻辑型	Boolean	无	2	True 与 False
整型	Integer	%	2	–32 768～32 767
长整型	Long	&	4	–2 147 483 648～2 147 483 647
单精度型	Single	!	4	负数：$-3.402\ 823E^{38}$～$-1.401\ 298E^{-45}$ 正数：$1.401\ 298E^{-45}$～$3.402\ 823E^{38}$
双精度型	Double	#	8	负数：$-1.797\ 693\ 134\ 862\ 32E^{308}$～$-4.940\ 656\ 458\ 412\ 47E^{-324}$ 正数：$4.940\ 656\ 458\ 412\ 47E^{-324}$～$1.797\ 693\ 134\ 862\ 32E^{308}$
货币型	Currency	@	8	–922 337 203 685 477.5808～922 337 203 685 477.5807
日期型	Date	无	8	公元 100 年 1 月 1 日～9999 年 12 月 31 日
字符串型	String	$	与字符串长度有关	
对象型	Object	无	4	任何对象引用
变体型	Variant	无	根据需要分配	

1. 整型数据（Integer）

整型数据是不带有小数点和指数符号的数，占用 2 字节的存储空间，用 Integer 表示。有三种表示方式：

（1）十进制：由数字 0～9 和正号、负号组成，如 123、–123。

（2）八进制：由数字 0～7 组成，前面冠以&或&O，如&O123。

（3）十六进制：由数字 0～9 和 A～F 或 a～f 组成，前面冠以&H，如&H234、&H3D。

在表示整型数据时可以采用类型说明符来简化类型说明，整型的类型说明符是%，但可省略，如 123、123%等。

2．长整型数据（Long）

长整型数据表示的范围比整型数据大，占用 4 字节的存储空间，用 Long 表示。有三种表示方式：

（1）十进制：由数字 0～9 和正、负号组成，如 123、-123。

（2）八进制：由数字 0～7 组成，前面冠以&或&O，以&结束，如&O123&。

（3）十六进制：由数字 0～9 和 A～F 或 a～f 组成，前面冠以&H，以&结束，如&H234&、&H3D&。

长整型的类型符是&，为了区别整型数据与长整型数据，一般在长整型数据后使用类型说明符，而整型数据后不使用，如 123 和 123&分别代表整型和长整型。

3．单精度型（Single）

单精度型数据是带有小数点的数，占用 4 字节的存储空间，有效数字位数为 7 位，用 Single 表示。单精度型的类型说明符是!。

可以采用浮点数形式、浮点数加类型说明符形式和指数形式等三种形式表示。如 123.45、123.45!、0.12345E+3。

4．双精度型（Double）

双精度型数据表示的范围比单精度型数据大，占用 8 字节的存储空间，有效数字位数为 16 位，用 Double 表示，双精度型的类型说明符是#。

可以采用浮点数加类型说明符形式和指数形式表示，其中采用指数形式的时候用 D，或者在指数型后加类型说明符，如 123.45#、0.12345D+3、0.12345E+3#等。

5．货币型（Currency）

货币型用于表示定点数，其小数点左边最多 15 位数字，右边最多 4 位数字，占用 8 字节的存储空间，用 Currency 表示，货币型的类型说明符是@。

货币型数据主要用于金融计算中对精度要求较高的情况。

6．字节型（Byte）

字节型用于存储二进制数据，占用 1 字节的存储空间，用 Byte 表示。

7．日期型（Date）

日期型用于存放日期格式的数据，占用 8 字节的存储空间，用 Date 表示。表示范围从公元 100 年 1 月 1 日到 9999 年 12 月 31 日，时间从 0:00:00 到 23:59:59。

日期型数据有两种表示方法：

（1）在字符两端用"#"括起来，如#March 3,1996#、#3/3/1996#、#1996-2-5 14:30:00#。

（2）以数值表示，数值的整数部分表示距离 1899 年 12 月 31 日的天数，小数部分表示时间，0 为午夜，0.5 为中午 12 点，负数表示 1899 年 12 月 31 日之前的日期和时间，如 2.5 表示 1900 年 1 月 1 日中午 12 点，-2.5 表示 1899 年 12 月 28 日中午 12 点。

8．逻辑型（Boolean）

逻辑型又称布尔型，用于进行逻辑判断，表示条件的成立与否，占用 2 字节的存储空间，用 Boolean 表示。逻辑型只有两个值：True 和 False。

当逻辑型数据转换成整型数据时，True 为-1，False 为 0。当数值型数据转换为逻辑型数据时，非 0 为 True，0 为 False。

9. 字符串型（String）

字符串型（又称字符串）用于存放字符信息，可以包括西文字符和汉字，并且用双引号括起来。如"12345"、"abc34"。用 String 表示，字符串型的类型说明符是$。

Visual Basic 中有两种字符串：

（1）可变长度字符串，字符串长度不固定，最多可包含大约 20 亿（2^{31}）个字符。

（2）固定长度字符串，字符串长度保持不变，可包含大约 65 536（2^{16}）个字符，使用 String*N 的形式来表示，其中 N 代表包含的字符个数。

当字符串中要包含双引号时，使用""表示。例如，要打印字符串 ""Hello",he said"，在程序中则将字符串写为"""Hello"",he said"。

10. 对象型（Object）

对象型用于引用应用程序的对象，占用 4 字节的存储空间，用 Object 表示。

11. 变体型（Variant）

变体型是一种特殊的数据类型，能够存储所有系统定义类型的数据，用 Variant 表示。除了可以像其他标准数据类型一样操作外，变体类型还包含三种特定值：Empty、Null 和 Error。

（1）Empty：在赋值之前，变体类型变量的值为 Empty。Empty 不同于 0、零长度字符串 （""） 或 Null。

（2）Null：表示不含任何有效数据。通常用于数据库应用程序，表示未知数据或丢失的数据。

（3）Error：指出已发生的过程中的错误状态。

3.2 字 符 集

1. 字符集

字符是构成程序设计语言的最小语法单位，每种程序设计语言都有自己特定的字符集。Visual Basic 使用 Unicode 字符集，将一个西文字符或一个汉字都看作一个字符，占用 2 字节的存储空间。其基本字符包括：

（1）数字：0~9。

（2）英文字母：a~z，A~Z。

（3）特殊字符：空格、!、"、#、$、%、&、'、(、)、*、+、-、/、\、^、,、.、:、;、<、=、>、?、@、[、]、_、{、}、‖、~等。

2. 关键字

关键字又称保留字，它们在语法上有固定含义，是语言的组成部分，是系统中已经定义的词，如函数、运算符、常量等。在 Visual Basic 中，约定关键字的首字母为大写字母，当用户输入关键字的时候，无论大小写字母，系统都会自动识别为标注格式。

3.3 常 量

在程序的执行过程中，常量的值不会发生变化。在 Visual Basic 中包含三种类型的常量：直接常量、符号常量和系统常量。

1. 直接常量

直接常量就是在程序代码中，以直接明显的形式给出的数，也可在常数值后紧跟类型说明符显式地说明常数的数据类型。根据常量的数据类型分为数值常量、字符串常量、逻辑常量、日期常量。例如：

"Hello"为字符串常量，长度为 5。

12345 或 12345&为数值常量。

True 为逻辑常量。

#1996-2-5 14:30:00#为日期常量。

2. 符号常量

在程序设计中，经常会重复使用一些常量，而这些常量有时候比较复杂，且容易写错，因此。为了便于程序的阅读和修改，有些常量可以定义为符号常量，这样既提高了程序的可读性，也提高了可维护性。符号常量的声明格式如下：

```
Const 常量名 [As 类型]=表达式
```

说明：

（1）常量名：按变量的命名规则命名（参见本章 3.4 节），为了与一般变量相区别，常量名一般全部采用大写字母。

（2）As 类型：可选项，符号常量的数据类型，如果省略该项，则数据类型与表达式的类型相同。也可以在常量后加类型说明符来定义常量的类型。

（3）表达式：可以是数值常量或字符串常量以及运算符组成的常数表达式。

例如：

```
Const PI=3.1415926
Const MAX As Integer=9999
Const NUMBER#=167.69
```

（4）符号常量的值不可以改变。

【例 3.1】输出符号常量。绘制一个窗体，为窗体编写以下程序代码，运行时单击窗体结果如图 3-1 所示。

【解】程序代码具体如下：

```
Private Sub Form_Click()
    Const PI=3.1415926
    Const MAX As Integer=9999
    Const NUMBER#=167.69
    Print PI
    Print MAX
    Print NUMBER
End Sub
```

学习提示：符号常量在命名的时候应采用有意义的名字，如 NUMBER、COUNT 等。

3. 系统常量

系统常量是由 Visual Basic 系统提供的符号常量，执行"视图"→"对象浏览器"命令，打开"对象浏览器"窗口，如图 3-2 所示，从中可以查到 Visual Basic 提供的系统常量。表 3-2 列出了常用的 Visual Basic 的日期常量。

图 3-1 输出符号常量运行结果   图 3-2 "对象浏览器"窗口

为了避免不同对象中同名常量的混淆，在引用时使用两个小写字母作为前缀来区分引用的对象。例如：

（1）vb：表示引用 Visual Basic 和 VBA 中的常量。

（2）xl：表示引用 Excel 中的常量。

（3）db：表示引用 Data Access Object 中的常量。

表 3-2 Visual Basic 的常用日期常量

常　　量	值	描　　述	常　　量	值	描　　述
vbUseSystem	0	使用 NLS API 设置	vbWednesday	4	星期三
vbSunday	1	星期日（默认值）	vbThursday	5	星期四
vbMonday	2	星期一	vbFriday	6	星期五
vbTuesday	3	星期二	vbSaturday	7	星期六

3.4 变　　量

变量是有名字的内存，用于存取数据。在执行过程中，通过变量名读取内存中存放的数据，变量中的数据可以多次改变。

3.4.1 变量的命名规则

在 Visual Basic 中，命名一个变量需要遵循以下规则：

（1）必须是以字母或汉字（仅限中文版）开头，由字母、汉字、数字或下画线组成，长度不超过 255 个字符。

（2）不区分大小写，不能使用 Visual Basic 中的关键字。

（3）在同一范围内必须是唯一的，不能重名，如一个过程、一个窗体等。

（4）为了增加程序的可读性，最好将变量命名为一个有意义的单词。

例如，intCount、strName、m_Number 等都是合法的变量名，而且这些变量在命名时不仅使用了有意义的单词，而且前两个变量还添加了前缀，表明了变量的类型。

以下是错误或使用不当的变量名：

```
3abc      以数字开头
```

```
$23        包含了非法字符$
Integer    Visual Basic 的关键字
Sin        虽然允许，但不建议使用，和 Visual Basic 的标准函数同名
```

学习提示：Visual Basic 中的变量不区分大小写，如 abc 和 ABC 是相同的，都是同一个变量。

（5）明确变量值与变量名之间的区别。例如，变量 S=10，如图 3-3 所示。

① 变量名是存放数据的内存单元的名字，是由用户定义的。

② 内存单元是由系统自动分配的。

③ 通过变量名读取相应的内存单元，并取得其中存放的数据。

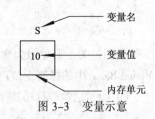

图 3-3　变量示意

3.4.2　变量的声明

在使用变量之前，一般必须先声明变量名和类型，以便系统分配内存空间。在 Visual Basic 中有两种方式声明变量及其类型：一是显式声明，二是隐式声明。

1. 显式声明

显式声明变量的格式如下：

```
Dim|Private|Static|Public 变量名 [As 类型]
```

说明：

（1）变量名：遵循变量的命名规则。

（2）As 类型：可选项，变量的数据类型，如果省略该项，则所创建的变量类型为变体 Variant 类型。也可以在变量后加类型说明符来定义变量的类型。

（3）Dim：声明的变量只能在模块级或过程中使用。

*（4）Private：声明的变量只能在包含其声明的模块中使用。

*（5）Static：声明的变量会一直保持其值，直至该模块复位或重新启动。

*（6）Public：声明的变量可以在应用程序的所有地方使用。

例如：

```
Dim sum As Long          声明长整型变量 sum
Dim name As String       声明变长字符串变量 name
Dim name As String*8     声明固定长度字符串变量 name，长度为 8 个字符
Dim sum,total As Integer 声明变体类型变量 sum，整型变量 total
```

（7）Visual Basic 自动初始化声明的变量，数值变量被初始化为 0，可变长度字符串被初始化为一个零长度的字符串（""），固定长度的字符串被初始化为由 N 个空格组成的字符串，变体类型被初始化为 Empty。

（8）一条 Dim 语句可同时定义多个变量，但必须给每个变量确定类型，不能共享类型声明。例如：

```
Dim a As Integer,b As Integer 表示声明了两个变量 a 和 b，都是 Integer
Dim a,b As Integer 表示声明了一个 Integer 类型的变量 b 和一个变体类型的变量 a
```

2. 隐式声明

在 Visual Basic 中允许对变量未进行声明而直接使用，称为隐式声明。所有隐式声明的变量都是 Variant 类型的。也可以使用类型说明符标识变量的类型，格式如下：

```
变量名<类型说明符>
```

例如：

```
sum&      变量 sum 为长整型
total#    变量 total 为双精度型
```

隐式声明实例：

```
test="100"         test 中存放的值为"100"
test=test-10       test 中的值变为 90
```

说明：为了避免因为变量未定义而造成程序的意外错误，变量应该先声明后使用，可以使用 Visual Basic 中的强制变量声明功能。有以下两种方式：

（1）可在代码窗口的通用部分使用 Option Explicit 语句强制显式声明所有变量，如图 3-4 所示。

（2）执行"工具"→"选项"命令，打开"选项"对话框，如图 3-5 所示，选中"编辑器"选项卡中的"要求变量声明"复选框，使程序自动生成 Option Explicit 语句。

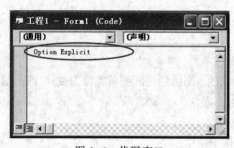

图 3-4　代码窗口

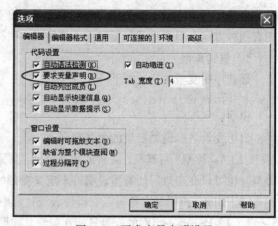

图 3-5　要求变量声明设置

3.5　变量的赋值

变量的赋值就是向变量所占的内存单元中写入数据。在 Visual Basic 中，将数据赋值给变量可以使用两种方法：一种是使用赋值运算符"="，另一种是使用 Let 语句。格式如下：

　　变量名=表达式

或者

　　Let 变量名=表达式

作用是将表达式的值赋值给左边的变量。例如：

```
a=10
strName="Myname"
Major=Text1.Text
```

变量可以在程序的执行过程中多次重复赋值。例如：

```
Dim a As Integer
a=10         此时 a 的值为 10
a=6          此时 a 的值为 6
```

说明：

（1）在给变量赋值时，应保证表达式与变量的数据类型相同。当表达式的数据类型与变量的类型不同时，系统将根据自动转换原则将表达式的值转换成变量的类型，然后赋值给变量。但如果转换失败，则会给出错误提示。例如：

```
Dim a As Integer
a=6              a 的值为 6
a="123"          a 的值为 123
a=True           a 的值为 -1
a=12.43          a 的值为 12
a=12.56          a 的值为 13，遵从四舍五入的原则
a="abc"          出错，错误信息为 "类型不匹配"
a=1.2E+33        出错，错误信息为 "溢出"
```

（2）在进行赋值操作时，等号左边必须为变量，不能为表达式。例如：

```
a+b=10           错误，等号左边为表达式
5=a              错误，等号左边为常量
```

（3）在给多个变量赋值时，应该使用多条赋值语句，而不能用一条赋值语句给多个变量赋值。例如：

```
a=b=c=10         不能将 a、b 和 c 赋值为 10
```

3.6　运算符与表达式

Visual Basic 提供了丰富的运算符，由运算符和操作数组合构成各种表达式，实现对数据的处理。主要包括算术运算符、字符运算符、关系运算符和逻辑运算符。

1. 算术运算符和算术表达式

算术运算符的作用是进行算术运算，用算术运算符将运算对象连接起来的表达式称为算术表达式。Visual Basic 中提供的 8 种基本算术运算符见表 3-3。

表 3-3　算术运算符

运　算　符	含　　义	优　先　级	实　　例	结　　果
^	乘方	1	2^3	8
–	负号	2	–2	–2
*	乘	3	2*4	8
/	除	3	2/4	0.5
\	整除	4	6\4	1
Mod	取模	5	6 Mod 4	2
+	加	6	2+4	6
–	减	6	2–4	–2

说明：

（1）除 "–"（负号）为单目运算符（单个操作数）外，其他均为双目运算符（两个操作数）。

（2）Mod（取模）运算和\（整除）运算的两个操作数必须是整型，如果不是，则需要转换成整型后再进行计算。

（3）\（整除）和/（除法）运算符之间的区别是：整除运算得到结果的整数部分，而除法运算则得到整数和小数部分。

（4）算术运算符两边的操作数应该是数值型数据，如果是数字字符或逻辑型数据，则自动转换为数值型数据后再进行运算。

例如：

```
12+True              结果是11，True 被转换为数值-1
False+12+"6"         结果是18，False 被转换为数值0，"6"被转换成数值6
```

2．字符串运算符和字符串表达式

字符串运算符的作用是将两个字符串连接成一个字符串。Visual Basic 提供两个字符串运算符：&和+。例如：

```
"VB"&"程序设计方法"      结果为"VB 程序设计方法"
"VB"+"程序设计方法"      结果为"VB 程序设计方法"
```

说明：

（1）在字符串数据后使用运算符"&"时，应在字符串数据与运算符"&"之间加一个空格，因为"&"也是整型的类型说明符，如果没有空格，会被系统识别为类型说明符，造成错误。

（2）"&"与"+"的区别：

"+"：根据两边的操作数不同，分为以下几种情况：

① 两边的操作数均为字符串型，则进行字符串连接运算。

② 两边的操作数均为数值型，则进行加法运算。

③ 两边的操作数有一个是数字形式的字符，另一个是数值型，则自动将数字形式的字符转换为数值，然后进行加法运算。

④ 两边的操作数有一个是非数字形式的字符，另一个是数值型，则会出错，因为无法将非数字形式的字符转换为数值。

"&"比"+"的运算简单，无论两边的操作数是字符串型还是数值型，系统都先将操作数转换为字符串型，然后进行字符串连接运算。因此，如果进行字符串连接操作，最好使用"&"运算符。例如：

```
"222"+"333"            结果为 222333
222+333                结果为 555
222+"333"              结果为 555
222+"abc"              出错
"222"&"333"            结果为 222333
222&333                结果为 222333
222&"333"              结果为 222333
222&"abc"              结果为 222abc
222+"333" & "100"      结果为 555100
222&"333"+"100"        结果为 222333100
```

3．表达式的书写规则

（1）运算符不能相邻。例如，不能写为 a*/b。

（2）乘号不能省略。例如，数学中的 xy 应写为 x * y。

（3）括号应成对出现，一律使用圆括号。例如，将数学表达式 $\dfrac{(a+b)^4}{a(b+c)}$ 写成 Visual Basic 表达式为(a + b)^4 / (a * (b + c))。

4．优先级

（1）在算术运算中，如果参与运算的操作数有不同的数据类型，就要进行类型转换，最终得到的结果采用精度最高的数据类型，精度从低到高如下：

$$Integer<Long<Single<Double<Currency$$

（2）当进行多种运算符的混合运算时，需要根据优先级来决定运算顺序。不同类型的运算符的优先级如下：

$$算术运算符>字符串运算符>关系运算符>逻辑运算符$$

例如，变量 a、b、c，其中 a = 3，b = 4，c = 5，表达式 1 和表达式 2 将得到不同的运算结果。

表达式 1：a + b * c，结果为 23。

表达式 2：(a + b) * c，结果为 35。

学习提示：当表达式中包含多种运算符时，为避免运算顺序混乱，可用括号决定运算次序。

【例 3.2】数据运算举例。绘制一个窗体（Caption 属性为"数据运算"），包括 Label1 标签控件（AutoSize 属性值为 True）。为窗体编写以下程序代码，程序的运行结果如图 3-6 所示。

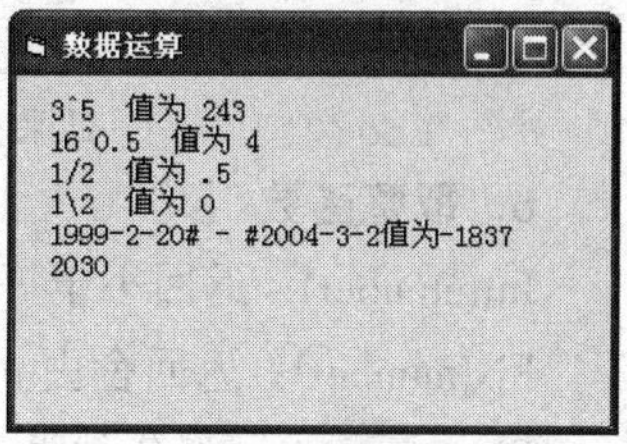

【解】程序代码具体如下：

```
Private Sub Form_Load()
    Dim txt As String
    Dim a,b
    txt="3^5  值为 "&(3^5)                      '计算 3 的 5 次方
    txt=txt+Chr(10)&"16^0.5  值为 "&(16^0.5)     '计算 16 的 0.5 次方
    txt=txt+Chr(10)&"1/2  值为 "&(1/2)
    txt=txt+Chr(10)&"1\2  值为 "&(1\2)
    a=#2/20/1999#
    b=#3/2/2004#
    txt=txt+Chr(10)&a&"#-#"&b&"值为"&(a-b)      '日期相减
    a=20
    b="30"
    c=a&b          'C 值为 2030               '连接
    txt=txt+Chr(10)&c
    Label1.Caption=txt
End Sub
```

图 3-6　数据运算举例运行结果

说明：其中的 Chr(10) 使得字符串换行。

3.7　常用内部函数

Visual Basic 提供大量内部函数，用户在使用这些函数时只要了解函数的名称和格式即可。这些内部函数按其功能可分成数学函数、转换函数、字符串函数和日期函数等。

3.7.1　数学函数

1．绝对值函数

Abs(number)：返回参数的绝对值，其类型和参数相同。例如：

```
Abs(50.3)       结果为 50.3
Abs(-50.3)      结果为 50.3
```

2．三角函数

Cos(number)：余弦函数，返回 Double 类型数据，参数为弧度。

Sin(number)：正弦函数，返回 Double 类型数据，参数为弧度。

Atn(number)：反正切函数，返回 Double 类型数据，参数为正切值。

Tan(number)：正切函数，返回 Double 类型数据，参数为弧度。

3．平方根函数

Sqr(number)：返回参数的平方根，返回值为 Double 类型数据。例如：

```
Sqr(16)        结果为 4
```

4．指数函数

Exp(number)：返回以 e 为底的 number 次方，返回值为 Double 类型数据。例如：

```
Exp(2)        结果为 7.38905609893065
```

5．对数函数

Log(number)：返回以 e 为底的自然对数，返回值为 Double 类型数据。例如：

```
Log(2)        结果为 0.693147180559945
```

6．取整函数

Int(number)：返回小于等于 number 的最大整数。

Fix(number)：返回舍去 number 小数部分之后的整数。

Cint(number)：将各种类型的数据转换为整数，四舍五入。

例如：

```
Int(2.6)        结果为 2
Fix(2.6)        结果为 2
Int(-2.6)       结果为 -3
Fix(-2.6)       结果为 -2
CInt(123.65)    结果为 124
CInt("123.65")  结果为 124
```

7．随机函数

Rnd[(number)]：返回一个[0, 1]之间的随机数，该随机数为 Single 类型。

说明：

（1）number 的值决定了 Rnd 生成随机数的方式。

① number<0，每次都生成相同的数字，并将 Number 作为种子。

② number>0，序列中的下一个随机数。

③ number=0，最近生成的数字。

④ number 未提供，序列中的下一个随机数。

（2）如果种子相同，每次重新执行程序，程序都会产生相同的随机数序列。为了保证每次运行程序都会产生不同的随机数序列，在调用 Rnd 函数之前，先使用无参数的 Randomize 语句初始化随机数生成器，这样可以保证每次都会得到不同的随机数序列。Ramdomize 函数的格式如下：

```
Randomize ([Number])
```

Randomize 用 Number 将 Rnd 函数的随机数生成器初始化，并给它一个新的种子值。如果省略 Number，则用系统计时器返回的值作为新的种子值。

要产生[m, n]之间的一个整数，使用公式 Cint(Rnd * (n − m) + m)或者 Int(Rnd * (n−m+1) +m)。例如，随机生成一个[10, 20]的整数，并赋值给变量 num 中。

```
Randomize
num=Cint(Rnd*(20-10)+10)        或者        num=Int(Rnd*(20-10+1)+10)
```

3.7.2　转换函数

1. ASCII 码与字符转换

Asc(string)：返回 string 中第一个字符的 ASCII 码值，字符对应的 ASCII 码值见表 3-4。

表 3-4　ASCII 码表

十进制数	十六进制	控制字符	十进制数	十六进制	字符	十进制数	十六进制	字符	十进制数	十六进制	字符
00	00	NUL	32	20	SP	64	40	@	96	60	'
01	01	SOH	33	21	!	65	41	A	97	61	a
02	02	STX	34	22	"	66	42	B	98	62	b
03	03	ETX	35	23	#	67	43	C	99	63	c
04	04	EOT	36	24	$	68	44	D	100	64	d
05	05	ENQ	37	25	%	69	45	E	101	65	e
06	06	ACK	38	26	&	70	46	F	102	66	f
07	07	BEL	39	27	'	71	47	G	103	67	g
08	08	BS	40	28	(	72	48	H	104	68	h
09	09	HT	41	29	)	73	49	I	105	69	i
10	0A	LF	42	2A	*	74	4A	J	106	6A	j
11	0B	VT	43	2B	+	75	4B	K	107	6B	k
12	0C	FF	44	2C	,	76	4C	L	108	6C	l
13	0D	CR	45	2D	_	77	4D	M	109	6D	m
14	0E	SO	46	2E	.	78	4E	N	110	6E	n
15	0F	SI	47	2F	/	79	4F	O	111	6F	o
16	10	DLE	48	30	0	80	50	P	112	70	p
17	11	DC1	49	31	1	81	51	Q	113	71	q
18	12	DC2	50	32	2	82	52	R	114	72	r
19	13	DC3	51	33	3	83	53	S	115	73	s
20	14	DC4	52	34	4	84	54	T	116	74	t
21	15	NAK	53	35	5	85	55	U	117	75	u
22	16	SYN	54	36	6	86	56	V	118	76	v
23	17	ETB	55	37	7	87	57	W	119	77	w
24	18	CAN	56	38	8	88	58	X	120	78	x
25	19	EM	57	39	9	89	59	Y	121	79	y
26	1A	SUB	58	3A	:	90	5A	Z	122	7A	z
27	1B	ESC	59	3B	;	91	5B	[	123	7B	{
28	1C	FS	60	3C	<	92	5C	\	124	7C		
29	1D	GS	61	3D	=	93	5D	]	125	7D	}
30	1E	RS	62	3E	>	94	5E	^	126	7E	~
31	1F	US	63	3F	?	95	5F	_	127	7F	DEL

Chr(charcode)：返回 charcode 所对应的 ASCII 字符。

例如：

```
Asc("A")              结果为 65
Chr(65)               结果为"A"
```

2. 数值与字符串转换

Str(number)：把 number 的值转换成字符串。如果 number 为正数，则转换后有一个前导空格。

Val(string)：把数字字符串 string 转换为数值。

例如：

```
Str(123)              结果为" 123"，有一个前导空格
Str(-123)             结果为"-123"
Val("123")            结果为 123
Val("123abc")         结果为 123
Val("abc")            结果为 0
Val("123")            结果为 123
```

3.7.3 字符串函数

1. 去除空格函数

LTrim(string)：去除 string 左边的空格。

RTrim(string)：去除 string 右边的空格。

Trim(string)：去除 string 左右两边的空格。

例如：

```
LTrim("  ABC")        结果为"ABC"
RTrim("ABC  ")        结果为"ABC"
Trim("  ABC  ")       结果为"ABC"
```

2. 取子字符串函数

Left(string, length)：取 string 左边的 length 个字符。

Right(string, length)：取 string 右边的 length 个字符。

Mid(string, start[, length])：从 string 的第 start 个字符开始取 length 个字符，如果 length 省略，则取后边所有的字符。

例如：

```
Left("HelloWorld",5)       结果为"Hello"
Right("HelloWorld",5)      结果为"World"
Mid("HelloWorld",2,5)      结果为"elloW"
```

3. 字符串长度函数

Len(string)：返回字符串 string 的长度，即包含的字符个数。例如：

```
Len("Hello World")         结果为 11，注意其中有一个空格
```

4. 生成字符串函数

String(number, string)：取 string 的第一个字符构成长度为 number 的字符串。例如：

```
String(5,"ABC")            结果为"AAAAA"
```

5. 生成空格函数

Space(number)：得到 number 个空格组成的字符串。例如：

```
Space(5)                    结果为"     "
```

6. 大小写转换函数

UCase(string)：将 string 中的所有字符改为大写。

LCase(string)：将 string 中的所有字符改为小写。

例如：

```
UCase("AB123cd")           结果为"AB123CD"
LCase("AB123cd")           结果为"ab123cd"
```

7. 搜索子字符串函数

InStr([start,]string1, string2[, compare])：返回 string1 中第 start 个位置开始查找 string2 出现的起始位置。compare 为可选项，表示字符串比较的类型。例如：

```
InStr(4,"XXpXXpXXPXXP","P")      结果为 9
```

3.7.4 日期函数

Now：返回系统日期和时间。

Date：返回系统日期。

Time：返回系统时间。

Day(date)：返回 date 指定的日期是月份中的第几天。

Weekday(date, [firstdayofweek])：返回 date 指定的日期是星期几。

Year(date)：返回 date 的年份。

Month(date)：返回 date 的月份。

Hour(time)：返回 time 的小时（0～23）。

Minute(time)：返回 time 的分钟（0～59）。

Second(time)：返回 time 的秒（0～59）。

Timer：返回从午夜开始到现在经过的秒数。

【例 3.3】内部函数举例。绘制一个窗体（Caption 属性为"内部函数"），包括控件 Label1 标签（AutoSize 属性值为 True）。为窗体编写以下程序代码，程序的运行结果如图 3-7 所示。

【解】程序代码具体如下：

图 3-7　内部函数举例运行结果

```
Private Sub Form_Click ()
    Dim txt As String
    x=123.65
    txt=txt+Chr(10)&"Int(123.65): "&Int(x)       '小于等于 number 的最大整数
    txt=txt+Chr(10)&"Fix(123.65): "&Fix(x)        '舍去小数部分之后的整数
    txt=txt+Chr(10)&"Cint(123.65): "&CInt(123.65)
    y="123.65"
    txt=txt+Chr(10)&"Cint(""123.65""): "&CInt(y)
    z="This is a good Boy"
    txt=txt+Chr(10)&"z="&z
    txt=txt+Chr(10)&"Ucase(z)="&UCase(z)          '小写变大写
```

```
        txt=txt+Chr(10)&"date()="&Date                    '日期
        txt=txt+Chr(10)&"now()="&Now                      '当前时间，包括日期
        txt=txt+Chr(10)&"month(date)="&Month(Date)        '当前日期的月
        txt=txt+Chr(10)&"day(date)="&Day(Date)            '当前日期的日
        txt=txt+Chr(10)&"time()="&Time                    '当前时间
        txt=txt+Chr(10)&"timer()="&Timer                  '当前时间总秒数
        txt=txt+Chr(10)&"weekday(date)="&Weekday(Date)    '星期几
        txt=txt+Chr(10)&"year(date)="&Year(Date)          '当前年号
        Randomize                     '使得每次运行产生的随机数都不相同
        txt=txt+Chr(10)&"随机数: "&Rnd()
        Label1.Caption=txt
    End Sub
```

3.7.5 Shell 函数

在 Visual Basic 中，可以使用 Shell 函数调用 Windows 中的应用程序。Shell 函数的格式如下：

```
Shell(pathname[,windowstyle])
```

说明：

（1）pathname：要执行的程序名，应用程序必须是可执行文件，且包含完整路径。

（2）windowstyle：可选参数，表示在程序运行时窗口的样式。如果 windowstyle 省略，则程序是以具有焦点的最小化窗口来执行的。windowstyle 的参数值见表 3-5。

表 3-5　windowstyle 的参数值

常　量	值	描　　述
vbHide	0	窗口被隐藏，且焦点会移到隐式窗口
vbNormalFocus	1	窗口具有焦点，且会还原到它原来的大小和位置
vbMinimizedFocus	2	窗口会以一个具有焦点的图标来显示
vbMaximizedFocus	3	窗口是一个具有焦点的最大化窗口
vbNormalNoFocus	4	窗口会被还原到最近使用的大小和位置，而当前活动的窗口仍然保持活动
vbMinimizedNoFocus	6	窗口会以一个图标来显示，而当前活动的窗口仍然保持活动

例如，打开 Windows 中的记事本如图 3-8 所示，Shell 函数如下：

```
Shell "C:\Windows\System32\notepad.exe",vbNormalFocus
```

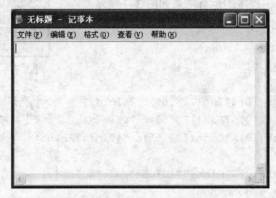

图 3-8　Shell 函数打开的记事本

*3.8　枚　举　类　型

枚举类型使名称与常数数值相关联。例如，可以为与星期相关联的一组整数常数声明一个枚举类型，然后在代码中使用星期的名称而不使用其整数数值。

枚举类型可以通过在标准模块或公用类模块中的声明部分用 Enum 语句声明一个枚举类型来创建。可以用适当的关键字声明为 Private 或 Public，格式如下：

```
[Public|Private] Enum 枚举类型名
      成员名[=常量表达式]
      成员名[=常量表达式]
      …
   End Enum
```

说明：

（1）枚举类型名：应符合变量的命名规则。

*（2）Public：声明的枚举类型可以在应用程序的所有地方使用。Enum 类型的默认情况是 Public。

*（3）Private：声明的枚举类型只能在包含其声明的模块中使用。

（4）成员名：应符合变量的命名规则。

（5）常量表达式：被看作 Long 类型，也可以是别的枚举类型。如果第一个成员没有赋值，则默认为 0，后面的常数依次加 1。例如：

```
Public Enum Days
   Sunday          '常数为 0
   Monday          '常数为 1
   Tuesday         '常数为 2
   Wednesday       '常数为 3
   Thursday        '常数为 4
   Friday          '常数为 5
   Saturday        '常数为 6
End Enum
```

（6）可以使用赋值语句显式地给枚举中的常数赋值。可以赋值为任何长整数，包括负数。例如，可能希望常数数值小于 0 以便代表出错条件。例如：

```
Public Enum WorkDays
   Sunday          '常数为 0
   Monday=0        '常数为 0
   Tuesday         '常数为 1
   Wednesday       '常数为 2
   Thursday        '常数为 3
   Friday          '常数为 4
   Saturday        '常数为 5
   Invalid=-1      '常数为-1
End Enum
```

（7）Visual Basic 将枚举中的常数数值看作长整数。如果将一个浮点数值赋给一个枚举中的常数，Visual Basic 会将该数值取整为最接近的长整数。

（8）声明枚举类型后，就可声明该枚举类型的变量，然后用该变量存储枚举常数的数值。例如：

```
Dim w As WorkDays
w=Monday          '相当于 w=1
```

*3.9　用户自定义类型

不同类型的变量可以组合起来用于创建用户定义的类型。当需要创建单个变量来记录多项相关的信息时，用户定义类型十分有用。用 Type 语句创建用户定义的类型，该语句必须置于模块的声明部分。格式如下：

```
[Public|Private] Type 用户自定义类型名
    元素名 As 类型名
    元素名 As 类型名
    ...
End Type
```

说明：

（1）用户自定义类型名：应符合变量的命名规则。

（2）Public：声明的用户自定义类型可以在应用程序的所有地方使用。

（3）Private：声明的用户自定义类型只能在包含其声明的模块中使用。

（4）元素名：应符合变量的命名规则。

（5）类型名：可以是 Visual Basic 中的基本数据类型，也可以是用户自定义类型。

例如：

```
Private Type SystemInfo
    CPU As String*10
    Memory As Long
    VideoColors As Integer
    Cost As Currency
End Type
```

（6 当类型名为 String 类型的时候，必须是固定长度的 String 类型。

（7）在声明了用户自定义类型的变量后，需要使用如下格式引用用户自定类型中的元素：

```
用户自定义类型变量名.元素名
```

例如：

```
Dim MySystem As SystemInfo
MySystem.CPU="Core Duo2"
```

【例 3.4】自定义类型举例。绘制一个窗体（Caption 属性为自定义类型），包括 Command1 控件（Caption 属性为"自定义类型"）。为窗体编写以下程序代码，运行时单击窗体，程序的运行结果如图 3-9 所示。

【解】程序代码具体如下：

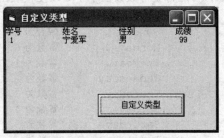

图 3-9　自定义类型举例运行结果

```
'自定义类型 Student
Private Type Student
    Num As Long
    name As String*10
    Sex As String*5
    Score As Single
End Type
Private Sub Command4_Click()
    Dim Stu1 As Student          '定义自定义类型的变量
```

```
        Stu1.name="宁爱军"
        Stu1.Num=1
        Stu1.Score=99
        Stu1.Sex="男"
        Print "学号","姓名","性别","成绩"
        Print Stu1.Num,Stu1.name,Stu1.Sex,Stu1.Score
    End Sub
```
本例的程序中，可以使用 With 语句简化编程代码：
```
Private Sub Command4_Click()
    Dim Stu1 As Student
    'With 使得到 End With 之间的 "." 后边的成员都是 Stu1 的成员
    With Stu1
        .name="宁爱军"
        .Num=1
        .Score=99
        .Sex="男"
        Print "学号","姓名","性别","成绩"
        Print .Num,.name,.Sex,.Score
    End With
End Sub
```

习　题

一、练习题

1. 选择题

（1）以下选项中，（　　　）是合法的 Visual Basic 标识符。

　　A. ForLoop　　　　　B. Const　　　　　C. 9abc　　　　　D. a#x

（2）以下选项中，（　　　）不是 Visual Basic 的基本数据类型。

　　A. Single　　　　　B. Object　　　　　C. Currency　　　　D. Boot

（3）以下选项中，（　　　）不是合法的整型常量。

　　A. 100　　　　　　B. %0100　　　　　C. &H100　　　　　D. &O100

（4）以下选项中，（　　　）不是合法的常量。

　　A. 1.23E05　　　　B. 100　　　　　　C. 100.0　　　　　D. 10X+01

（5）Visual Basic 日期型常量使用（　　　）把日期数据括起来。

　　A. ##　　　　　　　B. ""　　　　　　　C. ()　　　　　　D. {}

（6）以下选项中，（　　　）不是合法的符号常量的声明。

　　A. Const a As Single = 1.1　　　　　　B. Const a As Integer = "12"

　　C. Const a As Double = Sin(1)　　　　 D. Const a = "OK"

（7）以下选项中，（　　　）可以作为 Visual Basic 变量名。

　　A. F1.1　　　　　　B. π　　　　　　　C. F2A　　　　　　D. 2FA

（8）Visual Basic 中的变量如果没有显式声明其数据类型，则默认为（　　　）。

　　A. 日期型　　　　　B. 数值型　　　　　C. 字符串型　　　　D. 可变类型

（9）要强制显式声明变量，可以在窗体模块或标准模块的通用声明部分加入语句（　　　　）。

    A. Option Base 0　　　　　　　　　　　B. Option Explict

    C. Option Base 1　　　　　　　　　　　D. 可变类型 Option Compare

（10）以下四类运算符，优先级最低的是（　　　　）。

    A. 算术运算符　　　　　　　　　　　　B. 字符串运算符

    C. 关系运算符　　　　　　　　　　　　D. 逻辑运算符

（11）表达式(7 \ 3 + 1) * (18 \ 5 − 1)的值是（　　　　）。

    A. 8.67　　　　　　B. 7.8　　　　　　C. 6　　　　　　D. 6.67

（12）表达式 5 ^ 2 Mod 25 \ 2 ^ 2 的值是（　　　　）。

    A. 0　　　　　　　B. 1　　　　　　　C. 6　　　　　　D. 4

（13）代数式 $\dfrac{a}{b+\dfrac{c}{d}}$ 对应的 Visual Basic 表达式是（　　　　）。

    A. a / b + c / d　　　　　　　　　　　B. a / (b + c) / d

    C. (a / b + c) / d　　　　　　　　　　D. a / (b + c / d)

（14）表达式 Int(−17.8) + Fix(−17.8) + Int(17.8) + Fix(17.8)的值是（　　　　）。

    A. −1　　　　　　B. −2　　　　　　C. 0　　　　　　D. 1

（15）Rnd 函数不能产生的值是（　　　　）。

    A. 0　　　　　　　B. 1　　　　　　　C. 0.1234　　　　D. 0.00005

（16）产生[10, 37]之间的随机整数的 Visual Basic 表达式是（　　　　）。

    A. Int(Rnd * 27) + 10　　　　　　　　B. Int(Rnd * 28) + 10

    C. Int(Rnd * 27) + 11　　　　　　　　D. Int(Rnd * 28) + 11

（17）可以同时删除字符左右两边空格的函数是（　　　　）。

    A. LTrim()函数　　B. RTrim()函数　　C. Trim()函数　　D. Mid()函数

（18）Left("how are you", 3)的值是（　　　　）。

    A. how　　　　　　B. are　　　　　　C. you　　　　　　D. how are you

（19）Mid("ThankYou",4,3)的值是（　　　　）。

    A. ank　　　　　　B. nkY　　　　　　C. kYo　　　　　　D. how are you

（20）Len(Mid("visualbasic", 1, 6))的值是（　　　　）。

    A. visual　　　　　B. basic　　　　　C. 6　　　　　　　D. 1

2. 填空题

（1）当将逻辑型数据转换为数值型数据时，False 转换为_____，True 转换为_____。

（2）数学表达式 $\sqrt{\dfrac{x+\ln x}{a+b}}$ 表示为 Visual Basic 表达式_____，$(1+xy)^9$ 表示为_____。

（3）数学表达式 $\dfrac{20x+\sqrt{xy}}{x+y}$ 表示为 Visual Basic 表达式_____，$|e^3+\sin^2(xy)|$ 表示为_____。

（4）2*3^2+2*8/4+3^2 的值是_____，16/4−2^5*8/4 Mod 5\2 的值是_____。

（5）表达式"12" + "34"的值是_____，表达式"12" & "34"的值是_____，表达式 12 &

34 的值是＿＿＿＿＿＿，100 + "100" & 100 的值是＿＿＿＿＿＿。

（6）Int(198.555 * 100 + 0.5) / 100 的值是＿＿＿＿＿＿，产生一个[100,200]之间整数的 Visual Basic 表达式是＿＿＿＿＿＿。

（7）Left("VB Program", 4) 的值是＿＿＿＿＿＿，Right("VB Program", 4)的值是＿＿＿＿＿＿，Mid("VB Program", 2, 5)的值是＿＿＿＿＿＿，Len("VB Program")的值是＿＿＿＿＿＿。

3．程序设计题

（1）分析以下程序的输出结果。

```
Private Sub Form_Click()
    Dim str As String,i As Integer
    str="hello"
    i=100
    Print 2&3
    Print 2+3
    Print 2+"3"
    Print str&"nihao"
    Print str+"nihao"
    Print str&i
    Print str+i
    Print i&"nihao"
    Print i+"nihao"
End Sub
```

（2）编写程序，界面如图 3-10 所示。在第一个文本框和第二个文本框中输入两个数，单击"确定"按钮后，在第三个文本框中输出两个数的和。

（3）编写程序，界面如图 3-11 所示。向文本框中输入数值，单击"加一"按钮文本框中的数值加一，单击"减一"按钮文本框中的数值减一。

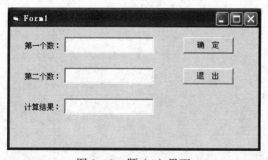

图 3-10　题（2）界面

图 3-11　题（3）界面

（4）编写程序，在窗体上设计两个标签，两个文本框，三个按钮，界面如图 3-12 所示。

① 第一个文本框用于输入一个大写英文字母，单击 Command1 按钮，在第二个文本框中输出对应小写英文字母。

② 第二个文本框中输入一个小写英文字母，单击 Command2 按钮，在第一个文本框中输出对应大写英文字母。

③ 单击 Command3 按钮清除文本框一和文本框二中的内容。

（5）编写程序，在窗体上设计两个标签，两个文本框，三个按钮，界面如图 3-13 所示。

① 第一个文本框输入一个英文字母，单击 Command1 按钮，在第二个文本框中输出对应 ASCII 值。

② 第二个文本框输入一个英文字母的 ASCII 值，单击 Command2 按钮，在第一个文本框中输出对应英文字母。

③ 单击 Command3 按钮，清除文本框一和文本框二中的内容。

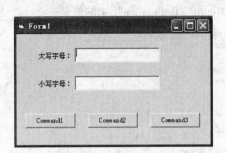

图 3-12　题（4）界面

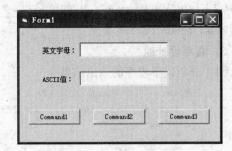

图 3-13　题（5）界面

二、参考答案

1. 选择题

（1）	（2）	（3）	（4）	（5）	（6）	（7）	（8）	（9）	（10）
A	D	B	D	A	C	C	D	B	D
（11）	（12）	（13）	（14）	（15）	（16）	（17）	（18）	（19）	（20）
C	B	D	A	B	B	C	A	B	C

2. 填空题

（1）0　　−1

（2）$((x + Log(x)) / (a + b)) ^ (1 / 2)$　　　　$(1 + x * y) ^ 9$

（3）$(20 * x + (x * y) ^ (1 / 2)) / (x + y)$　　　　$Abs(Exp(3) + Sin(x * y) ^ 2)$

（4）31　　4

（5）1234　　　1234　　　1234　　　"200100"

（6）198.56　　　Int(rnd*(200−100+1)+100)

（7）"VB P"　　　"gram"　　　"B Pro"　　　10

3. 程序设计题（略）

第4章 顺序结构程序设计

顺序结构按照程序语句的先后顺序执行，它是结构化程序设计中最简单的控制结构。本章介绍顺序结构程序的算法设计、程序编写、程序调试方法，数据的输入、输出方法，Visual Basic 的语句，程序的错误处理。通过学习本章，读者可以深入了解和掌握程序设计的一般过程。

4.1 顺序结构程序设计概述

顺序结构是结构化程序设计中最简单的控制结构，它一般包括输入、处理和输出三个过程。其传统流程图如图 4-1（a）所示，其 N–S 流程图如图 4-1（b）所示。

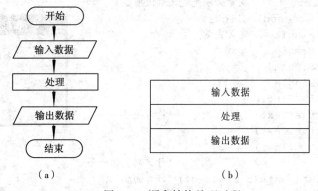

图 4-1　顺序结构处理过程

程序设计的过程，一般包括以下步骤：

（1）分析问题：分析问题的原理、定义，找出其中的规律。

（2）设计算法：设计解决问题的算法。

（3）设计界面：设计解决问题的人机交互界面。

（4）编写程序：编写程序，调试、运行。

【例 4.1】编写程序，输入三角形的三条边长 a、b 和 c，求三角形的面积。

【解】（1）分析。根据数学知识，已知三角形的三条边时，可用海伦公式来计算其面积，即：

$$s = \frac{a+b+c}{2} \qquad area = \sqrt{s(s-a)(s-b)(s-c)}$$

（2）算法设计。根据分析，计算三角形的面积需先输入三角形的三条边长，再用海伦公式计算面积。求三角形面积算法的传统流程图如图 4-2（a）所示，其 N–S 流程图如图 4-2（b）所示。

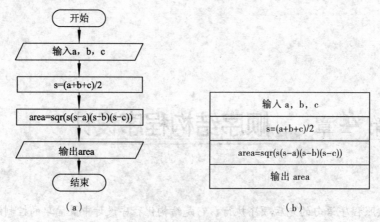

图 4-2　求三角形面积算法

注意：输入的三条边必须能构成一个三角形，否则程序将出错。处理这种错误的方法将在后续章节讲述。

（3）程序设计。设计界面如图 4-3 所示，窗体 Form1(Caption="三角形面积")，Lable1(Caption="a:")、Lable2（Caption="b:"）、Lable3（Caption="c:"）、Lable4（Caption="面积:"），Text_a（输入 a）、Text_b（输入 b）、Text_c（输入 c）、Text_area（输出 area），Command1（计算）。编写程序如下：

```
Option Explicit        '变量必须先定义后使用
Private Sub Command1_Click()
    Dim a As Single     '定义变量
    Dim b As Single
    Dim c As Single
    Dim s As Single
    Dim area As Single
    a=Val(Text_a.Text)              '输入边
    b=Val(Text_b.Text)
    c=Val(Text_c.Text)
    s=(a+b+c)/2                     '计算周长的一半
    area=Sqr(s*(s-a)*(s-b)*(s-c))   '计算面积
    Text_area.Text=area             '输出
End Sub
```

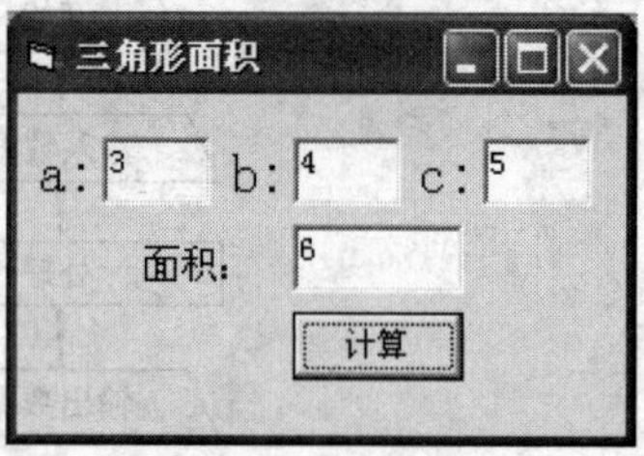

图 4-3　求三角形面积界面

学习提示：读者在学习编程的初期，要努力养成良好的编程习惯。

① 按照分析问题、设计算法、设计界面、编写程序的步骤来解决问题。

② 程序中使用的变量必须先定义后使用，根据算法需要确定各个变量的数据类型。例如【例4.1】中边长和面积可以带小数点，所以选择 Single 类型。

③ 控件和变量的命名应该力求有实际意义，使得程序可读性强。

④ 注意为程序和语句添加注释。

（4）程序调试、修改、运行。在调试程序时，使用单步执行和本地窗口相结合的方法（熟练掌握，经常使用）：

① 使用逐语句（执行"调试" → "逐语句"命令或者按【F8】键）的方法，逐语句执行程序，观察程序的控制流程。

② 逐语句执行时，打开本地窗口如图 4-4 所示，观察变量值的变化，判断程序是否正确。

（5）思考。任何问题的解决都必须按照分析问题、设计算法、编写程序的步骤来进行。在分析问题时，要充分利用现有的数学、物理、化学等知识。

例如，求三角形面积的问题，如果没有海伦公式，那么就要使用几何知识来分析，并得出算法。设三角形的三边 a、b、c 的对角分别为 A、B、C，则余弦定理为

$$\cos C = \frac{a^2 + b^2 - c^2}{2ab} \qquad area = \frac{ab\sin C}{2} = \frac{ab\sqrt{1 - \cos C^2}}{2}$$

如果继续进行数学推导，最终将得到与海伦公式相同的计算公式。根据上述分析设计的算法如图 4-5 所示。

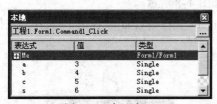

图 4-4　本地窗口

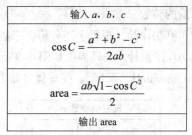

图 4-5　求三角形面积算法 2

【例 4.2】求解鸡兔同笼问题。已知笼子中鸡和兔的头数总共为 h，脚数总共为 f。问鸡和兔各有多少只。

【解】（1）分析。设鸡和兔分别有 x 只和 y 只，则可列方程 $\begin{cases} x + y = h \\ 2x + 4y = f \end{cases}$。经过数学推导，方程可以转化为公式 $\begin{cases} x = (4h - f)/2 \\ y = (f - 2h)/2 \end{cases}$ 或者 $\begin{cases} x = (4h - f)/2 \\ y = h - x \end{cases}$。

根据数学知识，任何一对 h 和 f，都能计算出 x 和 y，但是 x 和 y 值的取值范围是任何实数。而在现实世界中，鸡和兔的只数只能为大于或等于 0 的整数。因此，如果 x 或 y 带小数部分或者小于 0，那么就不是正确的解。

（2）算法设计。根据上述分析，求解此问题算法如图 4-6 所示。

（3）程序设计。设计界面如图 4-7 所示，包括 Text_h（输入头数 h）、Text_f（输入脚数 f）、Text_x（输出鸡数 x）、Text_y（输出兔数 y），Command1（计算）。编写程序如下：

输入 h, f
x=(4h−f)/2
y=h−x
输出 x, y

图 4-6　鸡兔同笼问题算法

图 4-7　鸡兔同笼问题界面

```
Private Sub Command1_Click()
    Dim h As Integer  '定义变量
    Dim f As Integer
    Dim x As Integer
```

```
    Dim y As Integer
    h=Val(Text_h.Text)          '输入头
    f=Val(Text_f.Text)          '输入脚
    x=(4*h-f)/ 2                '计算鸡数
    y=h-x                       '计算兔数
    Text_x.Text=x               '输出
    Text_y.Text=y
End Sub
```

【**例 4.3**】编写程序，输入一个三位整数，将其个位、十位、百位反序后得到新整数并输出。例如，整数 123 反序后为 321。

【**解**】（1）分析。要将整数的数位对调，首先必须求出其个位、十位和百位数，然后再计算得到反序后的整数。

（2）算法设计。根据上述分析，求解此问题算法如图 4-8 所示。

（3）程序设计。设计界面如图 4-9 所示，包括 Text_m（三位整数 m）、Text_n（反序的三位整数 n），Command1（反序）。编写程序如下：

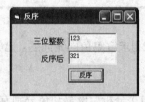

图 4-8　三位整数反序算法　　　　　　图 4-9　三位整数反序界面

```
Private Sub Command1_Click()
    Dim m As Integer            '定义变量
    Dim a As Integer
    Dim b As Integer
    Dim c As Integer
    Dim n As Single
    m=Val(Text_m.Text)          '输入三位整数
    a=m\100
    b=m\10 Mod 10
    c=m Mod 10
    n=a+b*10+c*100              '反序后的数
    Text_n.Text=n               '输出
End Sub
```

学习提示：获取一个整数的各个数位上的数字的方法，在解决很多问题时经常用到，读者应该注意掌握。

4.2　Visual Basic 语句

Visual Basic 一条语句的长度应小于或等于 1023 个字符。将一条语句写在两行或多行上称为语句续行。续行语句在最后加上一个空格和下画线，下一行继续书写。例如：

```
s=123+456 _
   +789+954 _
   +111+222
   Print s
```

除一般语句外，常用的 Visual Basic 语句包括注释语句、Stop 语句、End 语句和 Goto 语句等。

（1）注释语句：并不执行，主要用于给程序段或语句添加注释内容，以提高程序的可读性。注释语句的格式为：

```
Rem|' 字符串
```

以单撇号 "'" 开始的注释可以写在语句的后边，而 Rem 只能单独写成一行。例如：

```
Rem   这是注释1
'     这是注释2
a=3   '这是注释3
```

（2）Stop 语句：可以放在程序的任何地方，它能暂停程序的执行，相当于设置了断点。按下【F5】键或单击 ▶ 按钮，可以继续执行程序。

（3）End 语句：可以结束一个程序的执行。

（4）Goto 语句：是无条件转移语句，可以将程序执行流程转移到指定语句位置。其格式为：

```
Goto <语句标号>
```

其中语句标号是指语句的位置标识。标号有两种：

① 字符串标号，必须以字母开头，后边跟上 "："。以下程序的运行结果如图 4-10 所示。

```
Private Sub Command1_Click()
    Dim a As Integer
    Print 123
    GoTo ok        '跳到 ok 后
    Print 456      '此语句不执行
ok:                '标号
    Print 789
End Sub
```

图 4-10　Goto 语句运行结果

② 数字标号，后边不跟 "："。例如：

```
...
GoTo 100       '跳到 100 后
...
100            '标号
...
```

学习提示：Goto 语句的跳转太自由，建议读者谨慎使用。

4.3　数据输入和输出

人机交互主要通过数据的输入和输出完成。Visual Basic 的数据输出可以使用 Print 语句、MsgBox 函数或语句，也可以采用一些常用控件如 TextBox（文本框）、Label（标签）等；数据输入可以使用 InputBox() 函数和 TextBox 控件等完成。

4.3.1　Print 语句

1. Print 语句的使用

Print 语句用于在窗体、图片控件（Picture）、打印机或立即窗口等对象中输出数据。格式如下：

```
[<对象>.] Print[<输出表列>[,|;]
```

【例 4.4】Print 语句输出。设计界面如图 4-11 所示，包括 Picture1（为 PictureBox 控件）、Command1（确定）。

【解】编写程序如下：

```
Private Sub Command1_Click()
    a=123: b=456: c=789
    Form1.Print a;b;c                    '输出在 Form1 上
    Print "中华","天下",12345            '输出在 Form1 上
    Picture1.Print "中华","天下",12345   '输出在 Picture1 上
    Debug.Print "中华","天下",12345      '输出在立即窗口中
    Printer.Print 12345                  '在打印机上打印 12345
End Sub
```

说明：

（1）数据以"；"分隔时为紧凑格式，间隔为 1 个字符。如 Form1.Print a; b; c。

（2）数据以"，"分隔时，后边的数据输出到下一个输出区（14 列为一个输出区）。如 Print "中华","天下",12345。

（3）Print 语句后不跟"；"或"，"，则换行后再执行后边的 Print 语句。

（4）Print 语句如果省略<对象名>，则默认为当前窗体。

（5）可以用"?"代替 Print 语句，如 ?a;b;c。

（6）如果窗口的 AutoRedraw 属性为 False，则当窗体被覆盖时，Print 输出的内容会消失；反之如果 AutoRedraw 属性为 True，则窗体内容不会消失。

（7）Debug.Print 语句将数据输出到立即窗口中，如图 4-12 所示。

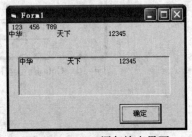

图 4-11 Print 语句输出界面

图 4-12 立即窗口

2. 与 Print 语句有关的函数

为了配合数据的输出，经常使用 Tab 函数、Spc 函数和 String 函数。

（1）Tab 函数。格式为：Tab [(n)]。Tab 函数的功能是将光标定位在对象的第 n 列上输出数据。当 n 的值小于当前列值，则重新定义到下一行的第 n 列。

（2）Spc 函数。格式为：Spc [(n)]。Spc 函数功能是从当前位置向后的第 n 个位置开始输出。

（3）String 函数。格式为：String(n, s)。String()函数的功能是生成 n 个 s 的第一个字符连接的字符串。

【例 4.5】Tab 和 Spc 函数应用。设计界面如图 4-13 所示，包括 Command1（确定）。

【解】编写程序如下：

```
Private Sub Command1_Click()
    Print 1234567890
    Print Tab(1);456
```

```
        Print 123;Tab(6);456
        Print 123;Spc(6);456
        Print 123,4,56
        Print 12345;Tab(3);6789
    End Sub
```

【例 4.6】输出图形。设计界面如图 4-14 所示，包括 Command1（确定），单击 Command1 后输出对应图形。

【解】编写程序如下：

```
Private Sub Command1_Click()
    Print Tab(1);String(13,"*")
    Print Tab(2);String(11,"*")
    Print Tab(3);String(9,"*")
    Print Tab(4);String(7,"*")
    Print Tab(5);String(5,"*")
    Print Tab(6);String(3,"*")
    Print Tab(7);String(1,"*")
End Sub
```

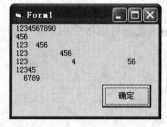

图 4-13 Tab 和 Spc 函数应用界面

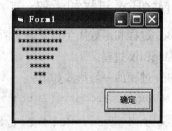

图 4-14 输出图形界面

3．Format$()格式输出函数

Format$()函数将数值、字符串或日期等数据按照指定的格式生成字符串，其格式如下：

```
Format$(表达式,格式字符串)
```

说明：

（1）表达式是要输出的数值、字符串或日期型数据。

（2）格式字符串，是数据要输出的格式，它包括数值格式、字符串格式和日期格式。其中常用的数值格式字符见表 4-1。

表 4-1 格式字符说明

格式字符	作　用	数　值	格式字符串	输　出
#	如果小数后位数大于#数，则四舍五入；否则与原数相同	123.456	"#####.####"	123.456
		123.456	"##.##"	123.46
0	实际数字位数小于 0 个数，则补 0；如果小数后位数大于 0 个数，则四舍五入	123.456	"00000.0000"	00123.4560
		123.456	"00.00"	123.46
,	千分位	1234.5678	"##,####.##"	1,234.57
%	数值乘以 100，加上%	0.123	"0.00%"	%12.30
$	在数字前加上$，其他一般字符类似，如￥、&等	1234.5678	"$00000.0000"	$01234.5678
E+	指数形式输出	1234.5678	"0.00E+00"	1.23E+03

（3）函数的返回值，是按照格式字符串指定格式的字符串。

【例 4.7】Format$()函数应用，设计界面如图 4-15 所示，编写程序实现。

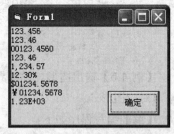

【解】程序代码具体如下：

```
Private Sub Command1_Click()
    Print Format$(123.456,"#####.####")
    Print Format$(123.456,"##.##")
    Print Format$(123.456,"00000.0000")
    Print Format$(123.456,"00.00")
    Print Format$(1234.5678,"##,####.##")
    Print Format$(0.123,"0.00%")
    Print Format$(1234.5678,"$00000.0000")
    Print Format$(1234.5678,"￥00000.0000")
    Print Format$(1234.5678,"0.00E+00")
End Sub
```

图 4-15　Format$()函数应用界面

学习提示：初学者应该先掌握简单的 Print 语句用法，复杂的 Format$()函数可以慢慢掌握。

4.3.2　MsgBox 过程和函数

MsgBox 过程和函数用于打开一个消息对话框，MsgBox()函数还可以接受用户按下的按钮值。

1. MsgBox 过程

MsgBox 过程的一般形式如下：

```
MsgBox  <Prompt>[,Buttons][,Title]
```

其含义为：MsgBox <提示信息>[,按钮][,标题]

以下语句的提示对话框如图 4-16 所示。

```
MsgBox "对不起，出错了",vbCritical,"错误提示"
```

说明：

（1）提示信息：对话框中显示的信息。

（2）标题：对话框的标题。

（3）按钮：对话框显示的按钮和图标类型，见表 4-2。如果不写，则默认为 vbOKOnly。

图 4-16　错误提示

表 4-2　按钮和图标

类　别	常　数	按钮值	显 示 按 钮
按钮	vbOKOnly	0	确定
按钮	vbOKCancel	1	确定、取消
按钮	vbAbortRetryIgnore	2	终止、重试、省略
按钮	vbYesNoCancel	3	是、否、取消
按钮	vbYesNo	4	是、否
按钮	vbRetryCancel	5	重试、取消
图标	vbCritical	16	关键信息图标
图标	vbQuestion	32	询问信息图标
图标	vbExclamation	48	警告信息图标
图标	vbInformation	64	提示信息图标

（4）按钮和图标，可以组合使用。例如，语句"MsgBox "对不起，密码错误！",5+48,"错误提示""显示的对话框如图 4-17 所示。其中 5+48，即 vbRetryCancel+ vbExclamation 为"重试""取消"按钮和"警告信息 ⚠ "图标结合显示。

2．MsgBox()函数

MsgBox()函数用于打开一个消息框，并接受用户按下的按钮值。其一般格式如下：

```
MsgBox(Prompt[,Buttons][,Title])
```

【例 4.8】Msg Box()函数应用。编写程序，打开的对话框如图 4-17 所示。

【解】程序代码具体如下：

图 4-17　MsgBox()函数应用界面

```
Private Sub Command1_Click()
    Dim a As Integer
    a=MsgBox("对不起，密码错误！",5+48,"提示")
    Print a
End Sub
```

MsgBox()函数返回值是一个整数，其值表示用户单击了哪个按钮。例如，单击"重试"按钮时函数返回值为 4，单击"取消"按钮时函数返回值为 2。返回值与所选按钮的对应关系见表 4-3。

表 4-3　MsgBox 函数返回值与所选按钮

常　数	返 回 值	选 择 按 钮	常　数	返 回 值	选 择 按 钮
vbOK	1	确定	vbIgnore	5	忽略
vbCancel	2	取消	vbYes	6	是
vbAbort	3	终止	vbNo	7	否
vbRetry	4	重试			

4.3.3　输入函数 InputBox()

InputBox()函数可以打开一个输入框，用于输入数据，其一般格式如下：

```
Inputbox(Prompt[,title][,Default][,Xpos][,Ypos])
```

其含义为：Inputbox(提示信息[,标题][,默认值][,位置X][,位置Y])

说明：

（1）默认值：输入框默认的返回值。

（2）位置 X：对话框左上角的 X 坐标。

（3）位置 Y：对话框左上角的 Y 坐标。

【例 4.9】InputBox()函数应用。编写程序，打开的输入对话框如图 4-18 所示，其默认值为"abcdefg"。

【解】程序代码具体如下：

```
Private Sub Command1_Click()
    Dim str As String  '定义变量
    str=InputBox("请输入 str 值","输入","abcdefg",120,120) '输入对话框
    MsgBox str  '输出字符串
End Sub
```

图 4-18　InputBox()函数应用界面

4.3.4　其他输入输出方法

1．文本框 TextBox 输入输出数据

【例 4.10】文本框的输入和输出。设计界面如图 4-19 所示，包括 Text1（输入）、Text2（输出）、

Command1（确定）。

【解】编写程序如下：

```
Private Sub Command1_Click()
    Dim s As String
    s=Text1.Text  '输入
    Text2.Text=Text2.Text&s '输出到Text2
End Sub
```

在输出时，语句 Text2.Text = Text2.Text & s 使得 Text1 中输入的字符串连接到 Text2 的后边。

【例 4.11】多行文本框应用。设计界面如图 4-20 所示，包括 Text1（属性 Multiline 为 True）、Command1（确定）。

【解】编写程序如下：

```
Private Sub Command1_Click()
    Text1.Text=1&vbCrLf 'vbCrLf换行
    Text1.Text=Text1.Text&2&vbCrLf
    Text1.Text=Text1.Text&3&vbCrLf
End Sub
```

说明：系统常量 vbCrLf 表示回车换行符。

图 4-19　文本框的输入和输出界面

图 4-20　多行文本框应用界面

2. Label（标签）

Label（标签）可以在界面中显示提示信息，还可以用于输出数据，它的 Caption 属性表示要显示的信息。

【例 4.12】标签应用。设计界面如图 4-21 所示，编写程序实现。

【解】程序代码具体如下：

```
Private Sub Command1_Click()
    x=5
    y=6
    Label1.Caption="x="&x& vbCrLf&"y="&y
End Sub
```

图 4-21　标签应用界面

4.4　Visual Basic 程序错误处理

虽然在调试时排除了程序的语法错误，可以编译为可执行应用程序，但是在程序运行时仍然可能发生错误，这种错误称为运行时错误。发生运行时错误时，系统将报告错误信息。编写程序时，应该对可能发生的错误进行处理。

【例 4.13】编写以下程序。虽然没有语法错误，但是在运行时发生"除数为零"错误，其错误提示如图 4-22 所示。

图 4-22　运行时错误界面

【解】程序代码具体如下：

```
Private Sub Command1_Click()
    a=3
    b=0
    c=a/b
    Print c
End Sub
```

4.4.1　On Error 语句

在应用程序中，可以通过编写错误处理代码来处理运行时错误。当发生运行时错误时，使用 On Error 语句捕获错误，转而执行错误处理程序，以避免应用程序的崩溃。

1. On Error Goto <语句标号>

该语句启动错误处理程序，当发生错误时，程序转到<语句标号>指定的行继续执行。

【例 4.14】使用标号的错误处理程序。

【解】程序代码具体如下：

```
Private Sub Command1_Click()
    Dim a As Integer
    On Error GoTo error1       '设定错误处理方法
    a=Val(Text_a.Text)
    Text_x.Text=Sqr(a)
    GoTo ok        '转到 ok 标号处
error1:
    MsgBox "对不起，输入错误！"        '错误处理程序
    Text_x.Text=""        清空
ok:
End Sub
```

界面如图 4-23 所示，在程序运行时，当输入小于 0 的数如-6 时，发生运行时错误，显示自定义错误对话框如图 4-24 所示。

图 4-23　引发错误的界面

图 4-24　"错误处理"对话框

2. On Error Goto 0

该语句将禁止任何已经启动的错误处理程序。

4.4.2　Err 对象

Err 对象记录"运行时错误"的信息，其属性由错误生成者设定，主要包括：

（1）Number：错误的编号。

（2）Source：一个字符串表达式，指明生成错误的对象或应用程序的名称。

（3）Description：错误的描述。

Err 对象包括以下方法：

（1）Clear：清除 Err 对象的所有属性。

（2）Raise：模拟生成运行时错误。如语句 Err.Raise 55，生成 55 号错误，即"文件打开错误"。

【例 4.15】使用 Err 对象的错误处理程序，界面如图 4-25 所示。

【解】程序代码具体如下：

```
Private Sub Command1_Click()
    On Error GoTo error1
        Err.Raise 11  '模拟生成 11 号错误，触发
错误处理
        Print 12345    '此语句不会执行
error1:
    Print Err.Number        '输出错误编号
    Print Err.Source        '输出工程名
    Print Err.Description    '输出描述
End Sub
```

图 4-25　使用 Err 对象处理错误界面

4.4.3　Resume 语句

该语句用于错误处理程序结束时，恢复原有程序的运行。

1. On Error Resume Next

语句使得当程序发生运行时错误时，继续执行错误语句后边的语句。

【例 4.16】使用 Resume [0]处理错误，界面如图 4-26 所示。

【解】程序代码具体如下：

```
Private Sub Command1_Click()
    On Error Resume Next
    a=3: b=0
    Print a/b      '运行错误，被 0 除
    Print a        '继续执行下一句
End Sub
```

2. Resume [0]

如果产生错误和错误处理程序在同一个过程中，则在错误处理程序中，语句 Resume 0 使得执行流程恢复到发生错误的语句处执行。

【例 4.17】使用 Resume [0]处理错误，界面如图 4-27 所示。

【解】程序代码具体如下：

```
Private Sub Command1_Click()
    Dim a As Integer,b As Integer,c As Integer
    On Error GoTo error1
    a=10:b=0
    c=a/b                   '发生错误处
    Print c
    GoTo ok
error1:
    Print Err.Number        '输出错误编号
```

```
        Print Err.Source              '输出工程名
        Print Err.Description         '输出描述
        b=5
        Resume 0        '返回错误处
ok:
End Sub
```

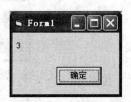

图 4-26　使用 Resume[0]处理错误界面 1

图 4-27　使用 Resume[0]处理错误界面 2

3. Resume <语句标号>

在错误处理程序中，语句"Resume <语句标号>"可以转到<语句标号>处继续执行。

习　题

一、练习题

1. 选择题

（1）以下语句中，不是正确的 Visual Basic 注释的是（　　　）。

　A. Rem　这是注释

　B. a=3　"这是注释

　C. '这是注释

　D. a = 3　'这是注释

（2）在窗体上画一个名称为 Command1 的命令按钮，然后编写如下事件过程：

```
Private Sub Command1_Click()
    Print "a";Tab(6);"b"
End Sub
```

程序运行后，单击命令按钮，在窗体上显示的内容是（　　　）。

　A. ab　　　　　B. atab(6)b　　　　　C. a　　　b　　　　　D. aabbaabb

（3）在窗体上画一个名称为 Command1 的命令按钮，然后编写如下事件过程：

```
Private Sub Command2_Click()
    Print "a";Spc(6);"b"
End Sub
```

程序运行后，单击命令按钮，在窗体上显示的内容是（　　　）。

　A. ab　　　　　B. a　　　b　　　　　C. atab(6)b　　　　　D. aabbaabb

（4）在窗体上画一个名称为 Command1 的命令按钮，然后编写如下事件过程：

```
Private Sub Command1_Click()
    a$="Basic"
    Print String(3,a$)
End Sub
```

程序运行后，单击命令按钮，在窗体上显示的内容是（　　　）。

　A. BasicBasicBasic　　　　B. Bas　　　　C. BBB　　　　D. ccc

（5）执行以下语句，窗体上显示的是（　　　）。

```
a=9.8596
Print Format(a,"$00,00.00")
```

 A. 0,009.86 B. $9.86 C. 9.86 D. $0,009.86

（6）以下语句能显示图 4-28 所示对话框的是（　　　）。

 A. MsgBox "a", vbCritical, "b"

 B. MsgBox "b", vbCritical, "a"

 C. MsgBox "a", vbOKCancel, "b"

 D. MsgBox "b", vbOKCancel, "a"

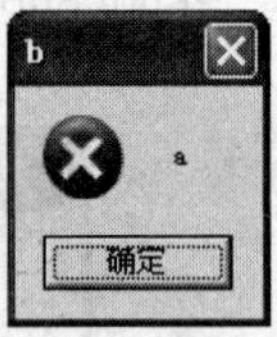

图 4-28 题（6）对话框

（7）执行语句 a = MsgBox("a! ", 5 + 48, "b")，单击"重试"按钮返回值是（　　　）。

 A. 2   B. 4   C. 5   D. 48

（8）InputBox()函数返回值的类型为（　　　）。

 A. 数值   B. 字符串

 C. 变体   D. 数值或字符串（视输入的数据而定）

（9）执行语句 s = InputBox("aaa", "bbb", "ccc") 将显示输入对话框。如果直接单击"确定"按钮，则变量 s 的内容是（　　　）。

 A. "aaa" B. "bbb" C. "ccc" D. 空

（10）设程序中有如下语句：

```
x=InputBox("输入","数据",100)
Print x
```

执行上述语句，输入 5 并单击输入对话框上的"取消"按钮，则窗体上输出（　　　）。

 A. 0   B. 5   C. 100   D. 空白

（11）文本框 TextBox 的属性中，（　　　）属性使得文本框能够允许输入多行。

 A. Text B. Multiline C. Name D. Visible

（12）（　　　）是能够使得字符串换行的 Visual Basic 常量。

 A. vbCrlf B. VbOk C. VbOnly D. VbAbort

（13）Label 控件中（　　　）属性表示显示的信息。

 A. Caption B. Text C. Tag D. Name

（14）程序在执行的时候发生的错误称为（　　　）。

 A. 语法错误 B. 运行时错误 C. 本地错误 D. 语言错误

2. 填空题

（1）运行语句 Print "x"& String(3, "**")& "b"，在窗体上的输出结果是_____。

（2）执行如下两条语句，窗体上显示的是_____。

```
a=12345.6789
Print Format(a,"¥00,000.00")
```

（3）执行以下语句 Print "xxx" & vbCrLf & "yyy"，在窗体上的输出结果是_____。

（4）文本框 TextBox 中能表示显示的数据的属性是_____。

（5）程序在编写时因为不符合语言规定而发生的错误称为_____。

（6）在窗体上画一个文本框和一个图片框,然后编写如下两个事件过程:

```
Private Sub Form_Click()
    Text1.Text="Visual Basic"
End Sub
Private Sub Text1_Change()
    Picture1.Print "VB语言程序设计"
End Sub
```

程序运行后,单击窗体,在文本框中显示的内容是_____,而在图片框中显示的内容是_____。

（7）在窗体上画一个命令按钮,然后编写如下事件过程:

```
Private Sub Command1_Click()
    a=InputBox("请输入一个整数")
    b=InputBox("请输入一个整数")
    Print a*b
End Sub
```

程序运行后,单击命令按钮,在输入对话框中分别输入 3 和 4,输出结果为_____。

3. 编程题

（1）编写程序,输入圆半径 r 和高 h,求圆周长、圆面积、圆球表面积、圆球体积和圆柱体积。

（2）编写程序,输入华氏温度值 F,求出摄氏温度 C,其转换公式为: $C = \dfrac{5}{9}(F-32)$。

（3）编写程序,输入一个五位整数,将它反向输出。例如,输入 12345,则输出 54321。

（4）编写程序,输入我国现有人口 m 亿和每年的增长率 r,求多少年后我国人口超过 26 亿(根据公式 $26=m(1+r)^n$,推导出年数 n 可以用公式 $n = \dfrac{\log(\dfrac{26}{m})}{\log(1+r)}$ 计算)。

（5）编写程序,输入平面坐标系中两个点的坐标 (x_1,y_1) 和 (x_2,y_2),计算两点之间的距离。

（6）编写程序,输入一个矩形草坪的长（单位: m）和宽（单位: m）,若以 0.18 m^2/s 的速度修剪草坪,计算修剪草坪所需的时间。

（7）某商场营业员的总工资由两部分组成: 基本工资和营业额提成。编写程序输入基本工资、本月的营业额和营业额提成比例,计算实发工资。

（8）城市规划者建议将社区的所有马桶更换为每次冲水仅需 2 L 的节水马桶。假定每 3 个人拥有一个马桶,旧马桶每次冲水平均用水 15 L,每个马桶每天冲水 14 次,安装每个新马桶花费 1000 元,每吨水 3.4 元,每个马桶平均寿命 10 年。编写程序,输入社区人数,测算每天节约的用水量和节约的开销。

（9）编写程序,求解二元一次方程组 $\begin{cases} A_1X + B_1Y = C_1 \\ A_2X + B_2Y = C_2 \end{cases}$ 的解,要求输入系数 A_1、B_1、C_1、A_2、B_2 和 C_2。

（10）使用 Print 语句输出以下图形。

```
    *  *  *  *  *  *  *  *
  *  *  *  *  *  *  *  *
*  *  *  *  *  *  *  *
  *  *  *  *  *  *  *  *
    *  *  *  *  *  *  *  *
```

二、参考答案

1．选择题

（1）	（2）	（3）	（4）	（5）	（6）	（7）	（8）	（9）	（10）	（11）	（12）	（13）	（14）
B	C	B	C	D	A	B	B	C	D	B	A	A	B

2．填空题

（1）x***b   （2）￥12,345.68

（3）xxx   yyy   （4）Text

（5）语法错误

（6）Visual Basic   VB 语言程序设计

（7）12

3．编程题（略）

第 5 章 选择结构程序设计

在结构化程序设计中，顺序结构只能解决一些简单问题，而选择结构根据逻辑关系的真假决定程序的控制流程。本章介绍关系运算和逻辑运算、选择结构的算法设计及编写选择结构程序的方法。

5.1 关系运算与逻辑运算

1. 关系运算符

关系运算符用于比较两个操作数的关系，用关系运算符连接两个表达式称为关系表达式，例如 a>b。若关系成立，则表达式值为 True，否则为 False。在 Visual Basic 中 True 值表示为整数 -1，而 False 为 0。关系运算符的操作数可以是数值、字符串等数据类型。表 5-1 列出了 Visual Basic 语言提供的关系运算符。

表 5-1　关系运算符

运 算 符	运　算	关系表达式（a=5，b=6，c=7）
=	等于	a=b 值为 False　　a+2=c 值为 True
>	大于	a>b 值为 False　　a+b>c 值为 True
<	小于	3+a<6 值为 False　　"ABC" <"ABc"值为 True
>=	大于等于	a*b>c 值为 True　　"ABC" >="ABc"值为 False
<=	小于等于	12+c<=100 值为 True
<> 或 ><	不等于	a<>b 值为 True　　a><b 值为 True
Like	比较样式	"Tianjin" like "*jin"值为 True
Is	是否满足条件	Is >10

说明：

（1）关系运算符的优先级相同。

（2）如果两个操作数是字符串，则从左到右按对应位置字符逐一比较 ASCII 码值，直到出现不同字符。例如，表达式"ABCD">"ABCd"的值为 False；"ABCD">"ABC"的值为 True。

（3）like 运算符结合通配符"?""*""#"等使用，常用于模糊查询。通配符的含义见表 5-2。

表 5-2   通配符的含义

符 号	含 义	举 例（str="Beijing2008"）
?	表示任何单一字符	str like "???????2008" 值为 True
*	表示 0 个或多个字符	str like "*jing*" 值为 True
#	表示 0～9 中一个数字	str like "Beijing####" 值为 True

学习提示：应重点掌握 "=" ">" "<" ">=" "<=" "><" 和 "<>" 的用法。

【例 5.1】关系运算举例。运行以下程序，如图 5-1 所示，分析结果。

【解】程序代码具体如下：

```
Private Sub Command1_Click()
    Dim a As Integer
    Dim b As Integer
    a=4: b=5
    Print a=b,a<>b
    Print a>b,a<=b
End Sub
```

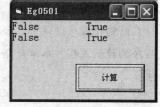

图 5-1   关系运算举例运行结果

学习提示：语句 a = 4: b = 5，将两个语句用 ":" 隔开形成一个语句组。语句组可以减少程序的行数，但是必须保证在不影响程序可读性的情况下才可以使用。

2. 逻辑运算符

逻辑运算符用于对操作数进行逻辑运算，用逻辑运算符连接关系表达式或逻辑值称为逻辑表达式。逻辑表达式的结果为 True 或 False。逻辑运算符的含义和优先级见表 5-3，逻辑运算的真值表见表 5-4。

表 5-3   逻辑运算符的含义和优先级

运算符	含 义	优先级	说 明	举例（a=10）	值
not	取反	1	操作数为 True，结果为 False，反之亦然	not (a<4)	True
and	与（并且）	2	两个操作数都为 True 时，结果才为 True	1<=a and a<6	False
or	或（或者）	3	两个操作数都为 False 时，结果才为 False	a<=1 or a>=20	False
xor	异或	3	两个操作数逻辑值相同时，结果才为 False	a<=1 xor a>=10	True
eqv	等价	3	两个操作数逻辑值相同时，结果才为 True	a<=1 eqv a>=6	False
imp	蕴含	3	前边的操作数为 True，后边为 False 时，结果才为 False	a<=1 imp a>=6	True

表 5-4   逻辑运算的真值表

a	b	not a	a and b	a or b	a xor b	a eqv b	a imp b
True	True	False	True	True	False	True	True
True	False	False	False	True	True	False	False
False	True	True	False	True	True	False	True
False	False	True	False	False	False	True	True

说明：

（1）逻辑运算符中，优先级数字越小优先级越高，not 高于 and 高于 or、xor、eqv、imp。

（2）Visual Basic 语言中，各类运算符的优先级关系：

    算术运算符＞字符运算符&＞关系运算符＞逻辑运算符

（3）在表达式中，如果不能确定运算符的优先级，可以使用 "()" 决定运算顺序。

【例 5.2】 逻辑运算举例。运行以下程序，如图 5-2 所示，分析结果。

【解】 程序代码具体如下：

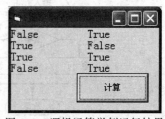

```
Private Sub Command1_Click()
    Dim a As Integer
    Dim b As Integer
    Dim c As Integer
    a=4:b=5:c=6
    Print Not a<b,Not a>b
    Print a<b Or b<a,a>b Or b>c
    Print a<b<c,a<b And b<c
    Print c>b>a,c>b And b>a
End Sub
```

图 5-2 逻辑运算举例运行结果

说明：

（1）表达式 a<b<c 的取值为 True。因为 "<" 运算符按照自左至右的方向结合，所以先执行 "a<b" 的值为 True，即整数 -1，而 -1<c 的取值为 True。而 a < b And b < c 的取值为 True。

（2）表达式 0<=x<=10 的取值永远为 True。要描述变量 x 在区间 [0,10] 中，其表达式为 0<=x and x<=10。

（3）表达式 c>b>a 的取值为 False。因为 ">" 运算符按照自左至右的方向结合，所以先执行 "c>b" 的值为 True，即整数 -1，而 "-1>a" 的取值为 False。而 c > b And b > a 的取值为 True。

【例 5.3】 已知判断年号 y 是否为闰年的条件为：①能被 4 整除，但不能被 100 整除，或者②能被 400 整除。判断 y 是否为闰年的逻辑表达式为：

    (y mod 4=0 and y mod 100<>0) or (y mod 400=0)

学习提示：注意理解和掌握判断一个整数能否被另一个整数整除的方法。

【例 5.4】 某单位选拔年轻干部的条件是：①年龄小于等于 35 岁；②硕士学位或者博士学位；③工作年限大于等于 5 年。编写程序代码。

【解】 程序代码如下：

    age<=35 and (xuewei="硕士" or xuewei="博士") and workage>=5

5.2 选择结构算法设计

本节通过几个问题的算法设计，介绍选择结构的算法设计和描述的方法。

【例 5.5】 输入 a、b 值，输出其中较大的数。

【解】 解决该问题的主要步骤如下：

（1）输入变量 a、b。

（2）如果 a>b 为真，则转入（3），否则转入（4）。

（3）输出 a，转入（5）。

（4）输出 b，转入（5）。

（5）结束。

算法的传统流程图如图 5-3（a）所示，算法的 N-S 流程图如图 5-3（b）所示。此算法的真和假两个分支都有语句。

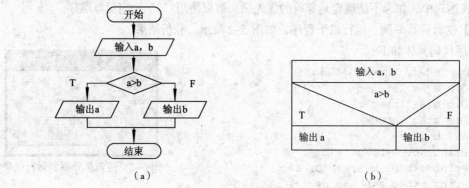

（a）　　　　　　　　　　　（b）

图 5-3　"二变量最大值"算法

【例 5.6】输入 a、b 值，如果 a>b，那么交换 a 和 b，使得 a≤b。

【解】解决该问题的主要步骤如下：

（1）输入变量 a、b。

（2）如果条件 a>b 为真，则交换 a 和 b，否则转入（3）。

（3）结束。

算法的传统流程图如图 5-4（a）所示，N-S 流程图如图 5-4（b）所示。此算法仅在条件为真的分支上有语句。

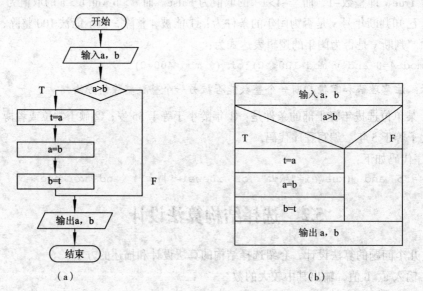

（a）　　　　　　　　　　　（b）

图 5-4　"二变量排序"算法

学习提示：

（1）算法依然应该包括输入、处理和输出三个部分，其中处理部分有选择结构。

（2）使用中间变量 t 交换两个变量 a 和 b 数值的方法常用在一些算法中，应注意理解和掌握。

【例 5.7】输入变量 a、b 和 c，将它们按照从小到大的顺序排序后输出。

【解】解决该问题的主要步骤为:

(1)如果 a>b,则 a 和 b 交换。

(2)如果 a>c,则 a 和 c 交换。此时可以保证 a 最小。

(3)如果 b>c,则 b 和 c 交换;此时可以保证 b≤c,排序完毕。

算法的 N-S 流程图如图 5-5 所示,经过三次比较和交换,完成排序过程。

学习提示:请思考 4 个、5 个……或 100 个变量排序问题的算法,应该怎样设计?

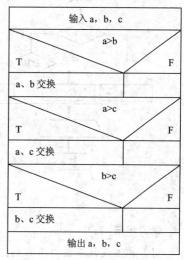

图 5-5　"三变量排序"算法

【例 5.8】输入 x,求函数 $f(x)=\begin{cases} x & x<1 \\ 2x-1 & 1\leq x<10 \\ x^2+2x+2 & x\geq10 \end{cases}$ 的值。

【解】分析:首先判定 x<1 条件,如为真则执行相应语句,否则判定 1≤x<10 条件,如为真则执行相应语句,否则判定 x≥10,如为真则执行相应语句,否则什么都不做。算法的传统流程图如图 5-6(a)所示,N-S 流程图如图 5-6(b)所示。

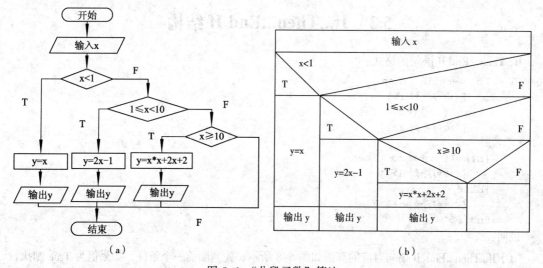

（a）　　　　　　　　　　　　（b）

图 5-6　"分段函数"算法

图 5-6（a）和图 5-6（b）所示算法虽然可以解决问题,但是仍然可以改进。因为问题中的三个条件,并不一定每个都需要判断:

(1)在判断第二个条件 1≤x<10 时,条件 x<1 一定为假,因此不需要判断条件 x≥1。

(2)如果前两个条件都为假,那么第三个条件 x≥10 就一定为真,因此第三个条件的判断可以不做。

(3)不论运行流程经过哪个分支,都要执行"输出 y"语句,所以,该语句只需要在选择结构的后边写一次就可以了。

优化后的算法的传统流程图如图 5-7(a)所示,N-S 流程图如图 5-7(b)所示。

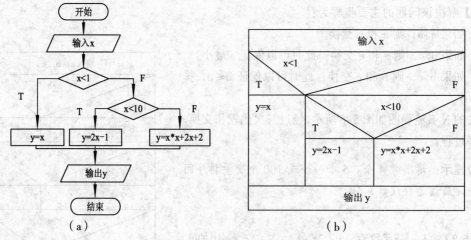

图 5-7　"分段函数"算法优化

学习提示：

（1）算法设计应该力求做到：① 易于阅读和理解；② 减少运算次数；③ 减少程序书写。

（2）因为传统流程图占用篇幅较大且绘制困难，因此在后续章节中，将主要以 N-S 流程图描述算法，读者也应重点掌握 N-S 流程图的画法。

5.3　If...Then...End If 结构

If...Then...End If 语句的格式：

```
If  <条件 1>  Then
    [<语句序列 1>]
[ElseIf <条件 2>  Then
    [<语句序列 2>]]
…
[ElseIf <条件 n>  Then
    [<语句序列 n>]]
[Else
    [<语句序列 n+1>]]
End If
```

说明：

（1）If...Then...End If 语句对应的算法如图 5-8 所示，先判断前一个条件，如果值为 True 则执行对应语句序列，否则判断下一个条件；如果前边的条件都为 False，则执行 Else 子句对应的语句序列。

（2）整个结构必须以 If 开始，以 End If 结束。

（3）可以没有 ElseIf 子句和 Else 子句。

（4）<语句序列>可以是一条或多条语句。

（5）书写时不能随意将两行语句合并成一行。例如，以下写法破坏了 If...Then...End If 结构，有语法错误：

```
If  x>0 Then y=1  '不应写在一行上
Else
    y=2
End If
```

（6）注意书写程序的缩进结构，即同一级的语句左边应该对齐，而下一级语句比上一级语句向右缩进几个字符位置，这样可以提高程序的可读性（按下【Tab】键可以缩进几个字符）。

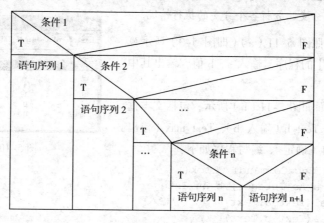

图 5-8 If...Then...End If 结构

【例 5.9】编写程序，输入三角形的三条边长 a、b 和 c，判断其是否构成三角形，如果是则计算三角形面积，否则提示出错信息。

【解】算法如图 5-9（a）所示，编写程序如下，程序运行的结果如图 5-9（b）和图 5-9（c）所示。

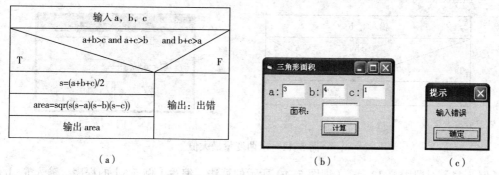

（a） （b） （c）

图 5-9 求三角形面积

程序代码具体如下：

```
Private Sub Command1_Click()
   Dim a As Single,b As Single,c As Single
   Dim s As Single,area As Single
   a=Val(Text_a.Text)                          '输入边
   b=Val(Text_b.Text)
   c=Val(Text_c.Text)
   If a+b>c And a+c>b And b+c>a Then
      s=(a+b+c)/2                              '计算周长的一半
      area=Sqr(s*(s-a)*(s-b)*(s-c))           '计算面积
      Text_area.Text=area                      '输出
   Else
      MsgBox "输入错误", vbOKOnly, "提示"       '输出错误提示
   End If
End Sub
```

学习提示：在选择结构程序的调试过程中，应该使用逐语句（执行 "调试"→"逐语句"命令或者按下【F8】键）方法，结合本地窗口观察变量的变化，如图 5-10 所示。输入的测试数据应该尽可能包括所有分支，分析各个分支的执行情况。

【**例 5.10**】对照图 5-11（a）（即图 5-3）所示算法，编写【例 5.5】的程序，输入 a、b 值，输出其中较大的数。

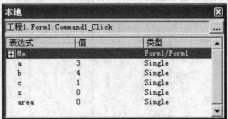

【**解**】设计界面如图 5-11（b）所示，包括文本框 Text_a（输入 a）、Text_b（输入 b）、Text_max（输出最大），Command1（确定）。编写程序如下：

图 5-10　本地窗口

```
Private Sub Command1_Click()
    Dim a As Integer, b As Integer
    a=Val(Text_a.Text)          '输入
    b=Val(Text_b.Text)
    If a>b Then                 '比较
        Text_max.Text=a         '输出
    Else
        Text_max.Text=b         '输出
    End If
End Sub
```

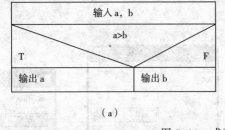

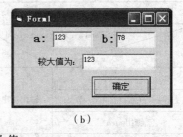

（a）　　　　　　　　　　　　　　　（b）

图 5-11　求两变量最大值

【**例 5.11**】对照图 5-12（a）（即图 5-4）所示的算法，编写【例 5.6】的程序，输入 a、b 值，如果 a>b，那么交换 a 和 b，使得 a≤b。

【**解**】设计界面如图 5-12（b）所示，包括 Text_a（输入 a）、Text_b（输入 b）、Text_a2（输出 a）、Text_b2（输出 b），Command1（确定）。编写程序如下：

```
Private Sub Command1_Click()
    Dim a As Integer,b As Integer,t As Integer
    a=Val(Text_a.Text)      '输入
    b=Val(Text_b.Text)
    If a>b Then             '比较
        t=a                 '交换
        a=b
        b=t
    End If
    Text_a2.Text=a          '输出
    Text_b2.Text=b
End Sub
```

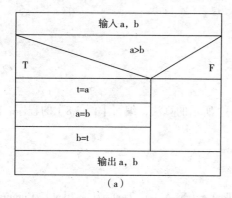

（a）　　　　　　　　　　　　　　（b）

图 5-12　两变量排序

【例 5.12】对照图 5-13（a）（即图 5-5）所示的算法，编写【例 5.7】的程序，输入变量 a、b 和 c，将它们按照从小到大的顺序排序后输出。

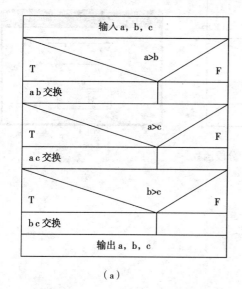

（a）　　　　　　　　　　　　　　（b）

图 5-13　三变量排序

【解】设计界面如图 5-13（b）所示，包括 Text_a（输入 a）、Text_b（输入 b）、Text_c（输入 c）、Text_a2（输出 a）、Text_b2（输出 b）、Text_c2（输出 c），Command1（确定）。编写程序如下：

```
Private Sub Command1_Click()
    Dim a As Integer, b As Integer, t As Integer
    a=Val(Text_a.Text)      '输入
    b=Val(Text_b.Text)
    c=Val(Text_c.Text)
    If a>b Then             '比较
        t=a:a=b:b=t         '交换
    End If
    If a>c Then             '比较
        t=a:a=c:c=t         '交换
    End If
    If b>c Then             '比较
```

```
            t=b:b=c:c=t            '交换
        End If
        Text_a2.Text=a            '输出
        Text_b2.Text=b
        Text_c2.Text=c
    End Sub
```

【例 5.13】对照图 5-14（a）（即图 5-7（b））所示的算法，编写【例 5.8】的程序，输入 x，

求函数 $f(x)=\begin{cases} x & x<1 \\ 2x-1 & 1\leqslant x<10 \\ x^2+2x+2 & x\geqslant 10 \end{cases}$ 的值。

【解】设计界面如图 5-14（b）所示，包括 Text_x（输入 x）、Text_y（输出 y），Command1（计算）。编写程序如下：

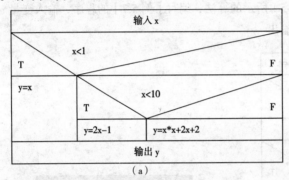
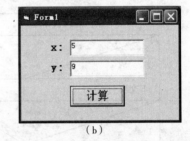

图 5-14 分段函数

```
Private Sub Command1_Click()
    Dim x As Single,y As Single
    x=Val(Text_x.Text)            '输入
    If x<1 Then                   '计算
        y=x
    ElseIf x<10 Then
        y=2*x-1
    Else
        y=x*x+2*x+2
    End If
    Text_y.Text=y                 '输出
End Sub
```

【例 5.14】编写程序，输入三位整数，判断它是否为水仙花数。所谓水仙花数，是指各位数字的立方和等于该数本身的整数。例如，$153=1^3+5^3+3^3$，所以 153 为水仙花数。

【解】分析：要判断整数 m 是否水仙花数，必须先求出其百位、十位和个位数字，然后判断各位数字的立方和是否等于 m，如果相等则 m 为水仙花数。设计的算法如图 5-15 所示。

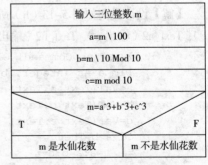

图 5-15 水仙花数问题算法

设计界面如图 5-16 所示，包括 Text_m（输入 m），按钮 Command1，编写程序如下：

```
Private Sub Command1_Click()
    Dim m As Integer
    Dim a As Integer, b As Integer, c As Integer
    m=Val(Text_m.Text)        '输入
    a=m\100                   '百位数
    b=m\10 Mod 10             '十位数
    c=m Mod 10                '个位数
    If m=a^3+b^3+c^3 Then     '计算
        MsgBox m & "是水仙花数"
    Else
        MsgBox m & "不是水仙花数"
    End If
End Sub
```

图 5-16 水仙花数问题界面

5.4 Select Case 语句

Select Case 语句也是一种多分支选择结构的写法，其语句形式如下：

```
Select Case 变量或表达式
Case 表达式列表 1
    [<语句序列 1>]
[Case 表达式列表 2
    [<语句序列 2>]]
…
[Case 表达式列表 n
    [<语句序列 n>]]
[Case else
    [<语句序列 n+1>]]
End Select
```

说明：

（1）Select Case 语句对应的算法如图 5-17 所示，它通过"变量或表达式"的值匹配 Case 子句的表达式列表，执行对应的语句序列。如果出现有多个 Case 值匹配的情况，则自上而下，只执行第一个。

（2）Select Case 后边的变量或表达式只能有一个，如果有多个则报错。

（3）表达式列表与"变量或表达式"的类型必须相同，表达式列表可以是以下形式：

① 表达式：

```
Case a+3B
```

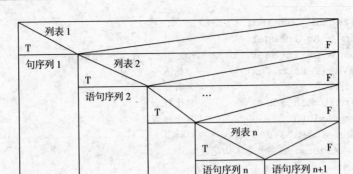

图 5-17　Select Case 结构

② 一组用逗号隔开的枚举值：

```
Case  "北京","天津","上海"        '值为"北京"、"天津"或 "上海"
Case  2,4,6,8                    '值为 2、4、6 或 8
```

③ 表达式 1 To 表达式 2：

```
Case  1 To 5,10 to 20            '值从 1 到 5 或从 10 到 20
Case  "a" to "d"                 '值从"a" 到 "d"
```

④ Is 关系运算表达式（如指定一个数值范围）：

```
Case  Is>100                     '值大于 100
```

【例 5.15】输入学生课程成绩 mark，按照方法

$$\begin{cases} \text{优} & \text{mark} \geq 90 \\ \text{良} & 80 \leq \text{mark} < 90 \\ \text{中} & 70 \leq \text{mark} < 80 \\ \text{及格} & 60 \leq \text{mark} < 70 \\ \text{不及格} & \text{mark} < 60 \end{cases}$$ 给出评分等级。

【解】分析：此问题中将成绩分为五种情况，算法如图 5-18 所示。

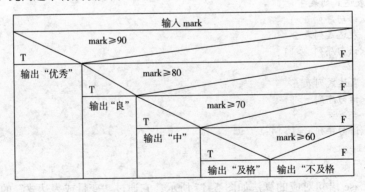

图 5-18　"成绩分级"算法

设计界面如图 5-19 所示，包括 Text_mark（输入成绩）、Text_level（输出等级），Command1（评定），使用 Select Case 语句编写程序如下：

```
Private Sub Command1_Click()
    Dim mark As Single
    mark=Val(Text_mark.Text)        '输入
    Select Case mark
        Case Is>=90
```

```
        Text_level.Tex ="优秀"
    Case 80 To 89
        Text_level.Text="良"
    Case 70 To 79
        Text_level.Text="中"
    Case 60 To 69
        Text_level.Text="及格"
    Case Else
        Text_level.Text="不及格"
    End Select
End Sub
```

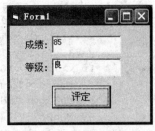

图 5-19　"成绩分级"界面

能用 Select Case 实现的算法,一定可用 If Then End If 实现,以下用 If Then End If 编写本程序:

```
Private Sub Command1_Click()
    Dim mark As Single
    mark=Val(Text_mark.Text)    '输入
    If mark>=90 Then
        Text_level.Text="优秀"
    ElseIf mark>=80 Then
        Text_level.Text="良"
    ElseIf mark>=70 Then
        Text_level.Text="中"
    ElseIf mark>=60 Then
        Text_level.Text="及格"
    Else
        Text_level.Text="不及格"
    End If
End Sub
```

学习提示:对于多分支选择结构,用 Select Case 语句经常比 If Then End If 结构更直观,程序可读性好。

【例 5.16】输入坐标点(x,y),判断其落在哪个象限中。

【解】分析:根据 x、y 值判断坐标点(x,y)落在哪个象限中,分为五种情况:①在第一象限内:x>0,y>0;②在第二象限内:x<0,y>0;③在第三象限内:x<0,y<0;④在第四象限内:x>0,y<0;⑤在坐标轴上:其他情况。算法如图 5-20 所示。

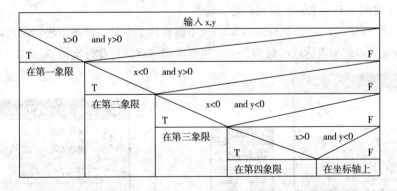

图 5-20　"坐标象限"算法

方法 1:使用 If...Then...End If 编写程序,界面如图 5-21 所示。

```
Private Sub Command1_Click()
    Dim x As Single,y As Single
    x=Val(Text_x.Text)              '输入 x
    y=Val(Text_y.Text)              '输入 y
    If x>0 And y>0 Then             '第一象限
        MsgBox "在第一象限"
    ElseIf x<0 And y>0 Then         '第二象限
        MsgBox "在第二象限"
    ElseIf x<0 And y<0 Then         '第三象限
        MsgBox "在第三象限"
    ElseIf x>0 And y<0 Then         '第四象限
        MsgBox "在第四象限"
    Else                            '在坐标轴上
        MsgBox "在坐标轴上"
    End If
End Sub
```

方法 2：

```
Private Sub Command2_Click()
    Dim x As Single,y As Single
    x=Val(Text_x.Text)              '输入 x
    y=Val(Text_y.Text)              '输入 y
    Select Case x,y                 '两个变量报错
        Case x>0 And y>0
            MsgBox "在第一象限"
        Case x<0 And y>0
            MsgBox "在第二象限"
        Case x<0 And y<0
            MsgBox "在第三象限"
        Case x>0 And y<0
            MsgBox "在第四象限"
        Case Else
            MsgBox "在坐标轴上"
    End Select
End Sub
```

说明：

（1）方法 1 使用 If Then End If 语句，是正确的。

（2）方法 2 出现错误：①语句 Select Case x,y 不能有两个变量，出现语法错误，如图 5-22 所示；②即使 Case 后边逻辑表达式的值为 True，也不能确定就执行此分支语句。

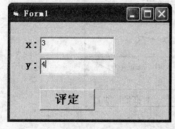

图 5-21 "坐标象限"界面   图 5-22 方法 2 报错界面

5.5　选择结构的嵌套

在 If Then End If 语句和 Select Case 语句的选择结构中，每种条件或情况中对应的是<语句序列>，而并非单一语句。因此在<语句序列>中也可以嵌套选择结构语句。例如：

```
If  <条件1>  Then                    If  <条件1>  Then
    …                                   …
    If  <条件11>  Then                Else
        …                               …
    End If                              If  <条件11>  Then
    …                                       …
Else                                    End If
    …                                   …
End If                               End If
```

说明：Else 和 End If 都应该与前面最近的未配对的 If 语句相匹配。

【例 5.17】求一元二次方程 $ax^2 + bx + c = 0$ 的根。

【解】分析：依据系数 a、b 和 c 的取值，一元二次方程的根可以分为以下几种情况：

（1）如果 $a=0$，那么就不是一元二次方程。此时如果 $b=0$，则提示输入错误，否则有一个实根 $x=-c/b$。

（2）如果 $a\neq0$，且 $b^2-4ac\geq0$，则有两个实根，$x_1=(-b+\sqrt{b^2-4ac})/(2a)$，$(-b-\sqrt{b^2-4ac})/(2a)$。

（3）如果 $a\neq0$，且 $b^2-4ac<0$，则有两个共轭复根，$x_1=(-b)/(2a)+\sqrt{-(b^2-4ac)}/(2a)\mathrm{i}$，$x_2=(-b)/(2a)-\sqrt{-(b^2-4ac)}/(2a)\mathrm{i}$。

设计的算法如图 5-23 所示。在算法中先计算 $d=b^2-4ac$，后边直接使用 d，而不需要每次都重写 b^2-4ac，简化了程序代码，并减少了运算次数。

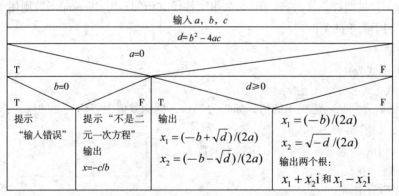

图 5-23　"解一元二次方程"算法

设计界面如图 5-24 所示，包括 Text_a（输入 a）、Text_b（输入 b）、Text_c（输入 c）、Text_x1（输出 x1）、Text_x2（输出 x2）、Command1（计算）。编写程序如下：

```
Private Sub Command1_Click()
    Dim a As Single,b As Single,c As Single
    Dim d As Single
    Dim x1 As Single,x2 As Single
```

```
Text_x1.Text=""          '清空输出框
Text_x2.Text=""          '清空输出框
a=Val(Text_a.Text)       '输入
b=Val(Text_b.Text)
c=Val(Text_c.Text)
d=b*b-4*a*c              '嵌套的If结构
If a=0 Then
   If b=0 Then
      MsgBox "对不起，您的输入有误！"
   Else
      MsgBox "这不是二元一次方程！"
      Text_x1.Text=-c/b
   End If
ElseIf d>=0 Then
   Text_x1.Text=(-b+Sqr(d))/(2*a)        '实根
   Text_x2.Text=(-b-Sqr(d))/(2*a)
Else
   x1=(-b)/(2*a)                         '复数根
   x2=Sqr(-d)/(2*a)
   Text_x1.Text=x1&"+"&x2&"i"
   Text_x2.Text=x1&"-"&x2&"i"
End If
End Sub
```

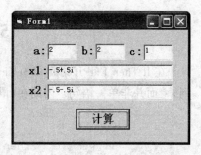

图 5-24 "解一元二次方程"界面

学习提示：要特别注意程序书写的缩进结构，以提高程序的可读性，并养成良好的编程习惯。

5.6 条 件 函 数

Visual Basic 提供两种条件函数：IIf()函数用于替代 If 语句；而 Choose()函数则用于替代 Select Case 语句，常用于简单的条件判断。

1. IIf()函数

IIf()函数的形式为：

```
IIf(表达式1,表达式2,表达式3)
```

说明：该函数先判断表达式 1 的值，如果为 True，则函数值为表达式 2 的值，否则函数值为表达式 3 的值，如图 5-25 所示。

例如，使用 IIf()函数求变量 a 和 b 中较大的数。

```
Tmax=IIf(a>b,a,b)
```

该 IIf 语句相当于以下语句：

```
If a>b Then
   Tmax=a
Else
   Tmax=b
End If
```

图 5-25 IIf()函数取值过程

2. Choose()函数

Choose()函数的形式为：

```
Choose(整数表达式,选项列表)
```

说明：根据整数表达式的值，确定函数值为选项列表的某个值。例如，整数表达式值为 1，则取第 1 项，整数表达式值为 n，则取第 n 项。如果整数表达式值超过选项个数，则函数值为 Null。

例如：mon 是 1～12 的整数值，转换成对应月份的名字。

```
str =Choose(mon,"Jan","Feb","Mar","Apr","May","Jun","Jul","Aug","Sep",
"Oct","Nov","Dec")
```

学习提示：在条件简单时，条件函数经常可以减少编程的书写量，增加程序的可读性。但是在条件复杂时，效果可能并不好，读者应有选择地使用。

5.7　单行 If 语句

单行 If 语句的形式：

```
If <条件> then [语句组1] [Else <语句组2>]
```

说明：

（1）该语句执行过程如图 5-26 所示。如果条件为 True，则执行语句组 1，否则执行语句组 2，其结束处没有 End If。例如：

```
If a>b Then Tmax=a Else Tmax=b
```

（2）Else 部分可以没有。例如：

```
If x>0 then msgbox "x 是正数"
```

（3）语句组中可以有多条语句，多条语句使用 ":" 隔开，例如：

```
If a>b Then t=a:a=b:b=t
```

图 5-26　单行 If 语句执行过程

（4）单行 If 语句也可以嵌套使用，但是程序可读性差。例如：

```
If a>b Then If b>c Then Print c Else Print b
```

学习提示：单行 If 语句书写简单，可用于处理单分支或双分支的情况。当条件或问题复杂时，单行 If 语句将变得冗长，结构不清楚，可读性差。建议读者不将单行 If 语句作为学习重点。

习　题

一、练习题

1. 选择题

（1）设 a=10，b=5，c=4，执行语句 Print a > b > c 时，窗体上显示的是（　　）。

  A. True   B. False   C. 1   D. 出错信息

（2）设 a=4，b=5，c=6，执行语句 Print a<b And b<c 时，窗体上显示的是（　　）。

  A. True   B. False   C. 出错信息   D. 1

（3）设 a=4，b=5，c=6，执行语句 Print a<>b And b><c 时，窗体上显示的是（　　）。

  A. True   B. False   C. 出错信息   D. 0

（4）设 x=5，执行语句 Print x = x + 10，窗体上显示的是（　　）。

  A. 15   B. 5   C. True   D. False

（5）下列表达式中，（   ）能判断 x 是否为偶数。

    A. x/2=0   B. x Mod 2=0   C. x mod 2=1   D. x\2=0

（6）以下关系表达式中，（   ）的值是 True。

    A. "XYZ">"XYz"   B. "VisualBasic" <> "visualbasic"

    C. "the" = "there"   D. "Integer" < "Int"

（7）在窗体上画一个名称为 Command1 的命令按钮，然后编写如下事件过程：

```
Private Sub Command1_Click()
    a=3
    b=4
    If a>b Then
        t=a:a=b:b=t
    End If
    Print a,b
End Sub
```

程序运行后，单击命令按钮，窗体上显示的是（   ）。

    A. 3   3   B. 4   4   C. 3   4   D. 4   3

（8）设有分段函数 $y = \begin{cases} 5 & x<0 \\ 2x & 0 \leq x \leq 5 \\ x^2+1 & x>5 \end{cases}$，以下表示上述分段函数的语句序列中错误的是（   ）。

    A. Select Case x   B. If x < 0 Then

        Case Is < 0   y = 5

          y = 5   ElseIf x <= 5 Then

        Case Is <= 5, Is > 0   y = 2 * x

          y = 2 * x   Else

        Case Else   y = x * x + 1

          y = x * x + 1   End If

        End Select

    C. y = IIf(x < 0, 5, IIf(x <= 5, 2 * x, x * x + 1))   D. If x < 0 Then y = 5

                                                   If x <= 5 And x >= 0 Then y = 2 * x

                                                  If x > 5 Then y = x * x + 1

（9）设 a=5，b=6，c=7，d=8，执行语句 x=IIF((a>b) And (c>d),10,20)后，x 的值为（   ）。

  A. 10   B. 20   C. True   D. False

（10）在窗体上画一个名称为 Command1 的命令按钮，然后编写如下事件过程：

```
Private Sub Command1_Click()
    x=3
    y=4
    If x<y Then z=-x Else z=y
    Print z
End Sub
```

程序运行后，单击命令按钮，窗体上显示的是（   ）。

  A. 3   B. –3   C. 4   D. –4

2. 填空题

（1）能判断变量 x 在(-5,5)区间的 Visual Basic 语言表达式是_____。

（2）在窗体上画一个命令按钮，（其 Name 属性为 Command1），然后编写如下代码：

```
Private Sub Command1_Click()
    Dim n As Integer
    n=Val(InputBox("请输入一个整数: "))
    If n Mod 3=0 And n Mod 2=0 And n Mod 5=0 Then
        Print n+10
    End If
End Sub
```

程序运行后，单击命令按钮，在输入对话框中输入 60，则输出结果是_____。

（3）在窗体上画一个名称为 Command1 的命令按钮，然后编写如下事件过程。程序运行后，单击命令按钮，窗体上显示的是_____。

```
Private Sub Command1_Click()
    X=-5
    If X>0 Then
        Y=X^2
    Else
        Y=-X^2
    End If
    Print Y
End Sub
```

（4）在窗体上画一个名称为 Command1 的命令按钮，然后编写如下事件过程。程序运行后，单击命令按钮，窗体上显示的是_____。

```
Private Sub Command1_Click()
    m=120
    If m Mod 3=0 And m Mod 4=0 Then
        If m Mod 8<>0 Then
            Print "1"
        Else
            Print "2"
        End If
    Else
        If m Mod 8<>0 Then
            Print "3"
        Else
            Print "4"
        End If
    End If
End Sub
```

（5）在窗体上画一个名称为 Command1 的命令按钮，然后编写如下事件过程。程序运行后，如果在输入对话框中输入 2，则窗体上显示的是_____。

```
Private Sub Command1_Click()
    x=Val(InputBox("Input"))
    Select Case x
        Case 1,3
            Print "分支 1"
        Case Is>4
            Print "分支 2"
        Case Else
```

```
                Print "分支3"
        End Select
    End Sub
```

（6）设有整型变量 s，取值范围为 0~100，表示学生的成绩。等级 $=\begin{cases} A & s \geqslant 90 \\ B & 75 \leqslant s \leqslant 89 \\ C & 60 \leqslant s \leqslant 74 \\ D & s < 60 \end{cases}$。以下

程序实现该功能，请将程序补充完整。

```
Private Sub Command1_Click()
s=Val(InputBox("请输入成绩"))
Select Case s
    Case _____ >=90
      Level="A"
    Case 75 To 89
      Level="B"
    Case 60 To 74
        Level="C"
    Case _____
        Level="D"
_____
End Sub
```

（7）在窗体上画一个名称为 Command1 的命令按钮，然后编写如下事件过程。程序运行后，单击命令按钮，窗体上显示的是_____。

```
Private Sub Command1_Click()
    m=30
    If m Mod 5=0 And m Mod 10=0 Then y=1
    If 10>m>5 Then y=2
    If 0<m<=5 Then y=3
    Print y
End Sub
```

（8）已知 x=3,y=4，运行语句 z = IIf(x > y, x + y, x - y)后，z 的值为_____。

3. 编程题

（1）编写程序，输入 x，求函数 $f(x)=\begin{cases} 2x-1 & x < 0 \\ 2x+10 & 0 \leqslant x < 10 \\ 2x+100 & 10 \leqslant x < 100 \\ x^2 & x \geqslant 100 \end{cases}$ 的值。

（2）编写程序，输入 a 和 b 的值，按公式 $y=\begin{cases} \ln a+\ln b & a > 0, b > 0 \\ \sin a+\sin b & a > 0, b \leqslant 0 \\ \sin a+\cos b & a \leqslant 0 \end{cases}$ 计算 y 值。

（3）编写程序，输入三个数，输出其最大值。

（4）编写程序，将四个变量从大到小排序，并输出。

（5）编写程序，输入整数，判定该数能否同时被 6、9 和 14 整除。

（6）编写程序，输入一个年号，判断该年号是否闰年（闰年条件参考【例 5.3】）。

（7）编写程序，输入三位整数，判断该数是否符合以下条件：它除以 9 的商等于它的各位数

字的平方和。例如，224，它除以 9 的商为 24，而 $2^2 + 2^2 + 4^2 = 24$。

（8）编写程序判断两位整数 m 是否守形数。守形数是指该数本身等于自身平方的低位数。例如，25 是守形数，因为 $25^2 = 625$，而 625 的低两位是 25。

（9）某些分子和分母都是两位数的真分数，分子的个位数与分母的十位数相同，而如果把该分数的分子的个位数和分母的十位数同时去掉，所得结果正好等于原分数的取值。例如，$\dfrac{16}{64} = \dfrac{1}{4}$。请编写程序，输入分子和分母，判断组成的真分数是否符合上述条件。

（10）某服装店经营套装，也单件出售，针对单笔交易的促销政策如下：

① 一次购买不少于 50 套，每套 80 元。

② 一次购买不足 50 套，每套 90 元。

③ 只买上衣每件 60 元。

④ 只买裤子每条 45 元。

编写计算器，分别输入一笔交易中上衣和裤子数，计算应收款。

（11）编写程序解决货物征税问题。价格在 1 万元以上的征 5%，5000 元以上 1 万元以下的征 3%，1000 元以上 5000 元以下的征 2%，1000 元以下的免税，输入货物价格，计算并输出税金。

（12）假如某地个人所得税的起征额为 1600 元，超过 1600 元以后纳税额按照以下方法计算：

① 超过 500 元以内部分，税率 5%。

② 超过 500 元至 2000 元部分，税率 10%。

③ 超过 2000 元至 5000 元部分，税率 15%。

④ 超过 5000 元至 20 000 元部分，税率 20%。

⑤ 超过 20 000 元至 40 000 元部分，税率 25%。

⑥ 超过 40 000 元至 60 000 元部分，税率 30%。

⑦ 超过 60 000 元至 80 000 元部分，税率 35%。

⑧ 超过 80 000 元至 100 000 元部分，税率 40%。

⑨ 超过 100 000 元部分，税率 45%。

编写个人所得税计算器，输入个人月收入总额，计算应纳个人所得税金额。

（13）编写程序，输入年和月份，判断该月所对应的天数。（月份为 1、3、5、7、8、10、12 月对应天数为 31 天，4、6、9、11 月对应天数 30 天，2 月一般为 28 天，闰年为 29 天。用 switch 结构编写。）

（14）运输公司按照以下方法计算运费。路程（s）越远则每千米运费越低。方法如下：

$$
\begin{cases}
s < 250 & \text{无折扣} \\
250 \leqslant s < 500 & \text{2\%折扣} \\
500 \ \ \leqslant s < 1000 & \text{5\%折扣} \\
1000 \leqslant s < 2000 & \text{8\%折扣} \\
2000 \leqslant s < 3000 & \text{10\%折扣} \\
3000 \leqslant s & \text{15\%折扣}
\end{cases}
$$

设每千米每吨货物基本运费为 p，货物中 w（t），距离为 s（km），折扣为 d，总运费计算公式为 $f = p \times w \times s \times (1 - d)$。

编写程序, 要求输入 p、w 和 s, 计算总运费(可以用 if 语句编写, 也可以用 switch 结构编写)。

二、参考答案

1. 选择题

(1)	(2)	(3)	(4)	(5)	(6)	(7)	(8)	(9)	(10)
B	A	A	D	B	B	C	A	B	B

2. 填空题

(1) −5<x And x<5　　　　　(2) 70

(3) −25　　　　　　　　　(4) 2

(5) 分支 3　　　　　　　　(6) Is　　　　Else　　　　End Select

(7) 3　　　　　　　　　　(8) −1

3. 编程题(略)

第**6**章 循环结构程序设计

循环是结构化程序设计的三种基本结构之一，是学习程序设计的重点。本章介绍循环结构的算法设计，以及使用 Visual Basic 语言编写循环结构程序的方法。

6.1 循环结构概述

【例 6.1】求 s=10!，即求 10 的阶乘。

【解】分析：求 10!的算法可以描述为一条语句

s=1*2*3*3*4*5*6*7*8*9*10

【例 6.2】求 s=100!，即求 100 的阶乘。

【解】分析：算法 s=1*2*3*3*4*5*…*100 是错误的，因为省略号"…"不能被任何一种编程语言理解和描述。此时可以使用循环结构的算法来解决问题：

（1）s=1，i=1。

（2）如果 i≤100，那么转入（3），否则转入（6）。

（3）s=s*i。

（4）i=i+1。

（5）转到（2）。

（6）输出 s。

此算法的传统流程图如图 6-1（a）所示，其 N-S 流程图如图 6-1（b）所示。

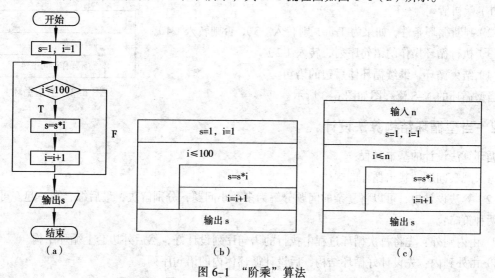

图 6-1 "阶乘"算法

如果要求输入整数 n，并求 n!，那么只要将循环的条件 i<=100 改为 i<=n 即可，算法如图 6-1（c）所示。

【例 6.3】两种死循环的算法，分别如图 6-2（a）和图 6-2（b）所示。

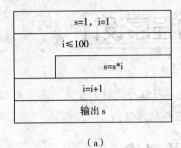
（a）

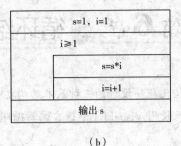
（b）

图 6-2　死循环算法

【解】分析：

（1）在图 6-2（a）所示算法中，语句 i=i+1 在循环体外，因此在循环内 i 的值永远为 1，循环条件永远为 True，循环无法结束，造成死循环。

（2）在图 6-2（b）所示算法中，循环体内 i 的值逐渐增大，条件 i>=1 永远为 True，造成死循环。

学习提示：循环结构的算法设计中，应该特别注意循环变量的变化趋势，确保算法中循环的条件最终可以为 False，从而避免死循环。

6.2　当型循环结构

6.2.1　当型循环

当型循环结构一般包括以下过程：

（1）赋初值。

（2）判断循环条件，如果为 True，则转入（3），否则转入（4）。

（3）执行循环操作的语句序列，转入（2）。

（4）结束循环，继续循环体后边的语句。

当型循环的 N-S 流程图如图 6-3 所示。

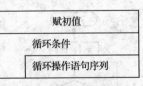

图 6-3　当型循环

6.2.2　当型循环结构算法设计

循环算法设计的基本过程：

（1）观察问题，找出循环的规律。

（2）算法设计中，可以将复杂的问题分解为多个小问题，分别解决，最后综合在一起。可以采用两种策略：

① 由内到外：先将每次循环过程中执行的语句序列设计好，然后外边套上循环结构。

② 由外到内：先设计好循环结构，后设计循环体内的语句序列。

（3）循环体中的语句序列可以是顺序结构、选择结构，也可以是循环结构。

【例6.4】打印 1～100 中，所有能被 4 整除的整数。

【解】分析：（1）需要实现变量 i 从 1 到 100 递增为 1 的循环，如图 6-4（a）所示。

（2）在循环中，使用选择结构判断当前的 i 值能否被 4 整除，如果为 True 则打印 i，如图 6-4（b）所示。

（3）完整算法如图 6-4（c）所示。

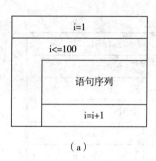 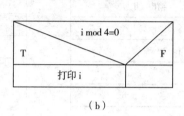 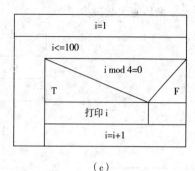

（a）　　　　　　　　　　（b）　　　　　　　　　　（c）

图 6-4 "打印 1～100 中能被 4 整除的整数" 算法

【例6.5】当 $|x| < 1$ 时，计算公式 $\ln(1+x) = x - \dfrac{x^2}{2} + \dfrac{x^3}{3} - \dfrac{x^4}{4} + \cdots$ 中前 20 项的和。

【解】分析：

（1）要求计算前 20 项的和，可以先设计循环结构，使得循环 20 次，如图 6-5（a）所示。

（2）分析观察可知，此问题中后一项和前一项的关系为：

① 后一项和前一项符号相反。m 表示符号，则 m=-m。

② 后一项的分子是前一项分子乘 x，k 表示分子，则 k=k*x，分母为 i，t=m*k/i。

设计根据前一项求得后一项的算法如图 6-5（b）所示，t 表示其中一项。

（3）将图 6-5（b）所示算法加入图 6-5（a）所示算法中，并设计初始值，算法如图 6-5（c）所示。

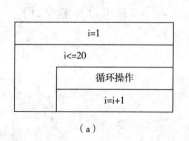 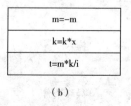 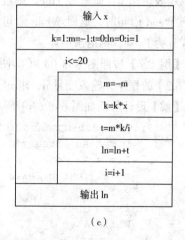

（a）　　　　　　　　　　（b）　　　　　　　　　　（c）

图 6-5 求 $\ln(1+x)$ 算法

【例6.6】输出 Fibonacci 数列：1，1，2，3，5，8，13，21，…的前 40 项。

【解】分析:

(1)观察数列的规律,可知后一项是前两项之和。设 a 和 b 分别为前两项,c 为后一项,则 c=a+b。调换 a、b 和 c,即 a=b,b=c,算法如图 6-6(a)所示。将前述算法加入循环中,如图 6-6(b)所示。

(2)经观察,语句序列 a=a+b、b=a+b,能根据数列的前两项求出后两项。算法如图 6-6(c)所示,循环的次数减少了。

a=1:b=1
输出 a,b
i=2
i<=39

	c=a+b
	a=b
	b=c
	输出 c
	i=i+1

c=a+b
a=b
b=c

(a)　　　　　　　　(b)

a=1:b=1
输出 a,b
i=1
i<=19

	a=a+b
	b=a+b
	输出 a,b
	i=i+1

(c)

图 6-6 "Fibonacci 数列"算法

6.2.3 While...Wend 循环

Visual Basic 语言的 While...Wend 循环是一种当型循环,格式如下:

```
While <表达式 p>
    <语句序列>
Wend
```

While...Wend 循环的执行流程如图 6-7 所示。初始化变量后,先判断表达式 p,如果为 True,则进入循环执行循环语句序列。当遇到 Wend 语句时,返回 While 语句再次判断表达式 p 的值。若表达式 p 为 False,则退出循环。

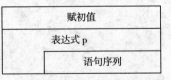

赋初值
表达式 p
语句序列

图 6-7 While...Wend 循环

【例 6.7】按照图 6-8(a)(即图 6-1(c))所示的算法,编写【例 6.2】的程序,输入变量 n,求 n!。

【解】设计界面如图 6-8(b)所示,包括 Text_n(输入 n)、Text_s(输出 n!)。程序如下:

```
Private Sub Command1_Click()
    Dim n As Integer
    Dim s As Double
    n=Val(Text_n.Text)          '输入
    s=1
    i=1
    While i<=n                  '循环条件
        s=s*i
        i=i+1
    Wend                        '循环结尾
```

```
Text_s.Text=s
End Sub
```

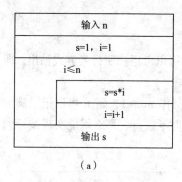

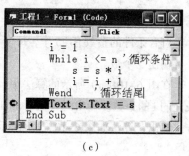

（a） （b） （c）

图 6-8 求 n 的阶乘

学习提示：

（1）注意循环结构程序的调试过程（熟练掌握，经常使用）：逐语句（执行"调试"→"逐语句"命令或者按下【F8】键）执行程序，观察循环结构程序的控制流程。并使用本地窗口，观察变量的变化。

（2）如果前边的语句已经调试正确，为了节省时间，可以在需要调试的位置设置断点（光标落到指定位置，按下【F9】键或单击该行左侧），程序运行到断点时会停下，如图 6-8（c）所示，就可以逐语句调试程序了。

（3）程序中定义 s 为 Double 类型，因为当 n 值较大时，n!将会很大，Integer 或 Single 类型都将造成溢出错误。注意变量的范围，避免溢出；注意变量是否包括小数部分，并注意精度。

（4）注意缩进结构的书写习惯，循环内部语句应该缩进几个字符位置（按【Tab】键）。

【例 6.8】 按照图 6-9（a）（即图 6-4（c））所示的算法，编写【例 6.4】的程序，打印 1～100 中，所有能被 4 整除的整数。

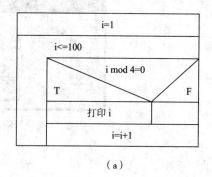

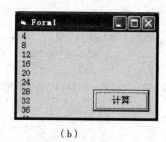

（a） （b）

图 6-9 打印 1～100 中能被 4 整除的整数

【解】 设计界面如图 6-9（b）所示，编写程序如下：

```
Private Sub Command1_Click()
    Dim i As Integer
    i=1
    While i<=100
        If i Mod 4=0 Then
```

```
        Print i        '输出i
      End If
      i=i+1
    Wend
  End Sub
```

符合条件的整数有 25 个，每个占一行，窗体高度不够。此时可以考虑按照行列方式输出，即每行输出 5 个数。

在图 6-10（a）所示的算法中，每次发现符合条件的情况，都作 n=n+1，则 n 可以记录满足条件的 i 的个数。输出时，当 n mod 5=0 时换行，而 n mod 5<>0 时不换行，那么就能实现按行列方式输出，算法如图 6-10（b）所示。

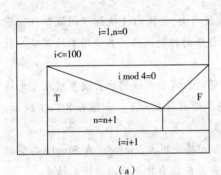

（a）

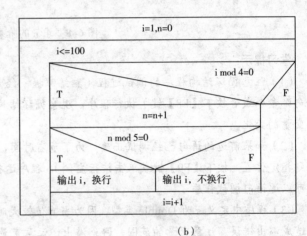

（b）

图 6-10 "按行列方式输出"算法

设计界面如图 6-11 所示，编写程序如下：

```
Private Sub Command1_Click()
    Dim i As Integer
    Dim n As Integer
    i=1
    n=0
    While i<=100
        If i Mod 4=0 Then
            n=n+1
            If n Mod 5=0 Then
                Print i        '换行
            Else
                Print i;       '加";"输出，不换行
            End If
        End If
        i=i+1
    Wend
End Sub
```

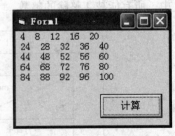

图 6-11 分行输出界面

学习提示：

（1）这种在循环中计数的方法，经常用在各种程序和算法中，应该重点掌握。

（2）Print 语句最后加符号";"或","则不换行，否则换行。

【例 6.9】 按照图 6-12（a）所示（即图 6-5（c））的算法，编写【例 6.5】的程序。当 $|x| < 1$ 时，

计算公式 $\ln(1+x) = x - \dfrac{x^2}{2} + \dfrac{x^3}{3} - \dfrac{x^4}{4} + \cdots$ 中前 20 项的和。

【解】 设计界面如图 6-12（b）所示，包括 Text_x（输入 x）、Text_ln（输出 $\ln(1+x)$），Command1（计算）。编写程序如下：

```
Private Sub Command1_Click()
    Dim x As Double,k As Double,m As Double
    Dim t As Double,ln As Double
    Dim i As Integer
    x=Text_x.Text              '输入
    k=1:m=-1:ln=0:i=1
    While i<=20
        m=-m
        k=k*x
        t=m*k/i
        ln=ln+t
        i=i+1
    Wend
    Text_ln.Text=ln
End Sub
```

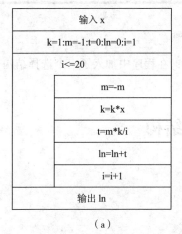

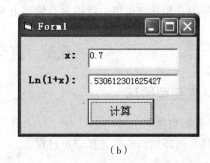

（a）　　　　　　　　　　　　（b）

图 6-12　求 $\ln(1+x)$

【例 6.10】 按照图 6-13（a）（即图 6-6（b））所示的算法，编写【例 6.6】的程序。输出 Fibonacci 数列：1，1，2，3，5，8，13，21，…的前 40 项。

【解】 设计界面如图 6-13（b）所示，编写程序如下：

```
Private Sub Command1_Click()
    Dim a As Long,b As Long,c As Long,i As Integer
    a=1
    b=1
    Print a,b,
    i=2
    While i<=39
```

```
        c=a+b
        If i Mod 5=0 Then          '使得每行输出 5 个
            Print                  '换行
        End If
        Print c,
        a=b                        '前第 2 项赋给前第 1 项
        b=c                        '新项赋给前第 2 项
        i=i+1
    Wend
End Sub
```

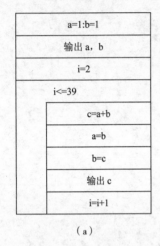

（a）

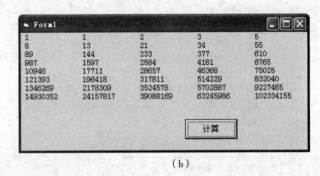

（b）

图 6-13　Fibonacci 数列

说明：按照算法设计的程序，每行一个数，显示不开；在程序中加入了一个选择结构，调整循环变量的开始和结束值，使得每行输出五个数。

6.3　直到型循环结构

6.3.1　直到型循环

1. 直到型循环

直到型循环结构一般包括以下过程：

（1）赋初值。

（2）执行循环操作的语句序列。

（3）判断循环条件，如果为 True，则转入（2），否则转入（4）。

（4）结束循环，继续循环体后边的语句。

直到型循环的流程图如图 6-14 所示。

2. 当型循环和直到型循环的比较

（1）当型循环先判断条件，如果条件为 True，则执行循环体内的语句序列；如果条件为 False，则结束循环。因此，如果第一次循环条件为 False，则循环语句执行 0 次。

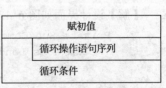

图 6-14　直到型循环

（2）直到型循环先执行循环体内的语句序列，后判断循环条件。如果为 True，则返回继续执行循环语句序列，否则结束循环。因此，直到型循环的循环语句至少执行一次。

在图 6-15（a）和图 6-15（b）所示的算法中，循环变量 i 从 1 变化到 100，每次循环递增 1。

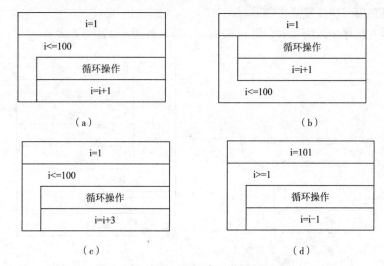

图 6-15　当型循环和直到型循环的比较

思考：

（1）如果初始时 i=101，图 6-15（a）和图 6-15（b）所示算法的执行情况如何？

（2）循环变量的增加可以为其他数，如 2、3 等，如图 6-15（c）所示；也可以减少，如-1、-2、-3 等，如图 6-15（d）所示。

6.3.2　直到型循环结构算法设计

【例 6.11】 计算分数序列的和：$s = 1 + \dfrac{1}{2} + \dfrac{1}{3} + \cdots$，直到最后项小于 0.00001。

【解】分析：

（1）经观察，问题中后一项的分母是前一项的分母加 1，即 i=i+1。

（2）此问题，并未指定求和的项数，但要求项 t 小于 0.00001 时停止。因此循环的条件为 t>=0.00001。

算法如图 6-16 所示。

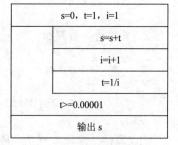

图 6-16　"求分数列和"算法

学习提示： 循环的条件不仅可以是某个循环变量的比较如 i<=1000，也可以是其他表达式如 t>=0.00001 等。

【例 6.12】 利用公式 $\dfrac{\pi}{4} \approx 1 - \dfrac{1}{3} + \dfrac{1}{5} - \dfrac{1}{7} + \cdots$，求圆周率 π，要求最后一项绝对值小于 10^{-6}。

【解】分析：

（1）观察序列中各项分别为 1、–1/3、1/5、–1/7，找出规律如下：

① 后一项和前一项符号相反。m 表示符号，则 m=-m。

② 后一项比前一项分母大 2，分子都为 1。k 表示分母，则 k=k+2。设计根据前一项求得后一项的算法如图 6-17（a）所示，其中 t 表示项。

（2）循环的条件是 $|t| \geq 10^{-6}$，在循环体内，将每一次循环计算的项 t 加到结果 s 上。在设计时，初始值根据循环的第一项反复演算获得。

其中 π 符号在程序中无法表示，用 pi 表示 π。算法如图 6-17（b）所示。

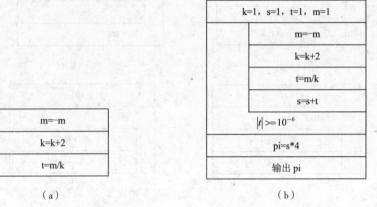

（a）　　　　　　　　　　　（b）

图 6-17　"求 π" 算法

学习提示：在循环算法设计中，尤其要注意循环初始值和循环条件的设计，这两个地方出现错误的可能性较大，应该反复演算、论证。

6.3.3　Do...Loop 循环

Do...Loop 循环有两种书写格式：

1. 先判断，后执行

```
Do [While|Until<表达式>]
    <语句序列>
    [Exit Do]
Loop
```

2. 先执行，后判断

```
Do
    <语句序列>
    [Exit Do]
Loop [While|Until    <表达式>]
```

说明：

（1）写法 1 实际上就是一种当型循环，Do While 写法当条件为 True 时进入循环，而 Do Until 写法表示当表达式为 True 时结束循环。

（2）写法 2 是直到型循环，Do...Loop While 写法当条件为 True 时继续循环，而 Do...Loop Until 写法表示当表达式为 True 时结束循环。

（3）语句 Exit Do 可以退出当前循环。

学习提示：为了避免因为写法过多而造成学习混乱，建议读者在学习过程中，重点掌握以下两种写法，分别实现当型循环和直到型循环。

（1）先判断，后执行：

```
Do While <表达式>
    <语句序列>
    [Exit Do]
Loop
```

（2）先执行，后判断：

```
Do
    <语句序列>
    [Exit Do]
Loop While <表达式>
```

【例 6.13】对照图 6-18（a）（即图 6-16）所示的算法，编写【例 6.11】的程序。计算分数序

列的和：$s = 1 + \dfrac{1}{2} + \dfrac{1}{3} + \cdots$，直到最后项小于 0.00001。

【解】设计界面如图 6-18（b）所示，编写程序如下：

```
Private Sub Command1_Click()
    Dim s As Single,t As Single,i As Long
    s=0
    t=1
    i=1
    Do
        s=s+t
        i=i+1
        t=1/i
    Loop While t>=0.00001    '条件
    Text_s.Text=s
End Sub
```

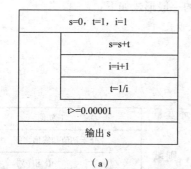

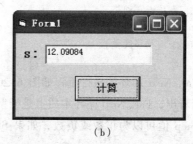

图 6-18　求分数序列的和

【例 6.14】对照图 6-19（a）（即图 6-17（b））所示的算法，编写【例 6.12】的程序。利用公

式 $\dfrac{\pi}{4} \approx 1 - \dfrac{1}{3} + \dfrac{1}{5} - \dfrac{1}{7} + \cdots\cdots$，求圆周率 π，要求最后一项绝对值小于 10^{-6}。

【解】设计界面如图 6-19（b）所示，编写程序如下：

```
Private Sub Command1_Click()
    Dim s As Single,k As Single,t As Single,m As Integer,pi As Single
    k=1:s=1:t=1:m=1
    Do
```

```
        m=-m
        k=k+2
        t=m/k
        s=s+t
    Loop While Abs(t) >=0.000001  '条件
    pi=s*4
    Text_pi.Text=pi
End Sub
```

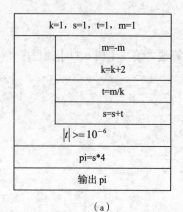
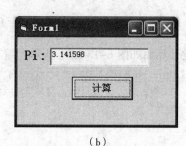

（a）　　　　　　　　　　（b）

图 6-19　求 π

6.4　For...Next 循环

For...Next 循环是计数型循环，主要用于循环次数已知的情况。【例 6.2】、【例 6.4】、【例 6.5】、【例 6.6】都可以用 For...Next 循环实现。For...Next 循环的一般形式如下：

```
For <循环变量>=<初值> To <终值> [Step <步长>]
    <语句序列>
    [Exit For]  '退出循环
Next [循环变量]
```

说明：

（1）For...Next 循环的执行流程如图 6-20 所示，循环变量为 i。可以看出，For...Next 循环本质上是当型循环。

（2）Step 值可以为正数或负数，如果 Step 值省略，则默认为 1。

（3）For...Next 循环的条件是：循环变量介于初值和终值之间。当 Step 为正数时，终值应该比初值大，才会进入循环；当 Step 为负数时，终值应该比初值小，才会进入循环。

（4）语句 Exit For 可以退出当前循环，并继续执行后边的语句。

（5）Next 后边的[循环变量]可以省略。

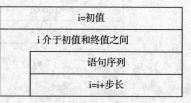

图 6-20　For...Next 循环

【例 6.15】将图 6-21（a）（即图 6-1（c））所示的算法改写为图 6-21（b）所示的算法，编写【例 6.2】的程序，输入变量 n，求 n!。

【解】设计界面如图 6-21（c）所示，包括 Text_n（输入 n）、Text_s（输出 n!），Command1（计

算）。编写程序如下：

```
Private Sub Command1_Click()
    Dim n As Integer
    Dim s As Double
    n=Val(Text_n.Text)        '输入
    s=1
    For i=1 To n Step 1        '循环开始
        s=s*i
    Next i                     '循环结尾
    Text_s.Text=s
End Sub
```

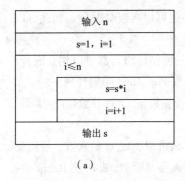
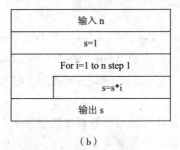
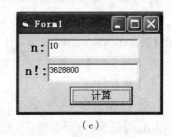

图 6-21　求 n 的阶乘

说明：

（1）For...Next 循环的写法比 While...Wend 写法更简洁。

（2）当 n<1 时，如 n 为 -2，循环一次也不执行。以下两种 For...Next 循环都不执行循环体：

```
For i=1 To 10 Step -1
    Print i
Next
For i=10 To 1        'Step 默认为 1
    Print i
Next
```

【例 6.16】将图 6-22（a）[即图 6-4（c）]所示的算法改写为图 6-22（b）所示的算法，编写【例 6.4】的程序，打印 1～100 中，所有能被 4 整除的整数。

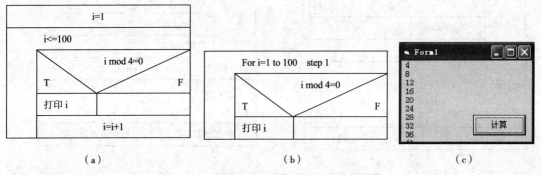

图 6-22　打印 1～100 中能被 4 整除的整数

【解】设计界面如图 6-22（c）所示，编写程序如下：

```
Private Sub Command1_Click()
    Dim i As Integer
     For i=1 To 100 Step 1
        If i Mod 4=0 Then
            Print i        '输出 i
        End If
     Next
End Sub
```

6.5　循环的嵌套

一个循环体内又包含循环结构称为循环的嵌套，内嵌的循环中还可以再嵌套循环，如此可以形成多层循环嵌套结构。

在 Visual Basic 语言中，While...Wend、Do...Loop 和 For...Next 三种循环语句都可以相互嵌套。例如，在 While...Wend 语句中，可以嵌套 While...Wend、Do...Loop 或 For...Next 中的任何一种。

【例 6.17】 素数是这样的整数，它只能被 1 和它自己整除。输入一个整数 m，判断该数是否为素数。

【解】 分析：

（1）根据定义，如果从 2 到 $m-1$ 中所有整数都不能整除 m，那么可以确定 m 是素数。可用变量 flag 标记 m 是否素数。当发现第一个能整除 m 的 i 时，可以确定 m 不是素数，此时使 flag=False 并退出循环。当循环结束后，如果 Flag 为 True 那么 m 是素数，否则 m 不是素数。算法如图 6-23（a）所示，此算法的循环次数最大为 $m-1$，当 m 很大时，循环次数太多，需要执行很长时间。

（2）如果从 2 到 $\sqrt{m}$ 中的整数都不能整除 m，那么 $\sqrt{m}+1$ 到 $m-1$ 中整数也都不能整除 m。因此循环只要从 2 到 $\sqrt{m}$ 间进行即可。优化后的算法如图 6-23（b）所示，其算法运行次数最多为 $\sqrt{m}-1$ 次，效率显著提高。

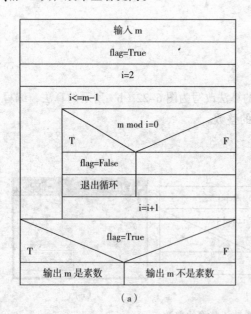
（a）

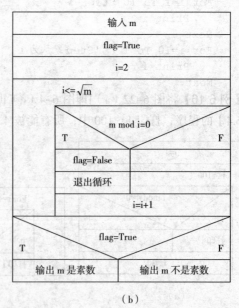
（b）

图 6-23　"判断素数"算法

设计界面如图 6-24 所示，包括 Text_m（输入 m），Command1（计算）。依据图 6-23（a）所

示算法，编写程序如下：

```
Private Sub Command1_Click()
    Dim m As Long,i As Long      '可以测试很大的数
    Dim flag As Boolean          '是否素数的标记
    m=Val(Text_m.Text)
    flag=True      '初始是素数
    For i=2 To m-1 Step 1
        If m Mod i=0 Then
            flag=False           '不是素数
            Exit For             '退出循环
        End If
    Next
    If flag=True Then
        MsgBox m & "是素数"
    Else
        MsgBox m&"不是素数"
    End If
End Sub
```

图 6-24 判断素数界面

说明：输入 m 为一个很大的数如 1234567891 时，循环需要很长时间才能完成。对照图 6-23（b）所示的算法，将语句 For i=2 To m-1 Step 1 改为 For i=2 To Sqr(m) Step 1，则循环次数显著减少。

【例 6.18】找出 1～1000 之间的所有素数。

【解】分析：

（1）【例 6.17】中图 6-23（a）和图 6-23（b）所示的算法，能够判断整数 m 是否素数。

（2）让 m 作为循环变量从 1 循环到 1000，如图 6-25（a）所示。

（3）在图 6-25（b）所示算法中嵌套图 6-23（b）所示的算法，就可以找出 1～1000 中的所有素数。

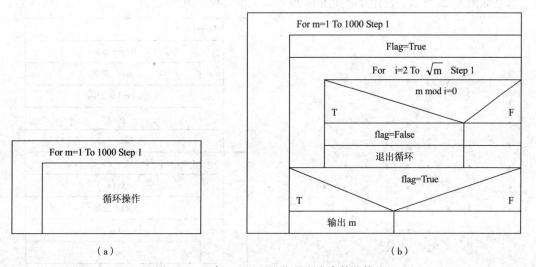

图 6-25 "求 1～1000 之间的所有素数"算法

设计界面如图 6-26 所示，包括 Command1（计算）。在 For Next 循环中嵌套一层 For Next 循环，程序如下：

```
Private Sub Command1_Click()
    Dim m As Long,i As Long    '可以测试很大的数
    Dim flag As Boolean        '是否素数的标记
    For m=1 To 1000            'm 的循环
        flag=True              '初始是素数
        For i=2 To sqr(m) Step 1
            If m Mod i=0 Then
                flag=False     '则不是素数
                Exit For       '退出循环
            End If
        Next
        If flag=True Then
            Print m
        End If
    Next
End Sub
```

图 6-26 所有素数

6.6 循环结构程序举例

本节通过几个编程实例，介绍几类典型问题的算法设计和编程方法。

【例 6.19】编写程序，输出"*"，构成图 6-27 所示的图形。

【解】分析：绘制如图 6-27 所示的图形，就是在某一行的前半部分输出 m 个空格，后半部分输出 n 个"*"。

（1）上半部分共 5 行，编号为 1、2、3、4、5。第 1 行的 m 为 4，n 为 1，第 2 行的 m 为 3，n 为 3，因此第 i 行的 m 为 5-i，n 为 2*i-1。

（2）下半部分共 4 行，行号为 4、3、2、1。m 和 n 的计算方法与（1）相同。

算法如图 6-28 所示，设计界面如图 6-29 所示，编写程序如下：

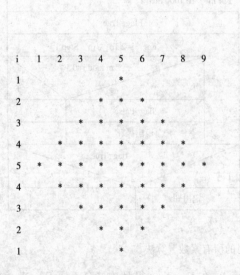

图 6-27 图形

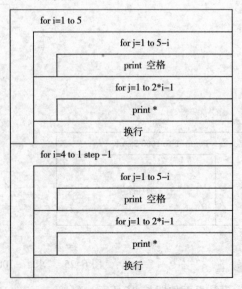

图 6-28 "输出图形"算法

```
Private Sub Command1_Click()
    Dim i As Integer,j As Integer
    For i=1 To 5     '控制行号
        For j=1 To 5-i    '输出空格
            Print " ";
        Next
        For j=1 To 2*i-1  '输出*
            Print "*";
        Next
        Print    '换行
    Next
    For i=4 To 1 Step-1   '控制行号
        For j=1 To 5-i    '输出空格
            Print " ";
        Next
        For j=1 To 2*i-1  '输出*
            Print "*";
        Next
        Print    '换行
    Next
End Sub
```

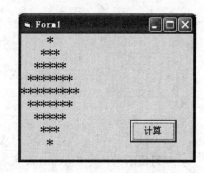

图 6-29　输出图形界面

【例 6.20】编写程序，在文本框中输出 1～10 000 中所有能同时被 3、5、7 整除的整数，要求每行输出 10 个数。

【解】分析：首先，i 从 1 到 10 000 中循环，对每个数判断是否能同时被 3、5 和 7 整除。如果能被整除，则计数变量 n 增加 1。当 n 能被 10 整除时，则到达一行的末尾，此时输出 i 后换行，否则不换行。算法如图 6-30 所示。

设计界面如图 6-31 所示，包括 Text1（Multiline 属性为 True，Text 属性为""），Command1（输出）。编写程序如下：

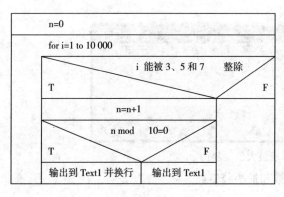

图 6-30　"换行输出"算法

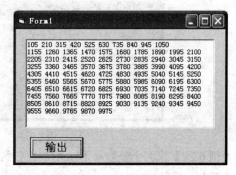

图 6-31　输出图形界面

```
Private Sub Command1_Click()
    Dim i As Integer
    Dim n As Integer
    n=0    '计数器清 0
    For i=1 To 10000 Step 1    '循环开始
        If i Mod 3=0 And i Mod 5=0 And i Mod 7=0 Then
```

```
                n=n+1                                    '计数
                If n Mod 10=0 Then
                    Text1.Text=Text1.Text&i&" "&vbCrLf '换行
                Else
                    Text1.Text=Text1.Text&i&" "          '不换行
                End If
            End If
        Next i                   '循环结尾
    End Sub
```

学习提示： 注意在 TextBox 文本框中 vbCrLf 表示换行的用法。

【例 6.21】 循环输入 20 个数，求其中的最大值。

【解】分析： 变量 max 用于保存最大值。首先让 max=第 1 个数；以后循环输入 x，用 max 与 x 比较，如果 max<x，则使得 max=x。这样 max 中保存的永远是最大值，算法如图 6-32 所示。

设计界面如图 6-33 所示，包括 Text_max（输出最大值 max），Command1（计算）。编写程序如下：

```
Private Sub Command1_Click()
    Dim x As Integer
    x=Val(InputBox("x=")) '输入 x
    Print x; '输出当前 x
    Max=x
    For i=2 To 20
        x=Val(InputBox("x=")) '输入 x
        Print x; '输出当前 x
        If Max<x Then '比较，获得更大值
            Max=x
        End If
    Next
    Text_max.Text=Max
End Sub
```

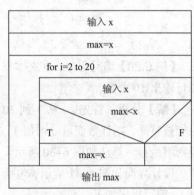

图 6-32 "求最大值"算法

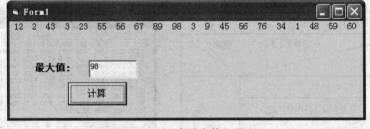

图 6-33 "求最大值"界面

【例 6.22】 求两个整数 m 和 n 的最大公约数和最小公倍数。

【解】分析：

（1）最大公约数的定义是能够同时整除 m 和 n 的最大整数。因此算法是从 m 和 n 中任意一个开始依次向下，找到第一个能够同时整除 m 和 n 的数，如图 6-34（a）所示。

（2）最小公倍数的定义是能够同时被 m 和 n 整除的最小整数，最小公倍数最大是 m*n。因此算法是从 m 和 n 中任意一个开始依次向上，找到第一个能够同时被 m 和 n 整除的整数，如图 6-34（b）所示。

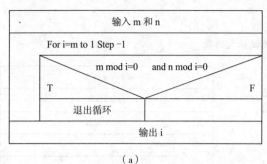
（a）

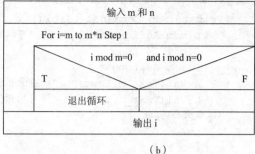
（b）

图 6-34 "求最大公约数和最小公倍数"算法

设计界面如图 6-35 所示，包括 Text_m（输入 m）、Text_n（输入 n）、Text_a（输出最大公约数）、Text_b（输出最小公倍数），Command1（计算）。编写程序如下：

```
Private Sub Command1_Click()
    Dim m As Long,n As Long '可以测试很大的数
    Dim i As Long
    m=Val(Text_m.Text)
    n=Val(Text_n.Text)
'求最大公约数
    For i=m To 1 Step-1
        If m Mod i=0 And n Mod i=0 Then
            Exit For
        End If
    Next
    Text_a.Text=i '输出最大公约数
'求最小公倍数
    i=m
    For i=i To m*n
        If i Mod m=0 And i Mod n=0 Then
            Exit For
        End If
    Next
    Text_b.Text=i '输出最小公倍数
End Sub
```

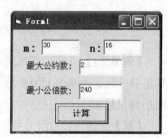

图 6-35 "求最大公约数和最小公倍数"界面

图 6-34（a）和图 6-34（b）所示的算法是根据定义设计的，其不足之处是当 m 和 n 较大时，循环次数较大，运算时间较长。古希腊数学家欧几里德在公元前 4 世纪给出了求最大公约数的辗转相除法，其基本思想是：

（1）整数 a 和 b 分别赋给 m 和 n。

（2）m 除以 n 得余数 r。

（3）若 r≠0，则使得 m=n, n=r，转入（2）；当 r=0，转入（4）。

（4）此时 n 是最大公约数。

（5）a 和 b 的最小公倍数是 a*b/最大公约数。

其运算过程如图 6-36 所示，设计的算法如图 6-37 所示，采用此算法，循环的次数显著减少，能迅速求出最大公约数。

m	n	r
30	16	14
16	14	2
14	2	0

最大公约数为 n

最小公倍数位 a*b/2=240

图 6-36 "辗转相除法"过程

设计界面如图 6-35 所示，编写程序如下：

```vb
Private Sub Command1_Click()
    Dim m As Long,n As Long    '可以测试很大的数
    Dim i As Long
    Dim r As Long
    a=Val(Text_m.Text)        '保存原始值
    b=Val(Text_n.Text)        '保存原始值
    '求最大公约数
    m=a : n=b
    r=m Mod n
    Do While r <> 0
        m=n
        n=r
        r=m Mod n
    Loop
    Text_a.Text=n             '输出最大公约数
    Text_b.Text=a*b\n         '输出最小公倍数
End Sub
```

输入 a 和 b		
m=a : n=b		
r=m mod n		
r<>0		
	m=n	
	n=r	
	r=m mod n	
输出 n 为最大公约数		
输出 a*b/n 为最小公倍数		

图 6-37　"辗转相除法"算法

【例 6.23】百钱买百鸡问题。假定公鸡每只 2 元，母鸡每只 3 元，小鸡每只 0.5 元。现有 100 元，要求买 100 只鸡，编程求出公鸡只数 x、母鸡只数 y 和小鸡只数 z。

【解】方法一：采用穷举法，x、y 和 z 的值在 0～100 之间，循环的次数为 101*101*101。因为公鸡每只 2 元，母鸡每只 3 元，因此 0≤x≤50，而 0≤y≤33，0≤z≤100，此时循环的次数为 51*34*101，算法如图 6-38 所示。设计界面如图 6-39 所示，根据图 6-38 所示算法编写的程序如下：

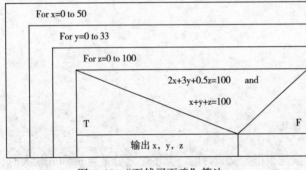

图 6-38　"百钱买百鸡"算法

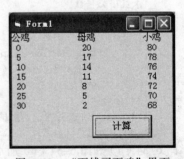

图 6-39　"百钱买百鸡"界面

```vb
Private Sub Command1_Click()
    Dim x As Integer,y As Integer,z As Integer
    Print "公鸡","母鸡","小鸡"    '输出标题行
    For x=0 To 50
        For y=0 To 33
            For z=0 To 100
                If x+y+z=100 And 2*x+3*y+0.5*z=100 Then
                    Print x,y,z
                End If
            Next
        Next
    Next
```

```
            Next
        End Sub
```

方法二：因为 $x+y+z=100$，所以 $z=100-x-y$。可以将方法一的算法改为二重循环，算法如图 6-40 所示，算法循环的次数为 51*34。编写程序如下：

```
Private Sub Command1_Click()
    Dim x As Integer,y As Integer,z As Integer
    Print "公鸡","母鸡","小鸡"    '输出标题行
    For x=0 To 50
        For y=0 To 33
            z=100-x-y
            If 2*x+3*y+0.5*z=100 Then
                Print x,y,z
            End If
        Next
    Next
End Sub
```

方法三：问题可以转化为方程组 $\begin{cases} x+y+z=100 \\ 2x+3y+0.5z=100 \end{cases}$，经推导可以转化为 $\begin{cases} y=20-3x/5 \\ z=80-2x/5 \end{cases}$。对每个 x 求对应 y 和 z。因为 y 或 z 可能带小数，且 y 和 z 有可能是负数。所以对 y 和 z 取整后，如果 $x+y+z=100$ 且 $y>=0$ 且 $z>=0$，则是正确答案，设计的一重循环算法如图 6-41 所示。编写程序如下：

```
Private Sub Command1_Click()
    Dim x As Integer,y As Integer,z As Integer
    Print "公鸡","母鸡","小鸡"        '输出标题行
    For x=0 To 50
        y=20-3*x\5                    'y取整数
        z=80-2*x\5                    'z取整数
        If x+y+z=100 And y>=0 And z>=0 Then
            Print x,y,z
        End If
    Next
End Sub
```

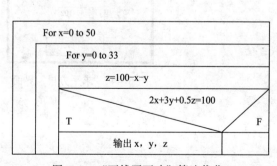

图 6-40　"百钱买百鸡"算法优化 1

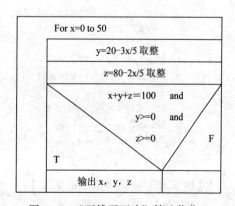

图 6-41　"百钱买百鸡"算法优化 2

学习提示：思考上述三种算法的循环次数。使用计数变量 n，在循环中插入语句 n=n+1，可统计循环次数。

*【例 6.24】用牛顿迭代法，求 a 的平方根。

【解】分析：牛顿迭代法实际是解方程 $f(x)=0$，基本原理如图 6-42 所示。在 (x_0,y_0) 点的切线与 x 轴交点为 $(x_1,0)$。此时 x_1 比 x_0 更接近根。使 $x_0=x_1$，继续上述过程，使 x_1 不断接近根，直到 $|x_1-x_0|<\varepsilon$ 时 x_1 是根。

（1）根据导数定义，可得 $f(x)=f(x_0)+f'(x_0)(x-x_0)$，推导得：$x_1=x_0-\dfrac{f(x_0)}{f'(x_0)}$。

（2）求 a 的平方根，就是解方程 $x^2=a$，也就是解方程 $f(x)=x^2-a=0$，求导 $f'(x)=2x$。

（3）推导得 $x_1=x_0-\dfrac{f(x_0)}{f'(x_0)}=x_0-\dfrac{x_0^2-a}{2x_0}=\dfrac{1}{2}\left(x_0+\dfrac{a}{x_0}\right)$。

设定 x_0 为非 0 初值，计算得到 x_1，使得 $x_0=x_1$，继续迭代，直到 $|x_1-x_0|\le\varepsilon$。算法如图 6-43 所示。

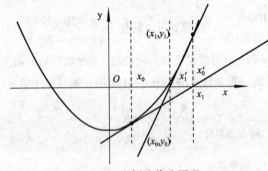

图 6-42 牛顿迭代法原理

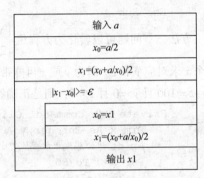

输入 a
$x_0=a/2$
$x_1=(x_0+a/x_0)/2$
$\|x_1-x_0\|>=\varepsilon$
$x_0=x1$
$x_1=(x_0+a/x_0)/2$
输出 $x1$

图 6-43 "牛顿迭代法"算法

设计界面如图 6-44 所示，包括 Text_a（输入 a）、Text_b（输出平方根），Command1（计算）。程序如下：

```
Private Sub Command1_Click()
    Dim a As Single
    Dim x0 As Single,x1 As Single
    a=Val(Text_a.Text)
    x0=a/2
    x1=(x0+a/x0)/2
    Do While Abs(x1-x0)>=0.00001
        x0=x1                      '迭代过程
        x1=(x0+a/x0)/2
    Loop
    Text_b.Text=x1                 '输出
End Sub
```

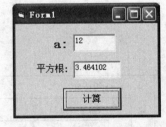

图 6-44 "求平方根"界面

*【例 6.25】用矩形法求定积分 $\displaystyle\int_{-4}^{4}\frac{1}{1+x^2}\mathrm{d}x$。

【解】分析：函数 $f(x)=\dfrac{1}{1+x^2}$，如图 6-45 所示，根据定积分定义，可以将区间 $(-4,4)$ 划分为 n 段（n 足够大），则每段宽 $w=8/n$，求 x_i 和 x_{i+1} 之间矩形的面积为 $w*f(x_i)$，定积分就是各段面积之和，算法如图 6-46 所示。

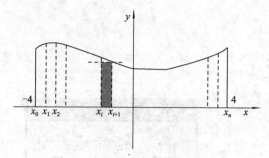

图 6-45　矩形法求定积分原理

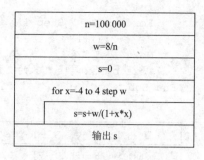

图 6-46　"矩形法求定积分"算法

设计界面如图 6-47 所示，包括 Text_b（输出定积分），Command1（计算）。编写程序如下：

```
Private Sub Command1_Click()
    Dim n As Single
    Dim w As Single
    Dim x As Single,s As Single
    n=100000
    w=8/n      '宽度
    s=0
    For x=-4 To 4 Step w
        s=s+w/(1+x*x)
    Next
    Text_b.Text=s      '输出
End Sub
```

图 6-47　"求定积分"界面

学习提示：

（1）思考：梯形法比矩形法求定积分精度更高。请根据矩形法求定积分的算法，设计出利用梯形法求定积分的算法。

（2）循环结构是结构化程序设计的重点，本章涉及的算法较多，读者应力求能够自己设计算法，并能编写和调试程序。

*【例 6.26】编写程序求解猴子吃桃问题。猴子第一天摘下若干桃子，当即吃了一半，又多吃一个；第二天又吃下一半，又多吃一个；以后每天都吃前一天剩下的一半加一个，到第六天只剩下一个桃子。问第一天一共摘下多少个桃子。

【解】分析：递推法是通过数学推导，将复杂的运算化解为若干重复的简单运算，以充分发挥计算机长于重复计算的特点。

设第 i 天桃子数为 f_i，那么它是前一天桃子数 f_{i-1} 的 1/2 减 1。

即 $f_i = \dfrac{f_{i-1}}{2} - 1$，则 $f_{i-1} = 2(f_i + 1)$。

设变量 $f=1$ 为第六天的桃子树，则可反推前一天的桃子数为 $f=2(f+1)$，利用此公式连续递推五次，即可得到问题的解。设计的算法如图 6-48（a）所示。设计界面如图 6-48（b）所示，编写程序如下：

```
Private Sub Command1_Click()
    Dim f As Integer
```

```
    Dim i As Integer
    f=1
    For i=5 To 1 Step-1
        f=2*(f+1)
    Next
    Text_b.Text="第 1 天的桃子数为"&f
End Sub
```

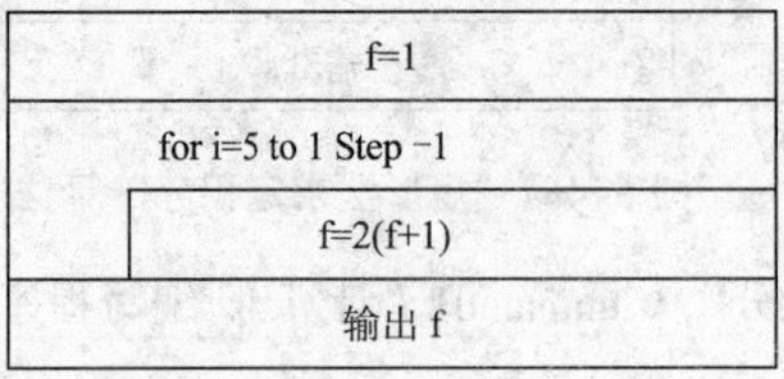

f=1
for i=5 to 1 Step -1
f=2(f+1)
输出 f

（a）

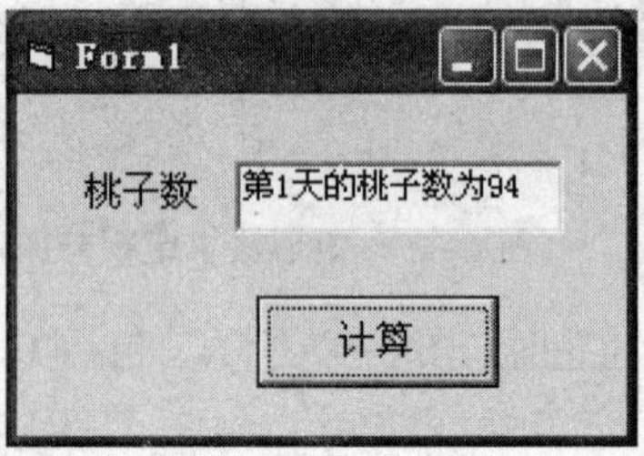

（b）

图 6-48　猴子吃桃问题

习　　题

一、练习题

1. 选择题

（1）设有以下循环结构：

```
Do
    循环体
Loop While <条件>
```

则以下叙述中错误的是（　　）。

    A. 若条件是一个为 0 的常数，则一次也不执行循环体

    B. 条件可以是关系表达式、逻辑表达式或常数

    C. 循环体中可以使用 Exit Do 语句

    D. 如果条件总是为 True，则不停地执行循环体

（2）假定有以下循环结构：

```
Do Until 条件表达式
    循环体
Loop
```

则以下描述正确的是（　　）。

    A. 如果"条件表达式"的值是 0，则一次循环体也不执行

    B. 如果"条件表达式"的值不为 0，则至少执行一次循环体

    C. 不论"条件表达式"的值是否为真，至少要执行一次循环体

    D. 如果"条件表达式"的值恒为 0，则无限次执行循环体

（3）以下选项中，在任何情况下都至少执行一次循环体的是（　　）。

    A. Do While <条件>　　　　　　　　B. While <条件>

　　　循环体　　　　　　　　　　　　循环体

　　　Loop　　　　　　　　　　　　　Wend

C.　Do　　　　　　　　　　　D.　Do Until <条件>

　　　循环体　　　　　　　　　　　　循环体

　　Loop Until <条件>　　　　　　　Loop

（4）在窗体上画一个名称为 Command1 的命令按钮，然后编写如下事件过程：

```
Private Sub Command1_Click()
    Dim a As Integer,s As Integer
    a=5
    s=1
    While  a<=0
        s=s+a
        a=a-1
    Wend
    Print s;a
End Sub
```

程序运行后，单击命令按钮，则窗体上显示的内容是（　　）。

　　A. 0 0　　　　　　　B. 21 0　　　　　　C. 1 5　　　　　　　D. 死循环

（5）假定有如下事件过程：

```
Private Sub Command1_Click()
    Dim x As Integer,n As Integer
    x=1
    n=0
    Do
        x=x*2
        n=n+1
    Loop While x<25
    Print x,n
End Sub
```

程序运行后，单击命令按钮，输出结果是（　　）。

　　A. 81 4　　　　　　B. 56 3　　　　　　C. 28 1　　　　　　D. 32 5

（6）在窗体上画一个名称为 Command1 的命令按钮，然后编写如下事件过程：

```
Private Sub Command1_Click()
    Dim num As Integer
    num=0
    Do Until num>5
        Print num;
        num=num+2
    Loop
End Sub
```

程序运行后，单击命令按钮，则窗体上显示的内容是（　　）。

　　A. 0 3 6　　　　　　B. 0 2 4　　　　　　C. 1 3 5　　　　　　D. 无数据输出

（7）下面程序计算并输出的是（　　）。

```
Private Sub Command1_Click()
    a=10
```

```
    s=0
    Do
     s=s+2*a
      a=a-1
    Loop Until a<=0
    Print s
End Sub
```

A. 2*(1+2+3+…+10)的值　　　　B. 10!+…+3!+2!+1!的值

C. 2*10 的值　　　　　　　　　　D. 10 的 2 次方

（8）在窗体上画一个名称为 Command1 的命令按钮，一个名称为 Label1 的标签，然后编写如下事件过程：

```
Private Sub Command1_Click()
    s=0
    For i=1 To 10
        x=2*i-1
        If x Mod 3=0 Then s=s+1
    Next i
    Label1.caption=s
End Sub
```

程序运行后，单击命令按钮，则标签中显示的内容是（　　）。

A. 1　　　　　　　B. 3　　　　　　　C. 5　　　　　　　D. 10

（9）以下程序段中语句 Print i * j 的执行次数是（　　）。

```
For i=1 To 3
    For j=5 To 1 Step-1
        Print i*j
    Next j
Next i
```

A. 15　　　　　　B. 16　　　　　　C. 17　　　　　　D. 18

（10）有如下事件过程：

```
Private Sub Command1_Click()
    Dim n As Integer
    x=0
    n=InputBox("请输入一个整数")
    For i=1 To n
        For j=1 To i
            x=x+i
        Next j
    Next i
    Print x
End Sub
```

程序运行时，如果在输入对话框中输入 3，则在窗体上显示的内容是（　　）。

A. 13　　　　　　B. 14　　　　　　C. 15　　　　　　D. 16

2. 填空题

（1）以下程序段的输出结果是_____。

```
num=0
While num<=3
```

```
        num=num+1
    Wend
    Print num
```

（2）在窗体上画一个命令按钮，其名称为 Command1，然后编写如下事件过程：

```
Private Sub Command1_Click()
    x=1
    Result=1
    While x<=10
        Result=_____
        x=x+1
    Wend
    Print Result
```

End Sub 上述事件过程用来计算 $\sum\limits_{x=1}^{10} 2x+1$ 的阶乘，请将程序补充完整。

（3）在窗体上画一个命令按钮，其名称为 Command1，然后编写如下事件过程：

```
Private Sub Command1_Click()
    t=0:m=1:sum=0
    Do
        t=_____
        sum=sum+t
        _____
    Loop While   m<=39
    Print sum
    End Sub
```

该程序的功能是：单击命令按钮，则计算并输出表达式 1+(1+3)+(1+3+5)+…+(1+3+5+…39) 的值，请将程序补充完整。

（4）以下程序的功能是：从键盘上输入若干学生的考试分数，当输入负数时结束输入，然后输出其中的最低分数。请将程序补充完整。

```
Private Sub Form_Click()
    Dim x As Single,amin As Single
    x=InputBox("Enter a score")
    amin=x
    Do While _____
        If _____ Then
            amin=x
        End If
        x=InputBox("Enter a score")
    Loop
    Print "Min=";amin
    End Sub
```

（5）下列程序的功能是从键盘输入一个整数 m，计算并输出满足不等式 1+3+5+7+9+…+n<m 的最大的 n。请将程序补充完整。

```
Private Sub Command1_Click()
    Dim s,m,n As Integer
    m=Val(InputBox("请输入一个整数"))
    n=1
    s=1
```

```
        Do While s<m
            n=_____
            s=_____
        Loop
        Print n 是";n
    End Sub
```

（6）执行下面的程序段后，i 的值为_____，s 的值为_____。

```
s=3
For i=3.2 To 4.9 Step 0.9
    s=s+1
Next i
```

3. 编程题

（1）编写程序，计算 $\sum\limits_{x=1}^{20}(2x^2+3x+1)$。

（2）编写程序，计算 $\pi=2\times\dfrac{2^2}{1\times3}\times\dfrac{4^2}{3\times5}\times\dfrac{6^2}{5\times7}\times\cdots\times\dfrac{(2n)^2}{(2n-1)\times(2n+1)}$，$n\leqslant1000$。

（3）编写程序，计算分数序列 $\dfrac{2}{1},\dfrac{3}{2},\dfrac{5}{3},\dfrac{8}{5},\dfrac{13}{8},\dfrac{21}{13},\cdots$ 前 20 项之和。

（4）编写程序，打印 1~10 000 中的所有闰年。

（5）假设某国人口为 13 亿，人口每年增加 0.8%。编写程序，计算多少年后该国的人口超过 26 亿。

（6）编写程序，计算 $\dfrac{1}{1^2}+\dfrac{1}{2^2}+\dfrac{1}{3^2}+\dfrac{1}{4^2}+\cdots+\dfrac{1}{n^2}$，直到最后项小于 10^{-6}。

（7）编写程序，计算 $s=1+\dfrac{1}{2}+\dfrac{1}{4}+\dfrac{1}{7}+\dfrac{1}{11}+\dfrac{1}{16}+\dfrac{1}{22}+\cdots$，直到最后项小于 10^{-6}。

（8）编写程序，计算 $\sum\limits_{n=1}^{10}n!=1!+2!+\cdots+10!$。

（9）编写程序，输入 x 和 n，计算 $x+x^2+x^3+\cdots+x^n$（n 为整数）。

（10）编写程序，计算自然对数的底 e 的近似值，公式为 $e=1+\dfrac{1}{1!}+\dfrac{1}{2!}+\dfrac{1}{3!}+\cdots+\dfrac{1}{n!}+\cdots$，要求其误差小于 0.000 01。

（11）求 $e^x=1+\dfrac{x}{1!}+\dfrac{x^2}{2!}+\dfrac{x^3}{3!}+\dfrac{x^4}{4!}+\cdots+\dfrac{x^n}{n!}$，$n\leqslant100$。

（12）水仙花数是指一个三位整数，该数三个数位的立方和等于该数本身。例如，$153=1^3+5^3+3^3$。编写程序，求所有的水仙花数。

（13）编写程序，求所有的两位守形数。守形数是指该数本身等于自身平方的低位数，例如，25 是守形数，因为 $25^2=625$，而 625 的低两位是 25。

（14）编写程序，输入 a 和 n，求 s=a+aa+aaa+aaaa+…+aa…a（n 个 a）。例如，a=2，n=5，则 s=2+22+222+2222+22 222。（提示：设 t 为其中一项，则后一项 $t=t\times10+a$）

（15）编写程序，输入整数 m 和 n，计算 m 和 n 的公约数之和。

（16）编写程序，计算 1000 内的所有完数。完数是指一个数恰好等于它本身的因子之和。例如，6=1+2+3（提示：先设计求 m 所有因子的算法；再求因子之和，并判断 m 是否完数；最后求所有完数）。

（17）编写程序，输出"*"，构成以下图形。

```
* * * * * * * *
 * * * * * * * *
  * * * * * * * *
   * * * * * * * *
    * * * * * * * *
```

（18）循环输入 100 个数，求它们的和、平均值。

（19）循环输入 100 个 0～100 之间的成绩，求它们中 90 分以上、80～89 分、70～79 分、60～69 分、小于 60 分的分别个数。

（20）搬砖问题：36 块砖 36 人搬，男一次搬 4 块，女一次搬 3 块，2 个小儿一次抬 1 块，要求 1 次搬完。问需男、女和小儿各多少人。

（21）编写程序，输出 100 以内所有的勾股数。勾股数是满足 $x^2 + y^2 = z^2$ 的自然数。最小的勾股数是 3、4、5。注意避免 3、4、5 和 4、3、5 这样的勾股数的重复。为此，必须保持 $x<y<z$。

*（22）梯形法求 $f(x) = x^2 + 13x + 1$ 在区间 (a,b) 上的定积分。

*（23）牛顿迭代法求 $\sin(x) - x/2 = 0$ 在 $x=\pi$ 附近的一个实根，精度小于 10^{-4}。

*（24）编写程序，求解著名的爱因斯坦阶梯问题。设有一阶梯，每步跨 2 阶，最后余 1 阶；每步跨 3 阶，最后余 2 阶；每步跨 5 阶，最后余 14 阶；每步跨 6 阶，最后余 5 阶；每步跨 7 阶，最后正好跨完。问该阶梯总共有几级。

*（25）有人买了一筐鸡蛋，只记得数目不止 100 个且不足 200 个，还记得三个三个的数余 1，五个五个的数余 2，七个七个的数余 3。编程求解筐里的鸡蛋数目。

*（26）一球从 100 m 高度自由落下，每次落地后反弹回原来高度的一半，再落下。求第 10 次落地时，共经过多少米。第 10 次反弹多高。

（27）编写程序，打印图 6-49 所示的九九乘法表。

```
1*1=1
2*1=2  2*2=4
3*1=3  3*2=6  3*3=9
4*1=4  4*2=8  4*3=12  4*4=16
5*1=5  5*2=10  5*3=15  5*4=20  5*5=25
6*1=6  6*2=12  6*3=18  6*4=24  6*5=30  6*6=36
7*1=7  7*2=14  7*3=21  7*4=28  7*5=35  7*6=42  7*7=49
8*1=8  8*2=16  8*3=24  8*4=32  8*5=40  8*6=48  8*7=56  8*8=64
9*1=9  9*2=18  9*3=27  9*4=36  9*5=45  9*6=54  9*7=63  9*8=72  9*9=81
```

图 6-49　九九乘法表

二、参考答案

1. 选择题

（1）	（2）	（3）	（4）	（5）	（6）	（7）	（8）	（9）	（10）
A	D	C	C	D	B	A	B	A	B

2. 填空题

（1）4　　（2）Result+2*x+1　　（3）t+m　　m=m+2　　（4）x>=0　　　amin>x

（5）n+2　　s+n　　（6）5　　　5

3. 编程题（略）

第7章 数 组

目前为止，本书只涉及一些数据量较小的问题，而在实际编程中，经常需要处理大批量数据，例如 30 000 个学生成绩的排序、求和、求平均等。数组主要用于解决大批量数据的求解问题，本章主要介绍数组的算法设计和程序设计。

7.1 一维数组

7.1.1 一维数组的引入、定义

1. 一维数组的引入

在第 5 章中关于三个变量排序的问题，需要编写三个选择结构语句。考察可得 n 个变量的排序，需要 $\dfrac{n \times (n-1)}{2}$ 个选择结构。如果 $n=100$，那么需要定义 100 个变量，需要编写 4950 个选择结构，显然不可能编程实现。

如图 7-1 所示，数组是一系列连续变量组成的数据结构，它们的名字都是 a。每一个变量称为数组元素，都有一个索引号（下标），如 1、2、…、10。只有一个下标的数组称为一维数组。

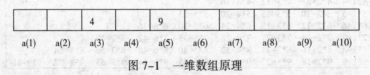

图 7-1　一维数组原理

【例 7.1】阅读以下程序，分析一维数组的定义和引用。

【解】程序代码具体如下：

```
Private Sub Command1_Click()
    Dim a(1 To 10) As Integer        '定义 Integer 类型的一维数组，下标从 1 到 10
    Dim i As Integer
    a(1)=3                           '赋值
    a(2)=Val(InputBox("输入"))        '输入
    a(3)=a(1)*2+1                     '计算
    a(8.7)=8:a(7.3)=7                 '下标四舍五入，相当于 a(9)=8:a(7)=7
    a(6)=6.4                          '元素为 Integer，强制类型转换为 6
    i=4
    a(i+1)=3                          '下标可以为表达式，相当于 a(5)=3
```

```
    a(i)=a(i-1)+3                                          '相当于 a(4)=a(3)+3
    Print a(1);a(2);a(3);a(4);a(i+1);a(6);a(7);a(9)       '输出
    Print LBound(a);UBound(a)                   '下标的下界为 1，上界为 10
    a(11)=3                                     '报错，下标 11 越界
  End Sub
```

说明：

（1）可以通过数组名和下标引用数组元素，例如 a(1)、a(2)、a(i)、a(10)。

（2）下标可以是常量、变量或表达式，值必须是整数，否则四舍五入为整数。例如，a(i+1)、a(3)、a(i)、a(8.7)。

（3）每一个元素实际就是一个变量，可以赋值、输入、输出和参加各种表达式运算。

（4）下标不能越界。【例 7.1】中数组的下标为 1、2、3、……、10。以下语句报错：

```
    a(11)=3    '报错，下标 11 越界
```

（5）数组元素只能存放指定类型的数据。例如，a(6)=6.4，强制转换为 6。

（6）数组定义后，元素自动初始化为 0 或""，如图 7-2（a）所示。

（7）函数 Lbound(数组名)，获得数组下标的下界值；函数 Ubound(数组名)，获得数组下标的上界值。

（8）程序运行到最后，数组元素取值情况如图 7-2（b）所示，输出如图 7-2（c）所示，输入对话框如图 7-2（d）所示。

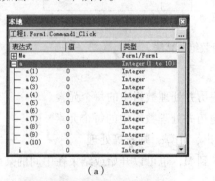

（a）

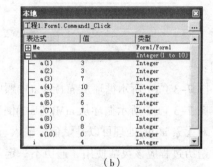

（b）

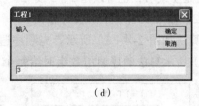

（c）　　　　　　　　　　　　　　　　　　（d）

图 7-2　一维数组

2．一维数组的定义

数组需要先定义后使用，定义一维数组的一般方法如下：

```
    <Public|Static|Dim>  <数组名>([下界 To] 上界)  [As 类型]
```

例如：

```
    Dim a(10) As Integer    '共 11 个元素从 a(0)到 a(10)，只能存放 Integer 数据
    Dim c(20) As Double     '共 21 个元素从 c(0)到 c(20)，只能存放 Double 数据
    Dim d(10)               '共 11 个元素从 d(0)到 d(10)，Variant 类型
```

```
Dim e(1 To 10)              '共 10 个元素从 e(1)到 e(10)，Variant 类型
Dim f(-5 To 5)              '共 11 个元素从 f(-5)到 f(5)，Variant 类型
```

说明：

（1）如果缺少 As 类型，则数组元素为 Variant 类型，可以赋给任何类型数据。

（2）上界、下界的范围：-32 768～+32 767。

（3）数组默认下界是 0。在通用区域，语句 Option Base 1，使得默认下界从 1 开始。

（4）上界和下界只能是常数或符号常量，不能是变量。例如：

```
Const k%=10
Dim a(1 To k) As Integer    '正确
Dim n As Integer
n=1000
Dim a(1 To n) As Integer    '语法错误，上界要求常量
```

7.1.2　一维数组程序设计

数组处理实际上就是对数组元素处理的过程，按顺序对每个数组元素进行处理称为数组的遍历，其算法如图 7-3（a）和图 7-3（b）所示，此处假设数组下标从 1 到 M。

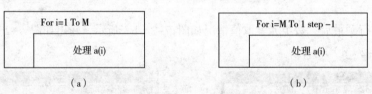

（a）　　　　　　　　　　　　　　　　　（b）

图 7-3　"遍历数组"算法

说明：

（1）图 7-3（a）所示循环从 a(1)到 a(M)顺序遍历并处理数组中的每个元素。

（2）图 7-3（b）所示循环从 a(M)到 a(1)倒序遍历并处理数组中的每个元素。

（3）对元素 a(i)的处理可以是赋值、输入、输出、计算、判断等处理。

（4）遍历过程应该灵活使用，遍历不一定从 1 到 M，也可以开始或结束在中间的某个元素；Step 不一定是 1 或-1，也可以是 2、3 或-2、-3 等。

【例 7.2】输入 10 个数，并反序输出。

【解】算法如图 7-4（a）所示，先顺序遍历并输入数组元素，再反序遍历输出数组元素。图 7-4（b）所示算法顺序遍历数组时给每个元素赋值为随机数。

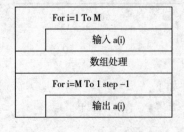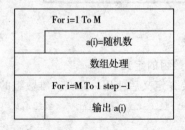

（a）　　　　　　　　　　　　　　　　　（b）

图 7-4　"数组输入和输出"算法

学习提示：

（1）应该使用循环在遍历过程中对数组元素进行输入、赋值或输出等，而不能用一条语句整体处理数组。

（2）本章后续例题和习题所列算法，输入、赋值和输出数组，都将使用【例7.2】的算法。

设计界面如图7-5所示，编写程序如下：

```
Private Sub Command1_Click()
    Dim a(1 To 10) As Integer          '定义数组
    Dim i As Integer
    For i=1 To 10                      '输入
        a(i)=Val(InputBox("输入 a(i)","输入"))    '输入语句
    Next
    For i=10 To 1 Step-1          '反序输出
        Print a(i);
    Next
End Sub
```

说明：

（1）输入数组元素时的提示如图7-6所示，提示的语句为

图7-5　"数组输入和输出"界面

"输入 a(i)"，不能显示当前输入的是第几个元素。将输入语句改为 a(i)=Val(InputBox("输入 a(" & i & ")","输入"))，则提示变成"输入 a(3)"，如图7-7所示，下标随着 i 而变化了。

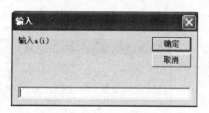

图7-6　简单输入

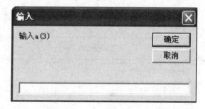

图7-7　有下标输入

（2）数组编程需要反复调试，每次重新输入一组数据将耽误时间。使用图7-4（b）所示算法赋给一组随机数，可以简化输入过程，其程序如下：

```
Randomize                '使得每次产生的一组随机数不同
For i=1 To 10            '数组赋值
    a(i)=Rnd()*100       '产生 0～100 之间的随机数
Next
```

结果如图7-8所示，Rnd()函数可以产生大于等于0、小于1的纯小数。要产生在区间[m,n]的随机整数的表达式为：

```
Cint(rnd()*(n-m)+m)
```

例如，产生在区间[100,900]之间的随机整数的表达式为：

```
Cint(rnd()*(900-100)+100)
```

或者

```
Cint(rnd()*800+100)
```

语句 a(i)=Rnd()*100，因为 a(i)为 Integer 类型，所以右侧浮点数自动四舍五入转换为整数，得到 0～100 之间的随机整数。

学习提示：在调试数组程序时，可以使用"逐语句"和断点结合本地窗口，如图 7-9 所示，观察数组元素，帮助调试程序，提高效率。

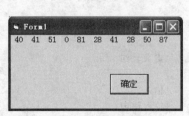

图 7-8　赋给随机数

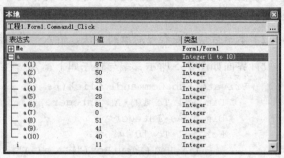

图 7-9　本地窗口

【**例 7.3**】输出 Fibonacci 数列：1、1、2、3、5、8、13、21、……的前 40 项。

【**解**】分析：

（1）可以将 Fibonacci 数列放在一维数组中，每个数对应一个元素。其中后一个元素为前两个元素之和，即 a(i)=a(i-2)+a(i-1)。

（2）输出数组时，如果下标能被 4 整除则换行，否则不换行，从而使得每行输出 4 个元素。

算法如图 7-10（a）所示，设计界面如图 7-10（b）所示，编写程序如下：

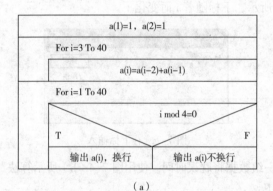

（a）

（b）

图 7-10　"Fibonacci 数列"问题

```
Private Sub Command1_Click()
    Dim a(1 To 40) As Double          '定义数组
    Dim i As Integer
    a(1)=1:a(2)=1                      '前两个元素
    For i=3 To 40                      '计算
        a(i)=a(i-2)+a(i-1)
    Next
    For i=1 To 40                      '顺序输出
        If i Mod 4=0 Then              '判断 5 个则换行
            Print a(i)                 '换行
        Else
            Print a(i),                '不换行
        End If
    Next
End Sub
```

【**例 7.4**】一维数组中查找满足条件（元素能被 4 整除）的所有元素，并统计个数。

【解】分析：遍历一维数组所有元素的过程中，判断每个元素是否满足条件，如满足条件则使得 n=n+1 并输出，其算法如图 7-11（a）所示。

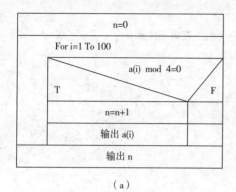

（a） （b）

图 7-11 "查找"问题

设计界面如图 7-11（b）所示，包括 Text1（输出结果，属性 Multiline 为 True），程序如下：

```
Private Sub Command1_Click()
    Dim a(1 To 100) As Integer,n As Integer
    Dim i As Integer
    Randomize                       '赋给 0~1000 之间的随机数
    For i=1 To 100                  '输入
      a(i)=Rnd()*1000
    Next
    n=0                             '计数变量 n 清 0
    For i=1 To 100
       If a(i) Mod 4=0 Then
          n=n+1
          Text1.Text=Text1.Text&","&a(i)    '元素连接在 Text1 之后
       End If
    Next
       MsgBox "共"&n&"个"
End Sub
```

说明：此处输出的元素很多，将元素连接在 Text1.Text 的后边，以节省显示空间。

【例 7.5】求一维数组中 100 个元素的最大值。

【解】分析：算法的基本思想是使用变量 max，先将第 1 个元素赋给 max，即 max=a(1)；然后遍历整个数组，将 max 与其中的每一个元素比较，如果 max<a(i)，则使得 max=a(i)。这样可以保证 max 中存放的是最大的数。算法如图 7-12（a）所示。

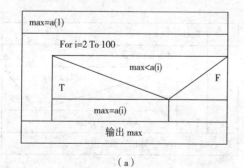

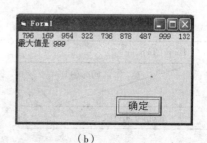

（a） （b）

图 7-12 求最大值问题

设计界面如图 7-12（b）所示，编写程序如下：

```
Private Sub Command1_Click()
    Dim a(1 To 100) As Integer,max As Integer
    Dim i As Integer
    Randomize                  '赋给 0~1000 之间的随机数
    For i=1 To 100             '输入
        a(i)=Rnd()*1000
    Next
    For i=1 To 100             '输出数组
        Print a(i);
    Next
    Print
    max=a(1)
    For i=2 To 100
        If max<a(i) Then
            max=a(i)           'max 为更大值
        End If
    Next
    Print "最大值是";max        '输出 max
End Sub
```

【例 7.6】用起泡法为一维数组的 n 个元素按从小到大排序并输出。

【解】分析：起泡法排序基本思想是依次比较数组中两个相邻的元素，若 a(j)>a(j+1)，则将两个元素交换，使得前边的元素小于等于后边的元素。这样的比较要经过 n-1 趟，如图 7-13 所示。

第 1 趟，使得 a(n)最大，共比较 n-1 次；第 2 趟使得 a(n-1)最大，共比较 n-2 次；第 i 趟使得 a(n+1-i)最大，共比较 n-i 次。

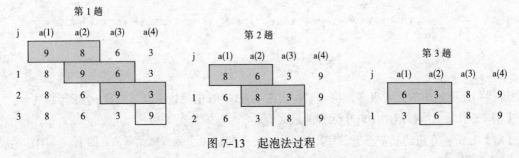

图 7-13 起泡法过程

第 i 趟比较的算法如图 7-14 所示，比较遍历从 a(1)到 a(n-i)。外部套上一层循环控制 n-1 趟比较，算法如图 7-15 所示。

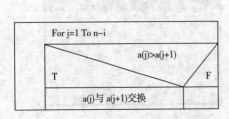

图 7-14 "一趟交换"算法

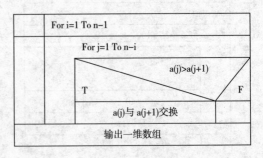

图 7-15 "起泡法"算法

说明：n 个元素的一维数组起泡法排序，最坏情况下的交换次数为 n*(n-1)/2。

设计界面如图 7-16 所示，包括 Text1（输出排序前数组，属性 Multiline 为 True）、Text2（输出排序后数组，属性 Multiline 为 True），编写程序如下：

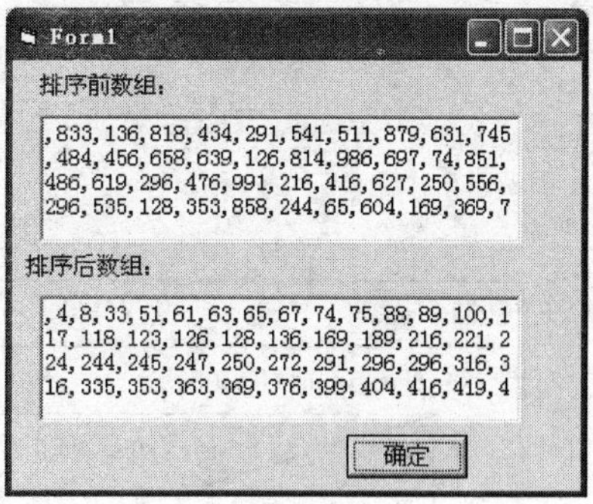

```
Private Sub Command1_Click()
    Dim a(1 To 100) As Integer,t As Integer
    Dim i As Integer,j As Integer
    Randomize      '赋给 0~1000 之间的随机数
    For i=1 To 100    '输入
        a(i)=Rnd()*1000
    Next
    For i=1 To 100    '显示排序前数组
        Text1.Text=Text1.Text&","&a(i)
    Next
'排序开始
    For i=1 To 99
        For j=1 To 100-i
            If a(j)>a(j+1) Then
                t=a(j):a(j)=a(j+1):a(j+1)=t    '交换
            End If
        Next
    Next
'排序结束,显示排序后数组
    For i=1 To 100
        Text2.Text=Text2.Text&","&a(i)    '元素连接在 Text1 后边
    Next
End Sub
```

图 7-16　排序

【例 7.7】用选择法为一维数组的 n 个元素按从小到大的顺序排序并输出。

【解】分析：选择法排序的基本思想是在一维数组中找出最小元素，并将最小元素与最前边的元素交换，使得最前边的元素最小，其过程如图 7-17 所示。第 1 趟从 a(1) 到 a(n) 找最小元素下标 min，a(1) 与 a(min) 交换；第 2 趟从 a(2) 到 a(n) 找最小元素下标 min，a(2) 与 a(min) 交换；第 i 趟从 a(i) 到 a(n) 找最小元素下标 min，a(i) 与 a(min) 交换。比较共进行 n-1 趟。

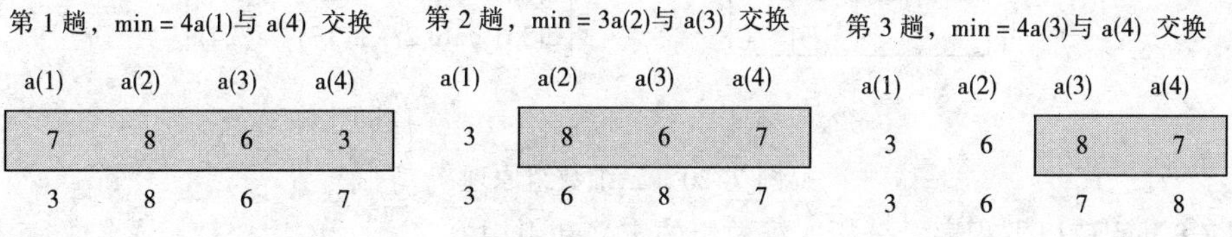

图 7-17　选择法过程

其中第 i 趟找出一个最小元素下标的算法如图 7-18 所示，遍历从 a(i) 到 a(n)，选择法排序的算法如图 7-19 所示。

采用选择法排序算法，将【例 7.6】程序中的排序部分重写为以下程序：

```
'排序开始
    Dim min As Integer
    For i=1 To 99
        min=i
```

```
      For j=min+1 To 100            '求最小元素下标
          If a(min)>a(j) Then
              min=j
          End If
      Next
      t=a(i):a(i)=a(min):a(min)=t
  Next                              '排序结束
```

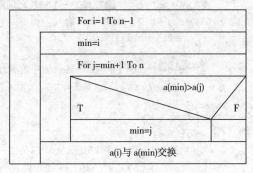

图 7-18 "一趟交换"算法   图 7-19 "选择法"算法

7.2 二 维 数 组

7.2.1 二维数组引入

如果数组元素有多个下标，则称为多维数组。图 7-20（a）所示是一个二维数组，其对应元素如图 7-20（b）所示，包括行号和列号两个下标，如 a(2,3)、a(i,j)等。

如果增加下标的维数，可以有三维数组、四维数组等。

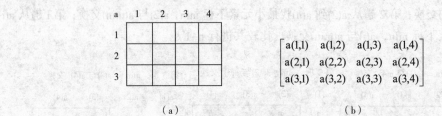

（a）   （b）

图 7-20 二维数组原理

【例 7.8】阅读以下程序，分析二维数组的定义和引用。

【解】程序代码具体如下：

```
Private Sub Command1_Click()
    Dim a(1 To 3,1 To 4) As Integer     '定义 3 行 4 列的 Integer 数组
    Dim i As Integer,j As Integer
    a(1,1)=3                             '赋值
    a(1,2)=Val(InputBox("输入"))        '输入
    a(2,1)=a(1,2)*2+1                    '计算
    i=2:j=3
    a(i,j)=a(i-1,j-1)+2                  '下标可以为表达式
```

```
        Print a(1,1);a(1,2);a(2,1);a(i,j)      '输出
        Print LBound(a);UBound(a)             '第 1 维下标的下界 1 和上界 3
        Print LBound(a,1);UBound(a,1)         '第 1 维下标的下界 1 和上界 3
        Print LBound(a,2);UBound(a,2)         '第 2 维下标的下界 1 和上界 4
    End Sub
```

说明:

(1) 可以通过数组名和下标引用数组元素, 例如 a(1,1)、a(1,2)、a(i,j)、a(i-1,j-1)。

(2) 二维数组的元素实际就是一个变量, 可以赋值、输入、输出和参加各种表达式运算。

(3) 数组定义后, 元素自动初始化为 0 或 "", 如图 7-21 (a) 所示。

(4) 函数 Lbound(数组名,n), 获得数组第 n 维下标的下界值; 函数 Ubound(数组名,n), 获得数组第 n 维下标的下标的上界值。

(5) 程序运行到最后, 数组元素取值情况如图 7-21 (b) 所示, 输出如图 7-21 (c) 所示, 输入对话框如图 7-21 (d) 所示。

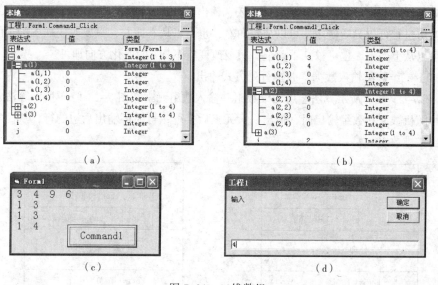

图 7-21 二维数组

7.2.2 二维数组的定义

定义二维数组的一般方法如下:

```
    <Public|Static|Dim> <数组名>([下界 To] 上界,[下界 To] 上界)  [As 类型]
```
其方法和注意事项与一维数组相似, 例如:

```
    Dim a(3,4) As Integer        '行下标从 0 到 3, 列下标从 0 到 4, 共 20 个元素
    Dim b(1 To 3,1 To 4) As Single'行下标从 1 到 3, 列下标从 1 到 4, 共 12 个元素
    Dim c(3 To 5,8) '行下标从 3 到 5, 列下标从 0 到 8, 元素类型为 Variant, 共 27 个元素
```

7.2.3 二维数组程序设计

二维数组处理过程中, 需要按照行列的方式遍历数组, 其算法如图 7-22 (a) 和图 7-22 (b) 所示, 此处假设数组为 M 行 N 列。

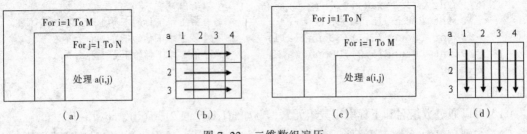

图 7-22 二维数组遍历

说明：

（1）图 7-22（a）所示算法按行的顺序遍历二维数组，其过程如图 7-22（b）所示，顺序为当 i=1 时，a(1,1)、a(1,2)、a(1,3)、a(1,4)；当 i=2 时，a(2,1)、a(2,2)、a(2,3)、a(2,4)；当 i=3 时，a(3,1)、a(3,2)、a(3,3)、a(3,4)。

（2）图 7-22（c）所示算法按列的顺序遍历二维数组，其过程如图 7-22（d）所示。

（3）对元素 a(i,j)的处理可以是赋值、输入、输出、计算、判断等。

（4）遍历过程可以灵活使用，可以从左向右，也可以从右向左，只要改变列下标 j 的循环方向即可；可以从上而下，也可以从下而上，只要改变行下标 i 的变化方向即可。

【例 7.9】二维数组输入数据，并按行列方式输出。

【解】图 7-23（a）所示算法遍历二维数组并输入数组元素；图 7-23（b）所示算法遍历二维数组并赋给随机数。在数组输出时，输出一行元素后换行，再循环输出后边的行，从而实现按行列方式输出二维数组。

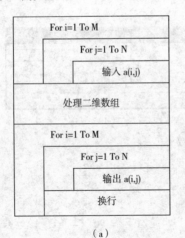

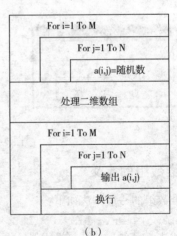

图 7-23 "二维数组输入和输出"算法

设计界面如图 7-24 所示，编写程序如下：

```
Private Sub Command1_Click()
    Dim a(1 To 3,1 To 4) As Integer '定义数组
    Dim i As Integer,j As Integer
'输入
    For i=1 To 3                '行号
        For j=1 To 4            '列号
            a(i,j)=Val(InputBox("输入元素"))
```

```
            Next
        Next
    '输出
        For i=1 To 3              '行号
            For j=1 To 4          '列号
                Print a(i,j),
            Next
            Print                 '换行
        Next
    End Sub
```

按照图 7-23（b）所示算法，给二维数组赋随机数的程序如下：

```
    Randomize
    For i=1 To 3                  '行号
        For j=1 To 4              '列号
            a(i,j)=Rnd()*100      '赋给随机数
        Next
    Next
```

将二维数组按照行列的方式输出到文本框中，如图 7-25 所示。其中 Text1（Multiline 属性为 True，Text 属性为""），Command1（输出）。编写程序如下：

```
    Private Sub Command1_Click()
        Dim a(1 To 3,1 To 4) As Integer  '定义数组
        Dim i As Integer,j As Integer
    '输入
        Randomize
        For i=1 To 3                  '行号
            For j=1 To 4              '列号
                a(i,j)=Rnd()*100      '赋给随机数
            Next
        Next
    '输出
        For i=1 To 3                  '行号
            For j=1 To 4              '列号
                Text1.Text=Text1.Text & a(i,j)&" "
            Next
            Text1.Text=Text1.Text&vbCrLf   '换行
        Next
    End Sub
```

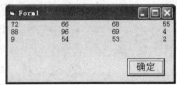

图 7-24　"二维数组输入和输出"界面

图 7-25　行列输出

学习提示：通过改变 i、j 的走向和顺序，可以实现按照列、行的不同顺序和方向输出。

【**例 7.10**】求数组中"行号>列号"的元素之和。

【**解**】分析：

（1）在遍历二维数组所有元素的过程中，可以求出所有元素之和，算法如图 7-26 所示。

（2）在遍历过程中，满足"行号>列号"条件则求和，算法如图 7-27 所示。

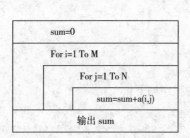

图 7-26 "数组求和"算法

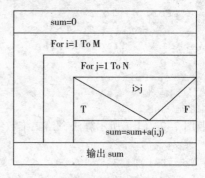

图 7-27 "求满足条件元素之和"算法

设计界面如图 7-28 所示，编写程序如下：

```
Private Sub Command1_Click()
    Dim a(1 To 3,1 To 4) As Integer    '定义数组
    Dim i As Integer,j As Integer
    Dim sum As Integer
    Randomize
    For i=1 To 3
        For j=1 To 4
            a(i,j)=Rnd()*100            '赋给随机数
        Next
    Next
    Print "二维数组: "
    '按照行列方式输出二维数组
    For i=1 To 3
        For j=1 To 4
            Print a(i,j),
        Next
        Print
    Next
    '计算求和
    sum=0
    For i=1 To 3              '行号
        For j=1 To 4          '列号
            If i>j Then
                sum=sum+a(i,j)
            End If
        Next
    Next
    Print "sum=";sum    '输出结果
End Sub
```

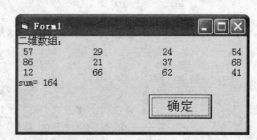

图 7-28 "求满足条件元素之和"界面

【例 7.11】杨辉三角形是图 7-29 所示数列，求杨辉三角形的前 10 行。

【解】分析：

（1）杨辉三角形存放在二维数组的左下角，其所有元素必须满足条件"行号≤列号"。

（2）第 1 列所有元素值为 1，对角线上即"行号 = 列号"的元素也为 1。

（3）杨辉三角形中除了第 1 列和对角线以外的元素，a(i,j)=a(i-1,j-1)+a(i-1,j)。

处理二维数组左下角三角形元素的算法如图 7-30 所示。求杨辉三角形的算法如图 7-31 所示。

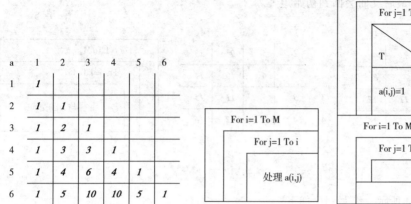

图 7-29　杨辉三角形　　　图 7-30　"左下三角遍历"算法　　　图 7-31　"杨辉三角形"算法

设计界面如图 7-32 所示，编写程序如下：

```
Private Sub Command1_Click()
    Dim a(1 To 10,1 To 10) As Double
    Dim i As Integer,j As Integer
    '计算杨辉三角形
    For i=1 To 10
        For j=1 To i
            If j=1 Or i=j Then
                a(i,j)=1
            Else
                a(i,j)=a(i-1,j-1)+a(i-1,j)
            End If
        Next
    Next
    '输出三角形
    For i=1 To 10
        For j=1 To i
            Print a(i,j); '输出元素
        Next
        Print    '换行
    Next
End Sub
```

图 7-32　"杨辉三角形"界面

学习提示：

（1）二维数组的问题，经常可以通过观察行号和列号的关系来设计算法。

（2）思考：怎样的行列号下标顺序变化可以输出二维数组的左上角、左下角、右上角、右下角的元素。

【例 7.12】生成 M×M 矩阵，将矩阵转置后输出。

【解】分析：

（1）图 7-33（a）所示的矩阵转置后如图 7-33（b）所示。经观察矩阵转置就是将沿着对角线对称的元素交换，即 a(i,j) 与 a(j,i) 交换。

（2）设计算法如图 7-33（c）所示，遍历数组的左下角，并将 a(i,j) 与 a(j,i) 交换。注意：如果遍历数组的所有元素，最后反而会回到初始矩阵。

a	1	2	3	4
1	1	2	3	4
2	5	6	7	8
3	9	10	11	12
4	13	14	15	16

（a）

a	1	2	3	4
1	1	5	9	13
2	2	6	10	14
3	3	7	11	15
4	4	8	12	16

（b）

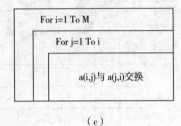

（c）

图 7-33   "矩阵转置"算法

设计界面如图 7-34 所示，编写程序如下：

```
Private Sub Command1_Click()
    Dim a(1 To 4,1 To 4) As Integer,t As Integer
    Dim i As Integer,j As Integer
'输入
    Randomize
    For i=1 To 4
        For j=1 To 4
            a(i,j)=Rnd()*100
        Next
    Next
        '输出转置前数组
    Print "原始二维数组: "
    For i=1 To 4 '行号
        For j=1 To 4 '列号
            Print a(i,j),
        Next
        Print    '换行
    Next
'转置
    For i=1 To 4
        For j=1 To i
            t=a(i,j):a(i,j)=a(j,i):a(j,i)=t
        Next
    Next
    '输出转置后的数组
    Print "转置后的二维数组: "
    For i=1 To 4 '行号
        For j=1 To 4 '列号
            Print a(i,j),
        Next
        Print    '换行
```

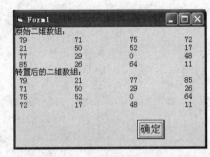

图 7-34   "矩阵转置"界面

```
    Next
End Sub
```

7.3 For Each...Next 语句处理数组

For Each...Next 语句可以遍历一维数组的所有元素。格式如下：

```
For Each <变量> In <数组名>
    语句序列
    [Exit For]
Next
```

说明：

（1）For Each...Next 循环依次将数组的元素赋给变量，并执行循环体语句序列。

（2）变量必须是 Variant 类型。

【例 7.13】一维数组的 For Each Next 程序，界面如图 7-35 所示。

【解】程序代码具体如下：

```
Private Sub Command1_Click()
    Dim a(1 To 10) As Integer    '定义数组
    Dim i As Integer
    Dim x    'Variant 变量
    For i=1 To 10                 '数组赋值
        a(i)=Rnd()*100
    Next
    Print "数组输出"
    For Each x In a               '输出数组所有元素
        Print x;
    Next
End Sub
```

（3）For Each...Next 也可以用于二维数组，但是它只对个别元素依次处理，而不考虑行列号。

【例 7.14】二维数组的 For Each...Next 程序，界面如图 7-36 所示。

【解】程序代码具体如下：

```
Private Sub Command1_Click()
    Dim a(1 To 3,1 To 4) As Integer  '定义数组
    Dim i As Integer,j As Integer,sum As Integer
    Dim x    'Variant 变量
    For i=1 To 3                      '数组赋值
        For j=1 To 4                  '数组赋值
            a(i,j)=Rnd()*100
        Next
    Next
    Print "数组输出"
    sum=0
    For Each x In a                   '求数组所有元素之和
        sum=sum+x
    Next
    Print sum
End Sub
```

图 7-35 一维数组的 For Each...Next 界面

图 7-36 二维数组的 For Each...Next 界面

7.4 动态数组

在定义时就确定了维数和下标的数组称为静态数组，在程序运行期间不能改变，本章前面所述的数组都是静态数组。而在实际编程中，数组长度经常无法确定，因此希望在程序运行过程中改变数组长度。在程序执行过程中数组元素维数和下标可以改变的数组称为动态数组。

1. 定义动态数组

其格式如下：

```
<Public|Private|Dim> <数组名>()  [As 类型]
```

例如：

```
Dim a() As Integer
```

2. 定义维度和长度

使用动态数组时，要先定义数组的维数和长度：

```
Redim [Preserve] <数组名>(<维数定义>) [As <类型>]
```

例如：

```
m=10:n=10                        'm和n是变量
ReDim a(1 To m)                  '动态定义一维数组
ReDim a(1 To m,1 To n)           '动态定义二维数组
ReDim Preserve a(1 To m,1 To n)  '动态定义二维数组
```

说明：

（1）维数的下标可以是变量或表达式，必须有明确的数值。

（2）ReDim 语句只能写在过程中。

（3）动态数组长度和维数可以反复多次重新设定。

（4）如果在 Dim 语句中，定义了数组的数据类型，则在 Redim 时不能修改类型。

（5）Redim 时，如果不使用 Preserve 关键字，则数组中数据全部丢失；如果使用 Preserve 关键字，则保留数组中原有的数据，但只能改变多维数组最后一维的上界，且不能改变下界。

【例 7.15】定义动态数组，先定义为一维数组，赋值并输出；再定义为二维数组，赋值并输出。

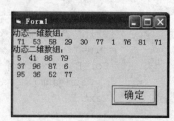
图 7-37 动态数组举例界面

【解】设计界面如图 7-37 所示，编写程序如下：

```
Private Sub Command1_Click()
    Dim a() As Integer    '动态数组
    Dim m As Integer,n As Integer
    Dim i As Integer,j As Integer
    m=10
```

```
        ReDim a(1 To m)              '动态定义一维数组
        Print "动态一维数组: "
        For i=1 To m
            a(i)=Rnd()*100           '赋值
            Print a(i);              '输出
        Next
        m=3:n=4
        '动态定义二维数组
        ReDim a(1 To m,1 To n)
        Print                        '换行
        Print "动态二维数组: "
        For i=1 To m
            For j=1 To n
                a(i,j)=Rnd()*100     '赋值
                Print a(i,j);        '输出
            Next
            Print                    '换行
        Next
End Sub
```

7.5 使用 Erase 语句删除数组

Erase 语句可以删除数组，其格式为：

```
    Erase <数组名>
```

1. 删除静态数组

Erase 语句删除静态数组时，只是对数组进行初始化，清除数组元素中的值。

（1）将 Variant 类型元素置为 Empty。

（2）将数值型元素置为 0。

（3）将字符串类型元素置为零长度的字符串""。

【例 7.16】Erase 删除静态数组。设计界面如图 7-38 所示，编写程序实现。

【解】程序代码具体如下：

```
    Private Sub Command1_Click()
        Dim a(1 To 10) As Integer    '定义静态数组
        Dim i As Integer
        For i=1 To 10                '数组赋初值
            a(i)=Rnd()*100
        Next
        Print "Erase 之前: "
        For i=1 To 10                '输出 Erase 之前数组
            Print a(i);
        Next
        Erase a                      'Erase 数组，清 0
        Print
        Print "Erase 之后: "
        For i=1 To 10                '输出 Erase 之后数组
            Print a(i);              '数组元素清 0 了
        Next
    End Sub
```

2. 删除动态数组

对动态数组使用 Erase 语句，将删除其占用的内存空间。在下一次引用该动态数组之前，必须先使用 Redim 语句重新定义数组。

【例 7.17】Erase 删除动态数组。以下程序的错误提示如图 7-39 所示，编写程序实现。

【解】程序代码具体如下：

```
Private Sub Command1_Click()
    Dim a() As Integer          '定义动态数组
    Dim i As Integer
    ReDim a(1 To 10)
    For i=1 To 10               '数组赋初值
        a(i)=Rnd()*100
    Next
    Print "Erase之前: "
    For i=1 To 10               '输出 Erase 之前数组
        Print a(i);
    Next
    Erase a                     'Erase 数组名，释放数组空间
    Print "Erase之后: "
    Print a(1);                 '出错，a(1) 不存在了，下标越界
End Sub
```

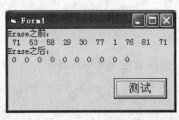

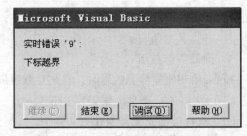

图 7-38　Erase 删除静态数组界面　　　　图 7-39　Erase 删除动态数组界面

7.6　数组的赋值函数 Array()

数组的赋值函数 Array()功能是将常量列表中的常量分别赋给一维数组的各元素。其格式如下：

```
变量名=Array(常量列表)
```

说明：

（1）其中的变量必须声明为 Variant 类型，并作为数组使用。

（2）常量列表以逗号隔开。

（3）此时可以使用 LBound()和 UBound()函数获得数组的下界和上界。

【例 7.18】Array 函数应用。设计界面如图 7-40 所示，编写程序实现。

【解】程序代码如下：

```
Private Sub Command1_Click()
    Dim i As Integer
    Dim a    'Variant 变量
```

图 7-40　Array()函数应用界面

```
        a=Array(1,2,3,10,20,30,45,50)    '赋给数组
        For i=LBound(a) To UBound(a)
                Print a(i);
        Next
    End Sub
```

7.7　控　件　数　组

控件数组由一组相同名称、相同类型的控件元素组成。数组的每个控件属性 Name 相同，通过唯一的索引号（Index）引用。控件数组经常在若干控件中执行操作相似、可以共享同一个事件过程时使用。例如，Command1(0)、Command1(1)、Command1(2)、Command1(3)。

1. 控件数组的建立

建立的控件数组有两种方法：

（1）复制控件。

① 绘制控件，并设置其属性，例如 Command1。

② 复制控件如 Command1，"粘贴"时，提示"已经有一个控件为 Command1。创建一个控件数组吗？"，单击"是"按钮则创建了一个控件数组。多次粘贴，则控件数组有更多控件元素。

此时，绘制的控件的 Index 属性值为 0，后续粘贴的控件的 Index 属性值分别为 1、2 等。

（2）手动创建控件数组。

① 绘制多个控件，并设置其属性，例如 Command1、Command2、Command3、Command4。

② 将 Command1 属性 Index 设为 0。设定其他控件的名字也为 Command1，并设定其 Index 值为 1、2、3。

【例 7.19】设计界面如图 7-41 所示，包括 Command1（清空）、文本框 Text1、控件数组名为 Command2，其 10 个控件元素属性 Index 值分别为 0、1、2、3、4、5、6、7、8 和 9，对应的 Caption 属性值分别为 0、1、2、3、4、5、6、7、8 和 9。

图 7-41　控件数组界面

【解】双击控件数组中任何一个控件，其事件过程 Private Sub Command2_Click(Index As Integer)，其中包括参数 Index。该过程触发时，参数 Index 的值就是单击控件数组中的控件元素的属性 Index 值。

```
    '控件数组的事件过程
    Private Sub Command2_Click(Index As Integer)
        Text1.Text=Text1.Text&Index '
    End Sub
    '清空文本框 Text1
    Private Sub Command1_Click()
        Text1.Text=""
    End Sub
```

程序执行时，按下控件数组中任意 10 个控件之一，即可将对应数字连接到 Text1 的后边。

2. 在程序运行时增加控件数组

先创建控件数组，然后在程序运行的时候动态增加控件数组的控件，其步骤如下：

（1）创建控件，设定其属性 Index 为 0。

（2）在程序执行时，使用 Load 方法增加其他控件元素。

【例 7.20】在程序运行时增加控件数组。

【解】设计界面如图 7-42 所示，绘制文本框 Text1，属性 Index 为 0，为控件 Command1（增加控件）编写程序如下：

```
Private Sub Command1_Click()
    Dim k As Integer
    k=1
    Load Text1(k)              '运行时增加控件
    Text1(k).Visible=True      '显示控件
    Text1(k).Left=700          '新控件位置
    Text1(k).Top=700
    Text1(k).Text="后增加的控件"
End Sub
```

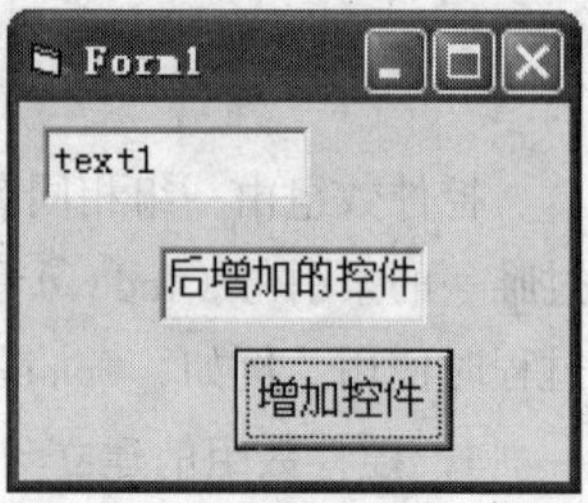

图 7-42　动态加载控件界面

在程序运行时，单击"增加控件"按钮，执行以上代码后将在 Form 中增加一个文本框。

*7.8　用户定义类型的数组

可以使用用户定义的类型定义数组，使得数组中每个元素都是用户定义类型的变量。例如，在学生信息管理系统中，学生信息的描述见表 7-1。

表 7-1　学生信息表

学　　号	姓　名	性　　别	地　　址
07161101	宁雨晨	男	天津市河西区
07161102	刘雨轩	男	天津市河西区
07161103	王美轩	女	江苏省盐城市
…	…	…	…

【例 7.21】设计界面如图 7-43 所示，包括 Text_i（数组元素下标）、Text_xh（学号）、Text_xm（姓名）、Text_xb（性别）、Text_Address（地址）、Command1（写入）、Command2（显示）。定义学生类型 Student 及一维数组，单击 Command1 按钮时，将文本框的输入写入数组；单击 Command2 按钮时，将对应下标的数组内容显示出来。

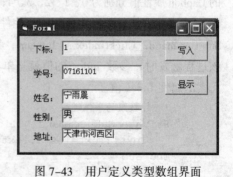

图 7-43　用户定义类型数组界面

【解】编写程序如下：

```
Private Type Student'定义自定义类型
    xh As String*8         '字符串长度8个字符
    xm As String*20        '字符串长度20个字符
    xb As String*1         '字符串长度1个字符
    address As String*100  '字符串长度100个字符
End Type
Dim stu(1 To 100) As Student   '定义数组
Private Sub Command1_Click()    '写入
    Dim i As Integer
```

```
        i=Val(Text_i.Text)              '数组下标
        stu(i).xh=Text_xh.Text          '存入数组
        stu(i).xm=Text_xm.Text
        stu(i).xb=Text_xb.Text
        stu(i).address=Text_Address.Text
    End Sub
    Private Sub Command2_Click()        '显示
        Dim i As Integer
        i=Val(Text_i.Text)              '数组下标
        Text_xh.Text=stu(i).xh          '显示元素
        Text_xm.Text=stu(i).xm
        Text_xb.Text=stu(i).xb
        Text_Address.Text=stu(i).address
    End Sub
```

习　　题

一、练习题

1．选择题

（1）表达式 Int(Rnd()*50)所产生的随机数取值范围是（　　　）。

A．[0,50]　　　　　B．[1,50]　　　　　C．[0,49]　　　　　D．[1,49]

（2）用以下语句定义的数组的元素个数是（　　　）。

```
Dim A (-3 To 5) As Integer
```
A．6　　　　　B．7　　　　　C．8　　　　　D．9

（3）以下数组定义语句中，错误的是（　　　）。

A．Static a(10) As Integer　　　　　B．Dim c(3,1 To 4)

C．Dim d(-10)　　　　　D．Dim b(0 To 5,1 To 3) As Integer

（4）在窗体上画一个名为 Command1 的命令按钮，编写以下程序：

```
Private Sub Command1_Click()
    Dim a(10) As Integer
    For k=10 To 1 Step -1
        a(k)=10-2*k
    Next k
    Print a(6)
End Sub
```

运行程序后，单击命令按钮时的输出结果是（　　　）。

A．-20　　　　　B．-2　　　　　C．6　　　　　D．12

（5）有如下程序段，其中的变量 x 必须是（　　　）

```
Dim a(10)
…
For Each x In a
    print x;
next x
```
A．整型变量　　　　B．变体型变量　　　　C．动态数组　　　　D．静态数组

（6）下面的语句用 Array()函数为数组变量 a 的各元素赋整数值：a=Array(1,2,3,4,5,6,7,8,9)，变量 a 的定义语句应该是（　　）。

    A. Dim a　　　　　　　　　　　　　B. Dim a As Integer

    C. Dim a(9) As Integer　　　　　　　D. Dim a() As Integer

（7）默认情况下，以下程序运行后，窗体上显示的是（　　）。

```
Private Sub Command1_CLIck()
    Dim arr
    Dim i as integer
    arr=Array(0,1,2,3,4,5,6,7,8,9,10)
    For i=0 To 2
      print arr(7-i);
    Next
End Sub
```

    A. 8　7　6　　　　B. 7　6　5　　　　C. 6　5　4　　　　D. 5　4　3

（8）默认情况下，以下语句声明的数组的元素个数是（　　）。

```
Dim a(5,-2 To 2)
```

    A. 20　　　　　　　B. 24　　　　　　　C. 25　　　　　　　D. 30

（9）在窗体上画一个名为 Text1 的文本框和一个名为 Command1 的命令按钮，编写以下事件过程：

```
Private Sub Command1_Click()
    Dim array1(10,10) As Integer
    Dim i As Integer,j As Integer
    For i=1 To 3
        For j=2 To 4
            array1(i,j)=i+j
        Next j
    Next i
    Text1.Text=array1(2,3)+array1(3,4)
End Sub
```

程序运行后，单击命令按钮，在文本框中显示的值是（　　）。

    A. 12　　　　　B. 13　　　　　C. 14　　　　　D. 15

（10）窗体上有一个名称为 Command1 的命令按钮，编写以下事件过程：

```
Option Base 1
Private Sub Command1_Click()
    Dim a(5,5) As Integer
    For i=1 To 5
        For j=1 To 5
            a(i,j)=i
        Next j
    Next i
    s=0
    For i=1 To 5
        s=s+a(i,i)
    Next i
    Print s
End Sub
```

程序运行后，单击命令按钮，输出结果是（　　　）。

    A. 5　　　　　　　　B. 13　　　　　　　　C. 15　　　　　　　　D. 25

（11）设窗体上有一个命令按钮数组，能够区分数组中各个按钮的属性是（　　　）。

    A. Name　　　　　　B. Index　　　　　　C. Caption　　　　　D. Left

（12）假定通过复制、粘贴操作建立了一个命令按钮数组 Command1，以下说法中错误的是（　　　）。

    A. 数组中每个命令按钮的名称（Name 属性）均为 Command1

    B. 若未做修改，数组中每个命令按钮的大小都一样

    C. 数组中各个命令按钮使用同一个 Click 事件过程

    D. 数组中每个命令按钮的 Index 属性值都相同

2. 填空题

（1）设有以下程序：

```
Private Sub Form_Click( )
  Dim ary(1 To 5) As Integer
  Dim i As Integer
  Dim sum As Integer
  For i=1 To 5
    ary(i)=i+1
    sum=sum+ary(i)
  Next i
Print sum
End Sub
```

程序运行后，单击窗体的输出结果为＿＿＿＿＿＿。

（2）在窗体上画一个命令按钮，名称为 Command1，编写以下事件过程：

```
Option Base 0
Private Sub Command1_Click()
  Dim A(4) As Integer,B(4) As Integer
  For k=0 To 2
    A(k+1)=InputBox("请输入一个整数")
    B(k)=A(k+1)
  Next k
  Print B(2)
End Sub
```

程序运行后，单击命令按钮，在输入对话框中分别输入 2、4、6，输出结果为＿＿＿＿＿＿。

（3）窗体上有一个名为 Command1 的命令按钮，并有如下程序：

```
Private Sub Command1_Click()
  Dim a(10),x As Integer
  For k=1 To 10
    a(k)=k
    x=x+a(k) Mod 2
  Next k
  Print x
End Sub
```

程序运行后，单击命令按钮的输出结果是＿＿＿＿＿＿。

（4）以下程序的功能是从随机产生的 20 个 20~200（含 20 和 200）的整数中，找出能够同时

被 3 和 5 整除的数并显示出来，请将程序补充完整。

```
Option Base 1
Private Sub Command1_Click()
    Dim a(20) As Integer
    m=0
    For i=1 To 20
        a(i)=Int(Rnd*_____)+20
        If a(i) Mod 3=0 _____a(i) Mod 5=0 Then
            print a(i);
        End If
    Next
End Sub
```

（5）在窗体上画一个命令按钮，其名称为 Command1，计算并输出数组 Arr 中 10 个数中的正数之和 pos 与负数之和 neg，请将程序补充完整。

```
Option Base 1
Private Sub Command1_Click()
    Dim Arr
    Arr=Array(43,68,-25,65,-78,12,-79,43,-94,72)
    pos=0
    neg=0
    For k=1 To 10
        If Arr(k)>0 Then
            _____
        Else
            _____
        End If
    Next k
    Print pos,neg
End Sub
```

（6）以下程序的功能是用 Array()函数建立一个含有 8 个元素的数组，然后查找并输出该数组中的最小值，请将程序补充完整。

```
Option Base 1
Private Sub Command1_Click()
    Dim arr1
    Dim Min As Integer,i As Integer
    arr1=Array(12,435,76,-24,78,54,866,43)
    Min=_____
    For i=2 To 8
        If arr1(i)<Min Then _____
    Next i
    Print "最小值是:";Min
End Sub
```

3. 编程题

（1）编写程序，定义、输入（或赋随机数）和输出有 10 个元素的一维数组，求数组所有元素的和与平均值。

（2）编写程序，定义、输入（或赋随机数）和输出有 10 个元素的一维数组，求其中偶数的个数和平均值。

（3）编写程序，定义、输入（或赋随机数）和输出有 10 个元素的一维数组，分别统计其中 >=90，80～89，70～79，60～69，小于 60 的个数。

（4）编写程序，定义有 10 个元素的一维数组，向其中赋给 0~9 之间的随机整数，分别统计其中数字 0~9 的个数。

（5）编写程序，定义、输入（或赋随机数）和输出有 10 个元素的一维数组，将一维数组反序并输出。

（6）编写程序，将数列 $f(n) = \begin{cases} 1 & n=1 \\ 2n-1 & n=2 \\ f(n-1)+2n & n \geqslant 3 \end{cases}$ 的前 20 项存放到一维数组中，并输出。

（7）编写程序，将 1～500 之间能被 7 或 11 整除，但不能同时被 3 和 4 整除的所有整数存放在一维数组中，并输出。

（8）编写程序，定义、输入（或赋随机数）和输出有 10 个元素的一维数组 a，并将一维数组 a 的所有元素复制到一维数组 b 中。

（9）编写程序，定义、输入（或赋随机数）和输出有 20 个元素的一维数组 a，定义有 100 个元素的一维数组 b，并给 b 前 20 个元素赋值和输出，将一维数组 a 的所有元素连接到一维数组 b 之后并输出。

*（10）编写程序，定义、输入（或赋随机数）和输出有 100 个元素的一维数组，输入变量 x，将数组中所有与 x 值相等的元素删除。

*（11）编写程序，定义有 100 个元素的一维数组，给数组前 99 个元素赋值，将前 99 个元素按照从小到大排序。输入变量 x，将 x 插入数组中，使得数组仍然有序。

（12）编写程序，定义、输入（或赋随机数）10 行 10 列二维数组，按行列方式输出，求其中大于 90 的元素的个数。

（13）编写程序，定义、输入（或赋随机数）10 行 10 列二维数组，按行列方式输出，求其中最大元素和最小元素值。

（14）编写程序，定义、输入（或赋随机数）10 行 10 列二维数组，按行列方式输出，求其两条对角线元素之和。

（15）编写程序，定义、输入（或赋随机数）10 行 10 列二维数组，按行列方式输出，分别求其每行和每列的和。

（16）定义以下两个矩阵（数据为 0～20 之间的随机数）：

$$A = \begin{bmatrix} 1 & 2 & 3 & 4 \\ 5 & 6 & 7 & 8 \\ 9 & 10 & 11 & 12 \\ 13 & 14 & 15 & 16 \end{bmatrix} \quad B = \begin{bmatrix} 2 & 3 & 13 & 4 \\ 15 & 16 & 17 & 18 \\ 9 & 10 & 11 & 10 \\ 13 & 15 & 12 & 11 \end{bmatrix}$$

编写程序实现以下功能：

① 将 **A** 和 **B** 矩阵相加后，放在 **A** 中。

② 将 **A** 复制到 **B** 矩阵中。

③ 将 **A** 和 **B** 矩阵相乘后，放入矩阵 **C** 中。

*（17）参考【例7.19】，利用控件数组，尝试编写能够进行加、减、乘、除的计算器。

*（18）利用用户自定义类型数组，实现一个学生信息管理系统，包括学生信息的输入、输出、查询、排序，插入和删除学生信息等功能。学生信息项目如图 7-44 所示。

学号	姓名	性别	地址	高考成绩	…
07161101	宁雨晨	男	天津市河西区	698	…
07161102	刘雨轩	男	天津市河西区	658	…
07161103	王美轩	女	江苏省盐城市	690	…
…	…	…	…	…	…

图 7-44　学生信息

二、参考答案

1. 选择题

（1）	（2）	（3）	（4）	（5）	（6）	（7）	（8）	（9）	（10）	（11）	（12）
A	D	C	B	B	A	B	D	A	C	B	D

2. 填空题

（1）20　　　　　　　　　　　（2）6

（3）5　　　　　　　　　　　　（4）180　　　　and

（5）pos =pos+ Arr(k)　　　neg=neg+Arr(k)

（6）arr1(1)　　　Min= arr1(i)

3. 编程题（略）

第8章 过 程

我们已经多次使用过 Visual Basic 提供的内部函数、过程和事件过程。在实际编程时，一个算法可能会非常复杂，程序可能有几万行或更多，编写时容易出错且调试困难。按照结构化程序设计方法，将大问题逐步细化，分解成很多小的功能模块，这些模块相互调用，从而实现代码重用，简化程序设计过程。

如图 8-1 所示，模块 A 调用 f(x)和 g(x)，f(x)调用 g(x)。模块 A 执行"调用 f(x)"语句时，转入 f(x)中，f(x)执行完毕，返回模块 A 中"调用 f(x)"语句处，继续执行后边的语句。f(x)执行"调用 g(x)"语句，转入 g(x)中，g(x)执行完毕，返回 f(x)中"调用 g(x)"语句处，继续执行后边的语句。本章介绍自定义 Function、Sub 过程，Visual Basic 的工程结构，以及常用的事件过程。

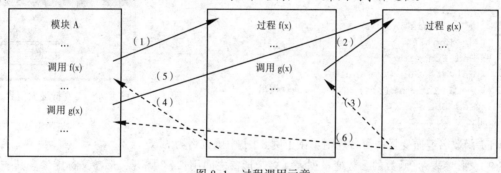

图 8-1　过程调用示意

8.1　Function 函数

Visual Basic 语言提供了丰富的内部函数，如 Sqr(x)、Abs(x)等。用户也可以根据需要自己定义函数，并且像使用内部函数一样，使用自己定义的函数。

1. Function 函数的定义

Function 函数可以使用 Visual Basic 提供的工具或者自己编写代码来定义。

（1）使用"添加过程"工具。执行"工具"→"添加过程"命令，打开"添加过程"对话框如图 8-2 所示。在其中设定过程的名称如 max，选择过程的类型如函数，选择过程的范围如私有的。自动生成的代码如图 8-3 所示。

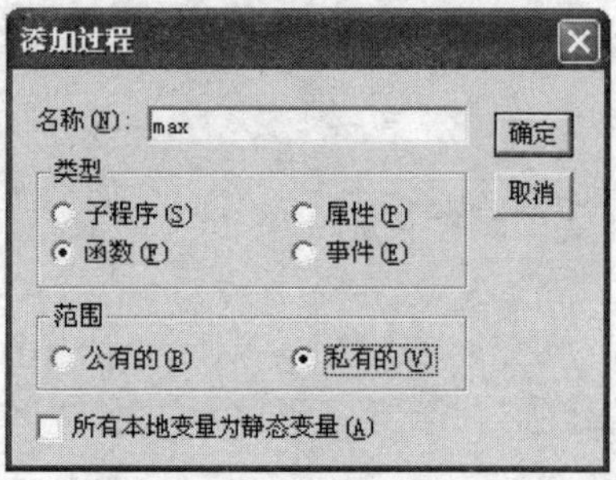

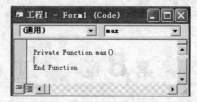

图 8-2 "添加过程"工具

图 8-3 自动生成的函数

（2）编写代码定义函数过程。Function 函数定义的一般形式如下：

```
[Private|Public][Static]  Function <函数名> ( [<形参表>]) [As <类型>]
    <语句>
    [ Exit Function]
    <函数名=<表达式>>
End Function
```

【例 8.1】定义函数 max()，求两个参数 a 和 b 中较大的值，界面如图 8-4 所示。

【解】程序代码具体如下：

```
Function max(a As Integer,b As Integer) As Integer    '函数头部定义
    If a>b Then
        max=a                    '为函数名赋值
    Else
        max=b
    End If
End Function
Private Sub Command1_Click()
    Print max(3,4)              '函数调用
End Sub
```

图 8-4 二变量最大值界面

说明：

（1）函数名遵循变量的命名规则。在【例 8.1】中函数名为 max。

（2）<形参表>是函数的参数变量列表，多个形参之间用","隔开，形参又称虚参。其一般形式为：

```
[ByVal|ByRef|Optional|ParamArray] <参数名> [()][As <类型>]
```

① ByVal 表示参数为按值传递。

② ByRef 表示参数为按地址传递，是默认值。

③ Optional 表示参数为可选参数。

④ ParamArray 表示参数是一个 Variant 类型的 Optional 数组。

在【例 8.1】中有两个形参 "a As Integer,b As Integer"。

（3）[As <类型>]是可选项，表示函数返回值的类型。可以是各种基本数据类型、Variant、对象或用户自定义数据类型。如果不指定返回值类型，则默认为 Variant。在【例 8.1】中函数返回值的类型是 Integer。

（4）语句 Exit Function 用于从函数中退出。

（5）函数中不能再嵌套定义其他函数。

（6）函数退出或结束时，函数名的当前值作为函数返回值。如果未给函数名赋值，则返回默认值，数值类型返回 0，字符串类型返回空字符串""。

2．Function 函数的调用

函数定义后就可以被调用。如果函数定义中有形参，在调用时应该传递实际参数（实参）。自定义函数的调用与系统内部函数的调用方法类似，可以在表达式中直接使用。其格式为：

<函数名>（[<实参表>]）

说明：

（1）实参表，可以是常量、变量或表达式，各参数之间用"，"隔开，实参也可以是数组。

（2）实参与形参的类型、个数和位置应该一一对应，否则会报错。

（3）实参表中变量名与形参表中的变量名可以相同，也可以不相同。在【例 8.1】中，语句 Print max(3,4)以常量 3 和 4 为实参调用函数 max()。

【例 8.2】编写能求 n!的函数 fact()，输入 n，调用函数 fact()求 n!。

【解】设计界面如图 8-5 所示，包括 Text_n（输入 n）、Text_fact（输出阶乘结果）、Command1（计算）。编写程序如下：

```
Function fact(n As Integer) As Double    '函数定义
    Dim s As Double
    Dim i As Integer
    s=1
    For i=1 To n
        s=s*i
    Next
    fact=s                               '函数名赋值
End Function
Private Sub Command1_Click()
    Dim n As Integer
    n=Val(Text_n.Text)                   '输入
    Text_fact.Text=fact(n)               '调用函数
End Sub
```

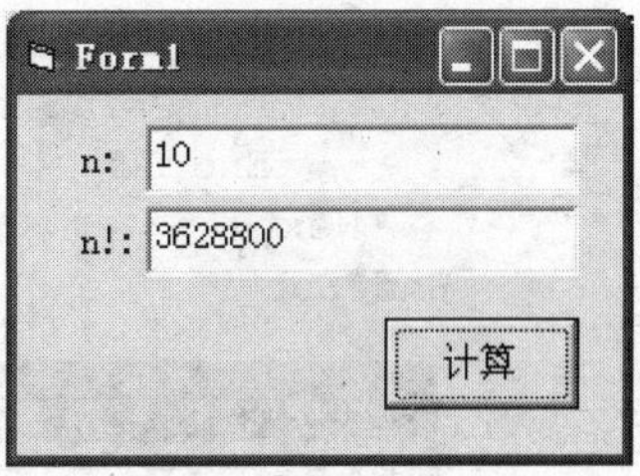

图 8-5　求 n!界面

学习提示：

（1）注意使用【F8】键逐语句执行的方法，观察程序的执行过程。

（2）光标移到需要单步执行处按下【F9】键，或者在需要设置断点行的左侧"灰色"边框处单击设置断点。程序运行到断点处将暂停，按下【F8】键逐语句执行或者按下【F5】键可以继续执行程序。

【例 8.3】编写函数，利用【例 8.2】的 fact()函数，求组合数 $C_m^n = \dfrac{m!}{n!(m-n)!}$。

【解】设计界面如图 8-6 所示，包括 Text_m（输入 m）、Text_n（输入 n）、Text_c（输出结果）、Command1（计算）。编写程序如下：

```
Private Sub Command1_Click()
    Dim m As Integer
    Dim n As Integer
    Dim c As Double
    m=Val(Text_m.Text)                   '输入
```

```
    n=Val(Text_n.Text)
    Text_c.Text=fact(m) / (fact(n)*fact(m-n))    '计算
End Sub
```

【例 8.4】编写 narcissus(n)函数，其功能是：如果 n 是水仙花数，则函数值为 True，否则为 False。在按钮过程中调用 narcissus(n)函数，求所有水仙花数。

【解】设计界面如图 8-7 所示，编写程序如下：

```
Function narcissus(n As Integer) As Boolean    '函数定义
    Dim a As Integer,b As Integer,c As Integer
    a=n\100                    '求百位数
    b=n\10 Mod 10              '求十位数
    c=n Mod 10                 '求个位数
    If a^3+b^3+c^3=n Then
        narcissus=True         '函数值，n 是水仙花数
    Else
        narcissus=False        '函数值，n 不是水仙花数
    End If
End Function
Private Sub Command1_Click()
    Dim m As Integer
    For m=100 To 999
        If narcissus(m)=True Then'调用函数
            Print m
        End If
    Next
End Sub
```

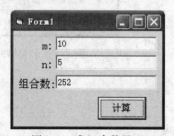

图 8-6 求组合数界面

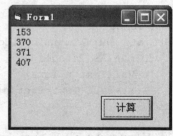

图 8-7 求水仙花数界面

8.2 Sub 过程

Function 函数有一个返回值，而 Sub 过程没有返回值，经常用于完成一些处理功能。

1. Sub 过程的定义

与 Function 函数一样，Sub 过程也可以使用 Visual Basic 提供的工具，或者自己编写代码来定义。使用"添加过程"工具定义 Sub 过程的方法与定义 Function 函数的方法相似，这里不再赘述。Sub 过程的一般定义形式为：

```
[Private|Public][Static] Sub <过程名> [(<形参列表>)]
    <语句序列>
    [Exit Sub]
End Sub
```

说明：Sub 过程与 Function 函数的定义方法相似，其主要区别就是 Sub 过程没有返回值，而

Function 函数有返回值。

【例 8.5】编写过程，将变量 a 和 b 按从小到大顺序打印。

【解】设计界面如图 8-8 所示，包括 Text_a（输入 a）、Text_b（输入 b）、Command1（确定）。
编写程序如下：

```
Private Sub sort(x As Integer,y As Integer)        '过程定义
    If x>y Then
        Print y,x
    Else
        Print x,y
    End If
End Sub
Private Sub Command1_Click()
    Dim a As Integer,b As Integer
    a=Val(Text_a.Text)
    b=Val(Text_b.Text)
    sort a,b        '调用 sort 过程 Call sort (a,b)
End Sub
```

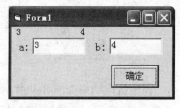

图 8-8　二变量排序界面

2. Sub 过程调用

可以直接调用 Sub 过程，也可以使用 Call 语句调用过程。

（1）直接调用过程。直接调用过程的语句格式为：

```
<过程名> [<实参表>]
```

例如：

```
sort a,b
```

（2）Call 语句调用过程。Call 语句调用过程的语句格式为：

```
Call <过程名>([实参表])
```

例如：

```
Call sort (a,b)
```

说明：调用 Sub 过程时，对实参的要求与调用 Function 时的实参要求相同。

8.3　参数传递方式

过程的参数传递有两种方式，即地址传递（引用）和值传递。在定义形参时，Optional 关键
字使得参数为可选参数，也可以定义形参为不定数量的参数。

8.3.1　参数的地址传递（引用）

地址传递时，将实参的地址传递给形参，此时形参与实参的地址相同，形参与实参共用同一
段内存。因此，如果改变形参，那么同时也会改变实参。Sub 过程和 Function 函数都可以使用地
址传递方式传递参数。

（1）过程定义时形参变量前加上关键字 ByRef，则该参数的传递为地址传递。

【例 8.6】参数地址传递举例。

【解】程序代码具体如下：

```
Private Sub swap(ByRef x As Integer,ByRef y As Integer)
                        'Byref 传地址形参定义
```

```
        Dim t As Integer
        t=x
        x=y
        y=t
    End Sub
    Private Sub Command1_Click()
        Dim a As Integer,b As Integer
        a=Val(Text_a.Text)
        b=Val(Text_b.Text)
        swap a,b                        '调用过程 swap，参数 a，b 地址传递
        Print a,b
    End Sub
```

程序执行结果如图 8-9 所示，在 swap 过程中，形参 x 和 y 交换了，返回主调用过程后，实参 a 和 b 也交换了。参数的传递过程如图 8-10 所示，将实参 a 和 b 的地址传给对应的形参 x 和 y，此时形参和实参共用同一段内存，因此改变形参变量 x 和 y，实参变量 a 和 b 也随之改变。

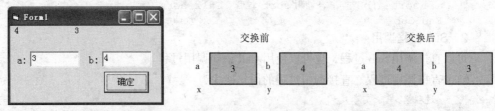

图 8-9　参数地址传递界面　　　　　　　图 8-10　形参和实参关系

（2）过程定义时形参变量前不加关键字 ByRef 和 ByVal，则默认为地址传递。例如：

```
    Private Sub swap(x  As Integer,y  As Integer)    '默认为地址传参数
        ...
    End Sub
```

【例 8.7】使用 Sub 过程，求 n!。

【解】设计界面如图 8-11 所示，包括 Text_n（输入 n）、Text_fact（输出 n!）、Command1（计算）。编写程序如下：

```
    '参数 n, f 为地址传递
    Private Sub fact(n As Integer,ByRef f As Double)
        Dim i As Integer
        f=1
        For i=1 To n
            f=f*i
        Next
    End Sub
    Private Sub Command1_Click()
        Dim nn As Integer
        Dim ff As Double
        nn=Val(Text_n.Text)
        Call fact(nn,ff)    'ff 为地址传递
        Text_fact.Text=ff
    End Sub
```

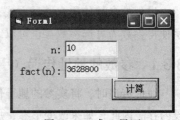

图 8-11　求 n!界面

学习提示：参数的地址传递方式使得 Sub 过程和 Function 过程可以一次返回多个值。

8.3.2 参数的值传递

参数的值传递方式是将实参的值传递给形参。此时,形参变量另外申请一段内存空间,因此,改变形参变量,不影响实参变量。Sub 过程和 Function 函数都可以使用参数值传递方式。

(1)过程定义时形参变量前加上关键字 ByVal,则该参数为值传递。

【例 8.8】参数的值传递举例。

【解】程序代码具体如下:

```
Private Sub swap(ByVal x As Integer,ByVal y As Integer)    'Byval 传值形参
    Dim t As Integer
    t=x             '交换形参变量
    x=y
    y=t
End Sub
Private Sub Command1_Click()
    Dim a As Integer,b As Integer
    a=Val(Text_a.Text)
    b=Val(Text_b.Text)
    swap a,b        '调用过程 swap,参数 a,b 值传递
    Print a,b
End Sub
```

程序执行结果如图 8-12 所示,虽然在 swap 过程中,形参 x 和 y 交换了,但是返回主调用过程后,实参 a 和 b 没有改变。参数的传递过程如图 8-13 所示,将实参 a 和 b 的值传给对应的形参 x 和 y,此时形参和实参分别为不同内存,因此改变形参变量,不会影响实参。

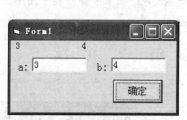

图 8-12 参数值传递界面

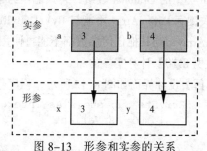

图 8-13 形参和实参的关系

(2)不论形参变量怎样定义,实参如果为常量或表达式,则一定是值传递。例如,有以下过程定义和过程调用语句:

```
Private Sub swap(ByRef x As Integer,ByRef y As Integer)
                                         'Byref 传地址形参定义
Private Sub swap(x As Integer,y As Integer)     '默认为传地址形参定义
call swap(3,4)          '实参为常量
call swap(a+1,b+1)      '实参是表达式
call swap((a),(b))      '实参(a)和(b)实际上是表达式
```

虽然形参定义 x 和 y 是地址传递,但是因为实参是常量或表达式,所以参数仍然是值传递。

8.3.3 可选参数

在定义过程时,如果形参使用了 Optional 关键字,则该参数为可选参数。过程调用时,可选参数可以不给对应实参。一个形参一旦为 Optional,则后边的参数都必须为 Optional。可以为

Optional 参数指定默认值。

【例 8.9】可选参数定义举例，运行结果如图 8-14 所示。

【解】程序代码具体如下：

```
Private Sub sample(x As Integer,Optional y As Integer,Optional z As
Integer=100)
    Print x,y,z
End Sub
Private Sub Command1_Click()
    Print "x","y","z"
    Call sample (1,2,3)
    Call sample (1,2)        '省略参数 z
    Call sample (1,,2)       '省略参数 y
    Call sample (1)          '省略参数 y, z
End Sub
```

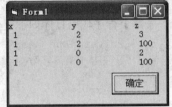

图 8-14　可选参数界面

说明：

（1）形参 y 为可选参数，在调用时可以不给实参，默认为 Empty。

（2）形参 Optional z As Integer=100，在调用时可以不给实参，则默认为 100。

（3）如果不给中间参数 y 实参，应该用 "," 留出空位。

8.3.4　使用不定数量的参数

关键字 ParamArray 使得函数或过程在调用时可以使用任意数量的实参。ParamArray 形参是 Variant 类型的 Optional 数组，它只能作为参数列表的最后一项，该参数可以作为数组使用。

关键字 ParamArray 不能与 ByVal、ByRef 或 Optional 一起使用。如果形参列表中使用了关键字 ParamArray，则其他任何参数都不能再使用关键字 Optional。

【例 8.10】计算实参的和。

【解】设计界面如图 8-15 所示，程序代码具体如下：

```
Private Sub sum(s As Integer,ParamArray nums())
    Dim x As Variant
    s=0
    For Each x In nums    '循环处理每个实参
        s=s+x
    Next
End Sub
Private Sub Command1_Click()
    Dim s As Integer
    Call sum(s,1,2,3,4,5,6,7)    '求 1~7 的和
    Print s
    Call sum(s,100,200,300)      '求 100, 200, 300 的和
    Print s
End Sub
```

图 8-15　不定数量实参求和界面

8.4　数　组　参　数

数组作为 Function 或 Sub 过程的形参和实参是地址传递，形参和实参共享同一段内存地址。对形参数组的处理，就是对实参数组的处理。

【例 8.11】编写 SetValue 过程给数组赋值，PrintValue 过程输出数组，sum()函数计算数组的和。

【解】设计界面如图 8-16 所示，编写程序如下：

```
Private Sub SetValue(x() As Integer)
                '形参 x 为数组
    Dim i As Integer
    Randomize    'LBound(x)取得 x 下标的下
界，UBound(x)取得 x 下标的上界
    For i=LBound(x) To UBound(x)
        x(i)=Rnd()*100
    Next
End Sub
Private Sub PrintValue(x() As Integer)                '形参 x 为数组
    Dim i As Integer
    For i=LBound(x) To UBound(x)
        Print x(i);
    Next
End Sub
Private Function sum(x() As Integer) As Integer        '形参 x 为数组
    Dim i As Integer
    sum=0
    For i=LBound(x) To UBound(x)
        sum=sum+x(i)
    Next
End Function
Private Sub Command1_Click()
    Dim a(1 To 10) As Integer    '实参数组
    Call SetValue(a())
                '或 SetValue a()  或 SetValue a 或 Call SetValue(a)
    Print "数组为: "
    Call PrintValue(a())
                '或 PrintValue a() 或 PrintValue a 或 Call PrintValue(a)
    Print
    Print "和为: ",sum(a)    '调用函数过程 或者  sum(a)
End Sub
```

图 8-16 数组求和界面

说明：

（1）形参数组以数组名和括号表示，不需要给出维数及其上界和下界。例如，x() As Integer。

（2）形参数组可以指定数据类型，例如，x() As Integer。如果不指定类型，则默认为 Variant。

（3）实参数组以数组名（如 a）或者数组名和括号（a()）表示，且必须与形参数组类型一致。

（4）在函数和过程中，可以使用 LBound()函数和 UBound()函数取得形参数组的下标下界和上界，并据此进行相关处理。

（5）数组参数是地址传递，它们共用同一段内存，如图 8-17 所示。求形参数组 x()的和，就是求实参数组 a()的和。另外，改变形参数组的元素，也就改变了实参数组的对应元素。

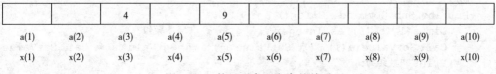

		4		9					
a(1)	a(2)	a(3)	a(4)	a(5)	a(6)	a(7)	a(8)	a(9)	a(10)
x(1)	x(2)	x(3)	x(4)	x(5)	x(6)	x(7)	x(8)	x(9)	x(10)

图 8-17 数组形参和实参的关系

【例 8.12】编写函数，将数组反序存放。

【解】分析：反序就是将数组左右对调，原数组和反序后数组如图 8-18（a）所示。反序的过程如图 8-18（b）所示，a(1)与 a(n)交换，a(2)与 a(n-1)交换，a(i)与 a(n+1-i)交换，到数组的中间元素时结束。算法如图 8-18（c）所示。此处，m 为一维数组的下界，n 为一维数组的上界，则中间元素为 m+(n-m)\2。

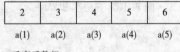

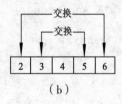

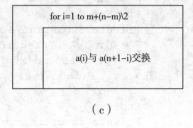

（a）　　　　　　　　　（b）　　　　　　　　（c）

图 8-18　"数组反序"算法

设计界面如图 8-19 所示，包括 Command1（确定），编写程序如下：

```
Private Sub SetValue(x() As Integer)    '形参 x 为数组
    Dim i As Integer
    Randomize   'LBound(x)取得 x 下标的下界，UBound(x)取得 x 下标的上界
    For i=LBound(x) To UBound(x)
        x(i)=Rnd()*100
    Next
End Sub
Private Sub PrintValue(x() As Integer)  '形参 x 为数组
    Dim i As Integer
    For i=LBound(x) To UBound(x)
        Print x(i);
    Next
End Sub
Private Sub inv(x() As Integer)          '数组反序过程定义
    Dim i As Integer,t As Integer
    Dim m As Integer,n As Integer
    m=LBound(x)
    n=UBound(x)
    For i=m To m+(n-m)\2                  '遍历到数组中间
        t=x(i)                           '交换对应位置元素
        x(i)=x(n+1-i)
        x(n+1-i)=t
    Next
End Sub
Private Sub Command1_Click()
    Dim a(1 To 10) As Integer            '实参数组
    Call SetValue(a()) '或 SetValue a()   或 SetValue a 或 Call SetValue(a)
    Print "数组为: "
    Call PrintValue(a()) '或 PrintValue a() 或 PrintValue a 或 Call
    PrintValue(a)
```

```
    Call inv(a)
    Print
    Print "反序后的数组为: "
    Call PrintValue(a())   '或 PrintValue a() 或 PrintValue a 或 Call
    PrintValue(a)
End Sub
```

【**例 8.13**】编写 SetValue 过程给二维数组赋值，PrintValue 过程输出二维数组，sum()函数计算二维数组的和。

【**解**】设计界面如图 8-20 所示，编写程序如下：

 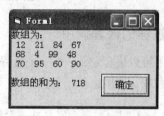

图 8-19　数组反序界面　　　　　图 8-20　二维数组求和界面

```
Private Sub SetValue(x() As Integer)                '形参 x 为数组
    Dim i As Integer,j As Integer
    Randomize
    'Lbound、Ubound 取得数组行下标的下界和上界
    For i=LBound(x,1) To UBound(x,1)
            'Lbound、Ubound 取得数组列下标的下界和上界
        For j=LBound(x,2) To UBound(x,2)
            x(i,j)=Rnd()*100
        Next
    Next
End Sub
Private Sub PrintValue(x() As Integer)              '形参 x 为数组
    Dim i As Integer,j As Integer
    For i=LBound(x,1) To UBound(x,1)
        For j=LBound(x,2) To UBound(x,2)
            Print x(i,j);
        Next
        Print                                       '换行
    Next
End Sub
Private Function sum(x() As Integer) As Integer     '形参 x 为数组
    Dim i As Integer,j As Integer
    sum=0
    For i=LBound(x,1) To UBound(x,1)
        For j=LBound(x,2) To UBound(x,2)
            sum=sum+x(i,j)
        Next
    Next
End Function
Private Sub Command1_Click()
    Dim a(1 To 3,1 To 4) As Integer                 '实参数组
```

```
      Call SetValue(a())
                    '或 SetValue a()  或 SetValue a 或 Call SetValue(a)
      Print "数组为: "
      Call PrintValue(a())
                    '或 PrintValue a() 或 PrintValue a 或 Call PrintValue(a)
      Print
      Print "数组的和为: ";sum(a)
End Sub
```

8.5　过程的嵌套调用与递归调用

8.5.1　过程的嵌套调用

过程不可以嵌套定义，即一个过程定义中不能包含另一个过程的定义。但是，过程可以嵌套调用，即过程 a 调用过程 b，过程 b 还可以调用过程 c。

【例 8.14】编写程序，定义并嵌套调用函数，求 $\sum_{n=1}^{m} n! = 1! + 2! + \cdots + m!$。

【解】设计界面如图 8-21 所示，包括 Text_m（输入 m）、Text_s（输出结果）、Command1（计算），编写程序如下：

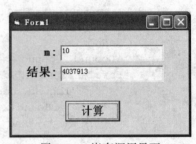

图 8-21　嵌套调用界面

```
Private Sub Command1_Click()
    Dim m As Integer
    m=Val(Text_m.Text)           '输入
    Text_s.Text=sigma(m)         '求总和
End Sub
Private Function sigma(m As Integer) As
Double                           '求和函数
    Dim i As Integer
    Dim sum As Double
    sum=0
    For i=1 To m
        sum=sum+fact(i)    '调用 fact(), 求阶乘
    Next
    sigma=sum
End Function
Private Function fact(n As Integer) As Double   '求阶乘函数
    Dim i As Integer
    Dim s As Double
    s=1
    For i=1 To n
        s=s*i
    Next
    fact=s
End Function
```

程序运行时，过程 Sub Command1_Click 调用函数 sigma()，而函数 sigma()调用函数过程 fact()，是过程的嵌套调用。

学习提示：在嵌套的过程调用中，每个过程实现的算法和语句都很简单，使得程序的可读性增强，简化算法设计过程、提高程序编写和调试效率。

*8.5.2　过程的递归调用

过程的递归调用指的是过程直接或间接地调用过程本身。图 8-22（a）所示过程 f()中的语句 Call f 调用过程 f()本身，是直接递归。图 8-22（b）所示过程 a()中的语句 Call b 调用过程 b()，而过程 b()中的语句 Call a 调用过程 a()，因此过程 a()间接调用了本身，是间接递归。

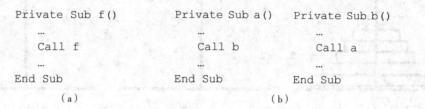

```
Private Sub f()         Private Sub a()      Private Sub b()
    …                       …                    …
    Call f                  Call b               Call a
    …                       …                    …
    End Sub                 End Sub              End Sub
        （a）                               （b）
```

图 8-22　直接递归和间接递归

递归是一类重要算法，有一些问题只能用递归方法解决，例如著名的汉诺塔（Hanoi）问题。

【例 8.15】用递归算法求 n!。

【解】分析：观察可知，n!=n*(n-1)!，(n-1)!=(n-1)*(n-2)!，…，3!=3*2!，2!=2*1，1!=1。

递归过程可以总结为两个阶段：

（1）回推阶段：n!→(n-1)!→(n-2)! →(n-3)! →…→3! →2! →1!。要求 n!，依次回推，直到求 1!=1。

（2）递推阶段：n! ←(n-1)! ←(n-2)! ←(n-3)! ←…←3! ←2! ←1!。求得 1!，再从右向左，依次递推，直到求出 n!。

总结出 n!的递归公式为：$n!=\begin{cases}1 & n=0,1\\ n*(n-1)! & n>1\end{cases}$

其中 n=0 或 1 是递归的结束条件，当 n>1 时，继续递归调用。如果递归没有结束条件，那么将一直递归下去，直到系统资源耗尽。

设计界面如图 8-23 所示，包括 Text_n（输入 n）、Text_fact（输出结果）、Command1（计算），编写程序如下：

```
Private Sub Command1_Click()
    Dim n As Integer
    n=Val(Text_n.Text)          '输入
    Text_fact.Text=fact(n)      '求总和
End Sub

                                '求阶乘函数
Private Function fact(n As Integer) As
Double
    If n=0 Or n=1 Then          '递归终止条件
        fact=1
    Else
        fact=fact(n-1)*n        '递归调用
    End If
End Function
```

图 8-23　递归求 n!界面

学习提示：递归算法设计中，要注意观察问题并找出规律，设计递归公式。根据递归公式设定递归函数的参数并编写 Function 函数或 Sub 过程。

【例 8.16】汉诺塔（Hanoi）是这样的问题，有三个柱子 A、B 和 C，开始 A 柱上有 64 个盘子，从上到下，越来越大，如图 8-24 所示，把所有盘子移到 C 柱上，要求：盘子必须放在 A、B 或 C 柱上，一次只能移动一个盘子，大盘子不能放在小盘子上边。

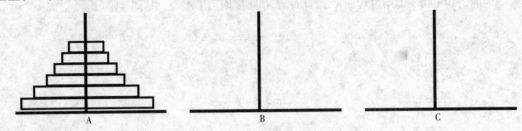

图 8-24　汉诺塔问题

【解】分析：将 n 个盘子从 A 移动到 C 的问题，归纳为：

（1）如果 n=1，则直接从 A 到 C。

（2）如果 n>1，那么先将上边的 n-1 个盘子利用 C，移动到 B 上；然后再将最下边的盘子移动到 C 上。

设计界面如图 8-25 所示，包括 Text_n（输入 n）、Text_s（输出，属性 Multiline=True，ScrollBars=Vertical）、Command1（计算），编写程序如下：

图 8-25　汉诺塔问题界面

```vb
'统计总共移动次数
Dim total As Integer
Private Sub Command1_Click()
    Dim n As Integer
    n=Val(Text_n.Text)      '输入
    total=0
    Call Hanoi(n,"A","B","C") '调用过程
End Sub
'递归函数,n个盘子,从a移动到c,借助b
Private Sub Hanoi(n As Integer,a As String,b As String,c As String)
    If n=1 Then         '一个盘子时,直接从A移到C
      Call PlateMove(a,c)
    Else
      'n-1盘子借助C从A到B
      Hanoi n-1,a,c,b
      '最后一个盘子从A到C
      Call PlateMove(a,c)
      'n-1个盘子借助A从B到C
      Hanoi n-1,b,a,c
    End If
End Sub
'盘子从a移动到c
Private Sub PlateMove(a As String,c As String)
    total=total+1    '移动次数增1
```

```
        Text_s.Text=Text_s.Text&total&":"        '输出次数
        Text_s.Text=Text_s.Text&a&"->"&c&";"      '输出移动过程
        Text_s.Text=Text_s.Text&Chr(13)&Chr(10)   '文本框中换行符
        Text_s.Refresh    '刷新输出 Text
    End Sub
```

8.6　Visual Basic 工程的结构

Visual Basic 应用程序由三种模块组成，包括窗体 Form(*.frm)、标准模块 Module（*.bas）和类模块 Class（*.cls）。

1. 窗体模块

窗体模块是 Visual Basic 应用程序的基础，它包括窗体定义、控件定义、变量、常量、事件过程、通用过程等。

一个 Visual Basic 工程可以有多个窗体。执行"工程"→"添加窗体"命令，可以增加新的窗体，窗体模块文件的扩展名为.frm。

2. 标准模块

标准模块中可以包括变量、常量、外部过程和全局过程等，其中的代码是公有的，任何窗体或模块都可以访问，标准模块中可以包括通用过程，但不能包含事件过程，标准模块文件的扩展名为.bas。执行"工程"→"添加模块"命令，可以增加新的标准模块。

【例 8.17】建立两个窗体 Form1、Form2 和标准模块 Module1，如图 8-26 所示，编程实现。

【解】（1）Form1 中包括 Command1（测试），文件名 Form1.frm，编写程序如下：

```
    Private Sub Command1_Click()
        Form2.Show  '显示 Form2
        Call test   '调用 Module1 中的过程 test
    End Sub
```

（2）Form2 中包括 Command1（测试），文件名 Form2.frm，编写程序如下：

```
    Private Sub Command1_Click()
        Call test   '调用 Module1 中的过程 test
    End Sub
```

（2）标准模块，文件名 Module1.bas，编写程序如下：

```
    Sub test()
        MsgBox "test"
    End Sub
```

3. Sub Main 过程

每个 Visual Basic 应用程序都有一个启动窗体，在程序运行时先加载并运行此窗体。如果想在加载窗体之前执行一些代码，可以使用 Sub Main 过程。其过程为：

（1）执行"工程"→"工程 1 属性"命令，打开"工程属性"对话框如图 8-27 所示，选择"启动对象"下拉列表中的 Sub Main 选项。

（2）增加标准模块 Module1，在标准模块中编写 Sub Main 过程，编写程序如下：

```
    Sub main()
        MsgBox "欢迎访问本软件","提示"
        Form1.Show       '显示 Form1
    End Sub
```

（3）运行时，先显示"提示"对话框，后显示 Form1。

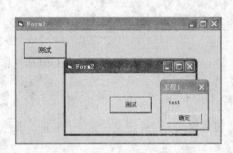

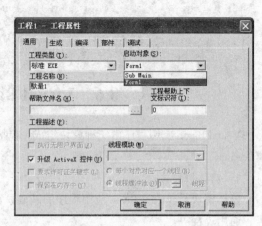

图 8-26　模块关系界面　　　　　　　　图 8-27　Sub Main 过程

8.7　过程和变量的作用域

8.7.1　过程的作用域

根据建立时位置和方式的不同，过程允许被访问的范围也不同，称为过程的作用域。关键字 [Private|Public]可以决定过程的作用域。

（1）过程定义前加关键字 Private（私有），则过程只能在本模块中被其他过程调用。

（2）过程定义前加关键字 Public（公有），则过程可以被其他模块调用，称为公有过程。

（3）如果省略关键字[Private|Public]，则默认为 Public。

（4）在 Form2 中定义的公有过程，如 Public Sub f()，被其他模块调用时语句为 Call Form2.f(参数)。

（5）在标准模块中定义的公有过程，如 Public Sub g()，被其他模块调用时语句为 Call g(参数)。

【例 8.18】编写 Form1、Form2 和 Module1，测试过程的作用域，编程实现。

【解】（1）Form1 中包括 Command1（测试），文件名 Form1.frm，编写程序如下：

```
Private Sub Command1_Click()
    Call Form2.f          '公有过程可以访问
    Call Form2.test       'Form2 的私有过程不能被访问，语法错误
    Call g                '标准模块中公有过程可以被访问
End Sub
```

（2）Form2 的文件名 Form2.frm，编写程序如下：

```
Public Sub f()           '公有过程
    MsgBox "Form2.f"
End Sub
Private Sub test()       '私有过程
    MsgBox "Form2.test"
End Sub
```

（3）标准模块的文件名为 Module1.bas，编写程序如下：

```
Public Sub g()           '公有过程
    MsgBox "Moudle1.g()"
End Sub
```

8.7.2　变量的作用域

根据定义时位置和方式的不同，变量允许被访问的范围和作用时间也不相同。变量的作用域指的是能够访问变量的位置，而变量的生存期指的是变量占用存储单元的时间。

按照变量的作用域不同，可以将变量分为局部变量和全局变量。

（1）过程中定义的变量是局部变量。局部变量只能被本过程调用。

（2）过程以外定义的外部变量称为全局变量，可以被本模块中各个过程调用。

（3）定义外部变量前加关键字 Private，则该变量只能被本模块的所有过程使用。用关键字 Dim 定义全局变量时，默认为 Private。

（4）定义外部变量前加关键字 Public，则该变量可以被其他模块调用。

（5）定义外部变量前加关键字 Global，则该变量可以被其他模块调用，Global 只能用在标准模块中。

【例 8.19】 编写 Form1、Form2 和 Module1，测试其中变量的作用域，编程实现。

【解】（1）Form1 中包括 Command1（测试），文件名为 Form1.frm，编写程序如下：

```
Option Explicit
Private m As Integer     '全局变量，本模块中所有过程都可以使用；而其他模块不可以调用
Dim x As Integer,y As Integer        '全局变量，同上
Public z As Integer                  '该变量可以被本模块及其他模块调用
Private Sub Command1_Click()
    x=10: y=20                       '本模块中的全局变量x,y
    a=3                              'Module1 中的 a 和 b
    b=4
    Call f
    Print "x=";x;"y=";y;
    Form2.Show
End Sub
'Public Sub f()                      '此过程可以被其他模块调用
Private Sub f()                      '此过程私有，不能被其他模块调用
  Dim x As Integer,y As Integer
  x=5 '此处 x,y 为本过程的私有变量，不是全局变量
  y=6
End Sub
```

（2）Form2 的文件名 Form2.frm，编写程序如下：

```
Option Explicit
Private Sub Command1_Click()
    Form1.z=3               'Form1 中的全局变量 z
    'Form1.m=4              'Form1 中的局部变量 m，调用错误
    a=45                   '为 Module1 中的 a 和 b
    b=56
    Call f2                'f2 是 Module1 中的 public 过程
End Sub
```

（3）标准模块，文件名 Module1.bas，编写程序如下：

```
Global a As Integer,b As Integer        '全局变量，本模块中所有过程都可以使用
'private Sub f2()         '如果过程为 private，则过程不可以被其他模块调用
Public Sub f2()          '此过程可以被其他 Form 的过程调用
    MsgBox a
End Sub
```

8.7.3 变量的生存期

变量的生存期指的是变量在程序执行过程中占用存储单元的时间。

当过程被调用时，系统为过程中定义的变量分配存储单元，当过程调用结束时，这些变量的存储单元被释放，称为动态变量。

如果一个变量在声明时使用了关键字 Static，则该变量为静态变量。静态变量在程序执行期间一直占用存储单元，它只初始化一次。在每次调用其所在过程时，变量并不重新初始化。

【例 8.20】测试静态变量的使用。设计界面如图 8-28 所示，包括 Command1（测试），编程实现。

图 8-28　静态变量使用界面

【解】编写程序如下：

```
Private Sub test()
    Static a As Integer      '静态局部变量
    a=a+100
    Print a
End Sub
Private Sub Command1_Click()
    Call test
    Call test
    Call test
End Sub
```

程序在执行过程中，a 为 Static，过程执行后，变量 a 并不释放，下一次调用时 a 仍然为上次调用结束时的值。如果将 a 的定义改为 Dim a As Integer，则三次的输出都是 100。

8.8　事件过程

事件过程是当对象发生某事件时触发的过程。其代码格式为：

```
[Private|Public] Sub <控件名>_<事件名>([形参表])
        <语句序列>
End Sub
```

例如，常见的事件过程如下：

```
Private Sub Command1_Click()                '当按钮被鼠标单击时触发
Private Sub Form_Click()                    '当鼠标点击窗体时
Private Sub Form_Load()                     '当窗体加载时事件触发
Private Sub Form_Unload(Cancel As Integer)  '当窗体卸载时触发
```

如图 8-29 所示，在代码窗口左侧可以选择对象，右侧选择事件，从而生成事件过程代码框架，可以在其中编写代码。

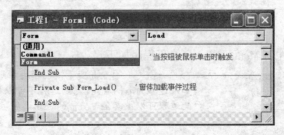

图 8-29　事件过程编写

事件过程也可以被调用，例如语句 Call Command1_Click()，可以调用相应事件过程。

8.8.1　鼠标事件过程

常用的鼠标事件包括 Click（单击）、DblClick（双击）、MouseMove（鼠标移动）、MouseDown（按下）、MouseUp（松开）等事件。

1. 按下和松开鼠标按钮事件过程

```
Private Sub Form_MouseDown(Button As Integer,Shift As Integer,X As Single,Y
As Single)
    Print Button; "鼠标按下";X;Y
End Sub
Private Sub Form_MouseUp(Button As Integer,Shift As Integer,X As Single,Y
As Single)
    Print Button; "鼠标放开";X;Y
End Sub
```

按下鼠标时，执行 MouseDown()过程，鼠标松开时，执行 Form_MouseUp()过程，结果如图 8-30 所示。

2. 移动鼠标光标事件过程

```
Private  Sub  Form_MouseMove(Button  As
Integer,Shift As Integer,X As Single,Y As
Single)
    Print X;Y
End Sub
```

图 8-30　按下和松开鼠标运行结果

说明：

（1）Button 参数：指被按下的鼠标按钮，其取值见表 8-1。

表 8-1　Button 参数含义

常　　量	值	说　　明
LEFT_BUTTON	1	按下鼠标左键
RIGHT_BUTTON	2	按下鼠标右键
MIDDLE_BUTTON	4	按下鼠标中间的键

（2）参数 X 和 Y：指的是鼠标当前位置坐标值。

（3）Shift 参数：鼠标按下时，键盘的【Shift】、【Ctrl】或【Alt】键的按下状态，见表 8-2。

表 8-2　Shift 参数含义

值	说　　明	值	说　　明
0	未按下任何键	4	按下【Alt】键
1	按下【Shift】键	5	按下【Alt】和【Shift】键
2	按下【Ctrl】键	6	按下【Alt】和【Ctrl】键
3	按下【Ctrl】和【Shift】键	7	同时按下【Shift】、【Alt】和【Ctrl】键

8.8.2　键盘事件过程

1. KeyPress 事件

当按下键盘的某个键时，触发 KeyPress 事件，可以用于窗体、复选框、下拉列表、命令按钮、文本框等对象。

【例 8.21】KeyPress 事件。设计界面如图 8-31 所示，包括 Text1，编程实现。

【解】编写程序如下：

```
'文本框中按键触发的事件过程
Private Sub Text1_KeyPress(KeyAscii As Integer)
    Print KeyAscii;Chr(KeyAscii)    '输出 ASCII 值和字符
End Sub
```

说明：其中参数 KeyAscii 表示按下键的 ASCII 码值。

2. KeyDown 和 KeyUp 事件

KeyDown 和 KeyUp 事件，分别当键盘有键按下和松开时触发。

【例 8.22】KeyDown 和 KeyUp 事件。设计界面如图 8-32 所示，编程实现。

【解】编写程序如下：

```
Private Sub Form_KeyDown(KeyCode As Integer,Shift As Integer)
    Print "KeyDown";KeyCode; Shift
End Sub
Private Sub Form_KeyUp(KeyCode As Integer,Shift As Integer)
    Print "KeyUp";KeyCode; Shift
End Sub
```

说明：

（1）参数 KeyCode：表示键盘下挡字符的 ASCII 码。

（2）参数 Shift 的含义见表 8-2。

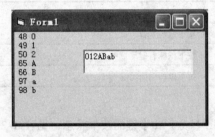

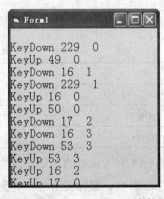

图 8-31　KeyPress 事件界面　　　　图 8-32　KeyDown 和 KeyUp 事件界面

8.9　对象作为过程的参数

Visual Basic 允许使用对象作为过程的参数，如窗体和控件等。

【例 8.23】编写程序，测试窗体、控件作参数的使用。

【解】设计界面如图 8-33 所示，包括 Label1、Command1（测试）。编写程序如下：

```
Private Sub test(frm As Form)              'Form 类型的形参
    frm.Caption="Form 作参数"               '改变标题
    frm.BackColor=RGB(200,100,100)         '改变背景色
    frm.Width=3600                         '改变宽度
```

```
    frm.Height=3000                      '改变高
    frm.Print "test"                     '打印字
End Sub
Private Sub test2(ll As Label)           'Label 类型为形参
    ll.FontSize=16    改变形参对象的属性
    ll.FontName="宋体"
    ll.Caption="例子! "
End Sub
Private Sub Command1_Click()
    Call test(Form1)                     '以窗体为实参
    Call test2(Label1)                   '以 Label1 为实参
End Sub
```

程序运行结果如图 8-34 所示。

图 8-33　窗体和控件作参数界面

图 8-34　窗体和控件作参数运行结果

习　　题

一、练习题

1. 选择题

（1）以下关于函数过程的叙述中，正确的是（　　　　）。

　　A. 函数过程的形参的类型与函数返回值的类型没有关系

　　B. 在函数过程中，过程的返回值可以有多个

　　C. 当数组作为函数过程的参数时，既能以传值方式传递，也能以传址方式传递

　　D. 如果不指明函数过程参数的类型，则该参数没有数据类型

（2）以下叙述中正确的是（　　　　）。

　　A. 一个 Sub 过程至少要有一个 Exit Sub 语句

　　B. 一个 Sub 过程必须有一个 End Sub 语句

　　C. 可以在 Sub 过程中定义一个 Function 过程，但不能定义 Sub 过程

　　D. 调用一个 Function 过程可以获得多个返回值

（3）能正确调用以下过程的语句是（　　　　）。

```
Private Sub proc1(a As Integer,b As String,Optional x As Boolean)
    …
End Sub
```

　　A. Call proc1(5)　　　　　　　　　　B. Call proc1 5,"abc",False

    C. proc1(12,"abc",True)   D. proc1 5 ,"abc"

（4）某程序中有以下数组定义和过程调用语句，对应的过程定义中正确的是（　　　）。

```
Dim a(10) As Integer
...
Call p(a)
```

    A. Private Sub p(a As Integer)   B. Private Sub p(a( ) As Integer)

    C. Private Sub p(a(10) As Integer)   D. Private Sub p(a(n) As Integer)

（5）假定一个 Visual Basic 应用程序由一个窗体模块和一个标准模块构成。为了保存该应用程序，以下正确的操作是（　　　）。

    A. 只保存窗体模块文件   B. 分别保存窗体模块、标准模块和工程文件

    C. 只保存窗体模块和标准模块文件   D. 只保存工程文件

（6）以下叙述中错误的是（　　　）。

    A. 标准模块文件的扩展名是.bas

    B. 标准模块文件是纯代码文件

    C. 在标准模块中声明的全局变量可以在整个工程中使用

    D. 在标准模块中不能定义过程

（7）在 Visual Basic 工程中，可以作为启动对象的程序是（　　　）。

    A. 任何窗体或标准模块   B. 任何窗体或过程

    C. Sub Main 过程或其他任何模块   D. Sub Main 过程或任何窗体

（8）以下定义窗体级变量 a 的语句中错误的是（　　　）。

    A. Dim a%   B. Private a%   C. Private a As Integer   D. Static a%

（9）以下叙述中错误的是（　　　）。

    A. 事件过程是响应特定事件的一段程序   B. 不同的对象可以具有相同名称的方法

    C. 对象的方法是执行指定操作的过程   D. 对象事件的名称可以由编程者指定

（10）以下关于 KeyPress 事件过程中参数 KeyAscii 的叙述中正确的是（　　　）。

    A. KeyAscii 参数是所按键的 ASCII 码   B. KeyAscii 参数的数据类型为字符串

    C. KeyAscii 参数可以省略   D. KeyAscii 参数是所按键上标注的字符

（11）文本框 Text1 的 KeyDown 事件过程如下：

```
Private Sub Text1_KeyDown(KeyCode As Integer,Shift As Integer)
    ...
End Sub
```

其中参数 KeyCode 的值表示的是发生此事件时（　　　）。

    A. 是否按下了【Alt】键或【Ctrl】键   B. 按下的是哪个数字键

    C. 所按的键盘键的 ASCII 码   D. 按下的是哪个鼠标键

（12）程序运行后，在窗体上单击鼠标，此时窗体接收到的事件不包括（　　　）。

    A. MouseDown   B. MouseUp

    C. Load   D. Click

（13）设窗体的名称为 Form1，标题为 Win，则窗体的 MouseDown 事件过程的过程名是（　　　）。

    A. Form1_MouseDown   B. Win_MouseDown

    C. Form_MouseDown   D. MouseDown_Form1

2. 填空题

（1）Visual Basic 应用程序中标准模块文件的扩展名是_____。

（2）以下程序运行后，单击命令按钮 Command1，输出结果为_____。

```
Sub f(x As Integer,ByVal y As Integer)
    x=2*x
    y=y+x
End Sub
Private Sub Command1_Click()
    Dim a As Integer,b As Integer
    a=6: b=35
    Call f(a,b)
    Print a,b
End Sub
```

（3）窗体上有一个名为 Command1 的命令按钮，程序运行时，单击命令按钮，输出结果是_____。

```
Private Sub Command1_Click()
    Dim a As Integer,b As Integer
    a=8
    b=12
    Print Fun(a,b);a;b
End Sub
Private Function Fun(ByVal a As Integer,b As Integer) As Integer
    a=a Mod 5
    b=b\5
    Fun=a
End Function
```

（4）在窗体上画一个名称为 Command1 的命令按钮。通过调用过程 swap，调换数组中数值的存放位置，即 a(1)与 a(10)的值互换，a(2)与 a(9)的值互换。请将程序补充完整。

```
Option Base 1
Private Sub Command1_Click()
    Dim a(10) As Integer
    For i=1 To 10
        a(i)=i
    Next
    Call _____
    For i=1 To 10
        Print a(i);
    Next
End Sub
Sub swap(b() As Integer)
    n=UBound(b)
    For i=1 To n/2
        t=b(i)
        b(i)=b(n)
        b(n)=t
        _____
    Next
End Sub
```

（5）在窗体上有一个名称为 Command1 的命令按钮，并编写以下程序，运行程序时，单击命令按钮 Command1 的输出结果为_____。

```
Private Sub Command1_Click()
    Dim p As Integer
    p=m(1)+m(2)+m(3)
    Print p
End Sub
Private Function m(n As Integer) As Integer
    Static s As Integer
    For k=1 To n
        s=s+1
    Next
    m=s
End Function
```

（6）在窗体上画一个名为 Command1 的命令按钮，以下程序的功能是计算 1!+2!+3!+…+n!，其中 n 从键盘输入，请将程序补充完整。

```
Private Sub Command1_Click()
    Dim i As Integer
    Sum=0
    n=Val(InputBox("Enter a number"))
    For i=1 To n
        Sum=_____
    Next i
    Print Sum
End Sub
Function fun(t As Integer) As Long
    p=1
    For i=1 To t
        p=p*i
    Next i
    _____
End Function
```

（7）设有以下函数过程，若在程序中 s=fun(10) 调用此函数，则 s 的值为 _____。

```
Function fun(m As Integer) As Integer
    Dim k As Integer,sum As Integer
    sum=0
    For k=m To 1 Step -2
        sum=sum+k
    Next k
    fun=sum
End Function
```

（8）标准模块中有如下程序代码：

```
Public x As Integer,Y As Integer
Sub var_pub()
    x=10: Y=20
End Sub
```

在窗体上有一个命令按钮，并有如下事件过程：

```
Private Sub Command1_Click()
```

```
    Dim x As Integer
    Call var_pub
    x=x+100
    Y=Y+100
    Print x;Y
End Su
```

运行程序后单击命令按钮，窗体上显示的是_____。

3．编程题

（1）编写函数 Triangle(a,b,c)，功能是求三角形面积，在窗体中输入三角形三条边，调用 Triangle 函数输出三角形面积。

（2）编写函数 v(r,h)，功能是计算圆柱体积，在窗体中输入 r（半径）和 h（高），调用函数 v(r,h) 输出圆柱体积。

（3）编写函数 $f(x)=\begin{cases} 2x-1 & x<0 \\ 2x+10 & 0\leqslant x<10 \\ 2x+100 & 10\leqslant x<100 \\ x^2 & x\geqslant100 \end{cases}$，在窗体中输入变量 a、b、c 和 d，调用函数 $f(x)$，

输出 $\dfrac{f(a)+f(b)}{f(c)+f(d)}$。

（4）编写函数 Shxsh(m)判断两位整数 m 是否守形数。守形数是指该数本身等于自身平方的低位数，例如 25 是守形数，因为 $25^2=625$，而 625 的低两位是 25。在窗体中调用 Shxsh(m)函数求所有守形数。

（5）编写函数 fun(m)，判断三位整数是否符合以下条件：它除以 9 的商等于它各位数字的平方和。例如 224，它除以 9 的商为 24，而 $2^2+2^2+4^2=24$。在窗体中调用 fun(m)求出所有符合条件的数。

（6）编写函数 prime(n)，如果参数 n 为素数，则函数值为 True，否则为 False。调用函数 prime()，求 100～999 中的所有素数。

（7）编写函数 f()，计算 $f(n,x)=(-1)^{n-1}\dfrac{x^{2n-1}}{(2n-1)!}$。输入 x（x 为弧度）。调用该函数求公式

$Mysin(x)=\dfrac{x}{1}-\dfrac{x^3}{3!}+\dfrac{x^5}{5!}-\dfrac{x^7}{7!}+\cdots\cdots+(-1)^{n-1}\dfrac{x^{2n-1}}{(2n-1)!}$，当第 n 项的绝对值小于 10^{-5} 时结束计算。

（8）编写函数 sum(n)计算 $\sum_{i=1}^{n} i$，编写函数 Total(m)计算 $\sum_{n=1}^{m}\left(\sum_{i=1}^{n} i\right)$。在按钮过程中调用前述函数

计算和数 $\sum_{n=1}^{m}\left(\sum_{i=1}^{n} i\right)=1+(1+2)+(1+2+3)+(1+2+3+4)+\cdots+(1+2+3+\cdots+m)$。

*（9）使用递归过程求 Fibonacci 数列的第 n 项。

*（10）输入 n 和 x，用递归的算法求 n 阶勒让德公式的值，递归公式为：

$$P_n(x)=\begin{cases} 1 & n=0 \\ x & n=1 \\ ((2n-1)*x-P_{n-1}(x)-(n-1)*P_{n-2}(x))/n & n>1 \end{cases}$$

（11）以一维数组为参数定义以下过程和函数，在窗体中定义数组 a(10)，并调用过程和函数：

① 定义过程，输入数组元素或赋给随机数。

② 定义过程，输出数组。

③ 定义过程，将数组从小到大排序。

④ 定义函数，求数组的平均值。

⑤ 定义函数，求数组的最大值。

（12）以二维数组为参数定义以下过程和函数，在窗体中定义数组 a(1 To 3,1 To 4)，并调用过程和函数：

① 定义过程，输入数组元素或赋给随机数。

② 定义过程，按行列方式输出数组。

③ 定义函数，求数组的平均值。

④ 定义函数，求数组的最大值。

*（13）求定积分 $\int_{1}^{3}(x^3+2x+1)\,dx$ 的定积分。

*（14）编写一个函数 f(a)，用迭代法求 $x=\sqrt[3]{a}$。其迭代公式为 $x_{i+1}=\dfrac{2}{3}x_i+\dfrac{a}{3x_i^2}$。

*（15）将前述迭代法改为递归函数 f2(x0,a)，求 $x=\sqrt[3]{a}$，精度 $\varepsilon=10^{-5}$。

二、参考答案

1. 选择题

（1）	（2）	（3）	（4）	（5）	（6）	（7）	（8）	（9）	（10）	（11）	（12）	（13）
A	B	D	B	B	D	D	D	D	A	C	C	C

2. 填空题

（1）Bas   （2）12 35   （3）3 8 2

（4）swap(a) 或者 swap(a())   n=n−1

（5）10   （6）fun(i)   fun=p

（7）30   （8）100   120

3. 编程题（略）

第9章　常用控件

Visual Basic 是面向对象的程序设计语言，它对界面的设计进行了封装，形成了大量编程控件。程序设计人员只需拖动所需的控件到窗体中，然后对控件进行属性的设置并编写事件过程，就可以轻松地完成应用程序的设计。

9.1 控件概述

目前，Visual Basic 中可以使用的控件大致分为三类：标准控件、ActiveX 控件和可插入对象。

1. 标准控件

标准控件又称内部控件，包括标签、文本框、命令按钮等。标准控件总是出现在工具箱中，不需要自己添加，也不可以删除。

2. ActiveX 控件

ActiveX 控件是可以重复使用的编程代码和数据，由利用 ActiveX 技术创建的一个或多个对象组成。ActiveX 控件是扩展名为.ocx 的独立文件，通常存放在 Windows 的 System 目录中。这些控件可以添加到工具箱上，然后与标准控件一样使用。

用户在使用 Active 控件之前，必须先将其加载到工具箱中。方法是：

（1）执行"工程"→"部件"命令，打开"部件"对话框，如图 9-1 所示。

（2）选中所需 ActiveX 控件的复选框。

（3）单击"确定"按钮。

也可以将其他目录中的控件加入工具栏，单击"浏览"按钮，查找扩展名为.ocx 的文件即可。

3. 可插入对象

可插入对象是 Windows 应用程序的对象，例如"Microsoft Excel 工作表"。可插入对象也可以添加到工具栏中，具有与标准控件类似的属性，可以与标准控件一样使用。

图 9-1　控件与可插入对象

9.2 常用标准控件

9.2.1 单选按钮

单选按钮（OptionButton）⊙ 又称选择按钮，它的左侧有一个 ○ 。一组单选按钮控件可以提供相互排斥的选项，只能选择其中一个选项，选中的选项变为 ⊙ 。

1. 常用属性

（1）Name：设置单选按钮的名称，其默认值为 Option1。

（2）Caption：设置显示的文字。

（3）Value：表示单选按钮的状态。有两种取值：True 表示被选中，False 表示未被选中（默认选项）。

（4）Enabled：设置控件是否可用。若为 True，则可以使用；否则变为灰色，不能使用。

（5）Alignment：设置标题和按钮显示位置。有两种取值：

① 0-Left Justify：（默认选项）单选按钮在左边，显示内容在右边。

② 1-Right Justify：单选按钮在右边，显示内容在左边。

（6）Visible：设置单选按钮是否显示。True 表示显示（默认选项），False 表示不显示。

（7）Style：设置控件的显示方式，用于改变视觉效果。有两种取值：

① 0-Standard：标准方式，同时显示控件和标题，如 ⊙ Option1 。

② 1-Graphical：图形方式，即外观与命令按钮类似，如 Option1 。

2. 事件

最常用的事件是 Click 事件和 DblClick 事件，一般不对该事件进行处理。

9.2.2 复选框

复选框（CheckBox）☑ 又称检查框，它的左侧有一个 □ 。复选框列出可供用户选择的选项，用户根据需要选定其中的一项或多项。当某一项被选中后，将变为 ☑ 。

1. 常用属性

Name、Caption、Alignment、Style 属性的作用与单选按钮相同，在此不再赘述。

Value：设置复选框在执行时的三种状态。

① 0-Unchecked：默认值，表示未选中此项。

② 1-Checked：表示选中此项。

③ 2-Grayed：复选框变成灰色，禁止用户选择。

2. 事件

最常用的事件是 Click 事件，不响应 DblClick 事件。

【例 9.1】通过单选按钮和复选框设置文本框的字体，如图 9-2 所示。

窗体上单选按钮和复选框的属性见表 9-1。

表 9-1 控 件 属 性

控件名（Name）	标题（Caption）	控件名（Name）	标题（Caption）
Option1	宋体	Check1	粗体

续表

控件名（Name）	标题（Caption）	控件名（Name）	标题（Caption）
Option2	隶书	Check2	斜体
Option3	黑体	Check3	下画线

【解】文本框（Text1）的 Text 属性为"VB 程序设计"，编写
程序如下：

图 9-2 单选按钮与复选框界面

```
Private Sub Check1_Click()
    '单击一次，选中粗体，再单击一次，则取消选择，以下
功能相似
    Text1.FontBold=Not Text1.FontBold
End Sub
Private Sub Check2_Click()
    Text1.FontItalic=Not Text1.FontItalic
End Sub
Private Sub Check3_Click()
    Text1.FontUnderline=Not Text1.FontUnderline
End Sub
Private Sub Option1_Click()
    Text1.FontName="宋体"
End Sub
Private Sub Option2_Click()
    Text1.FontName="隶书"
End Sub
Private Sub Option3_Click()
    Text1.FontName="黑体"
End Sub
```

9.2.3 框架控件

在实际应用中，框架（Frame）控件是一种控件容器，可以用来进行控件分组，也可以美
化窗体。框架内的所有控件将随框架一起移动、显示、消失和屏蔽。

1．常用属性

（1）Caption：设置框架上的标题文字。如果 Caption 为""，则框架为封闭的矩形。

（2）Enabled：值为 True（默认选项）时，框架内部控件可用；否则不可用。

2．事件

框架可以响应 Click 和 DblClick 事件，一般很少使用。

3．框架控件的使用方法

（1）用框架将现有的控件分组。先选定控件，按【Ctrl+X】组合键将其剪切到剪贴板，然后
选定框架，按【Ctrl+V】组合键将其粘贴到框架上，最后，调整控件在框架中的位置。

（2）在框架控件中新建各种控件。先单击工具箱上的控件工具，然后用出现的"+"指针在
框架中绘制控件。注意：不能使用双击工具箱的自动方式。

【例 9.2】在图 9-3 所示的窗体中建立两组单选按钮，分别放在标题为"字体"和"大小"的
框架中。用户可以对文本框中的内容进行字体、字号的选择。单选按钮的属性见表 9-2。

表 9-2　控 件 属 性

控件名（Name）	标题（Caption）	控件名（Name）	标题（Caption）
Option1	宋体	Option4	12号
Option2	黑书	Command1	确定
Option3	8号	Command2	取消

【解】编写程序如下：

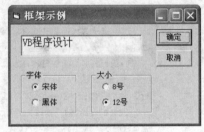

图 9-3　框架示例界面

```
Private Sub Command1_Click()
    If Option1.Value=True Then
        Text1.FontName="宋体"
    ElseIf Option2.Value=True Then
        Text1.FontName="黑体"
    End If
    If Option3.Value=True Then
        Text1.FontSize=8
    ElseIf Option4.Value=True Then
        Text1.FontSize=12
    End If
End Sub
```

9.2.4　列表框

列表框（ListBox）控件列出可选的选项列表，可选择一个或多个选项。选项不能一次全部显示时，会自动加上滚动条。列表框最主要的特点是只能从中选择，而不能修改其中的内容。

1. 常用属性

除了 Font、Height、Left、Width、Enabled、Name 等常用属性外，列表框还有一些特殊的属性，见表 9-3。

表 9-3　列表框常用属性

属性名	说　　明	属性名	说　　明
List	列表框的列表项目	Text	列表框当前选中的项目的文本
ListCount	列表框的项目总数	MultiSelect	列表框是否可以选择多个项目
ListIndex	列表框当前选定项目的索引号	Selected	对应的项目是否已经被选中
Sorted	列表框中项目是否按照字母顺序排列	Style	列表框的外观

（1）List：该属性是一个字符型数组，存放列表框的选项。List 数组的下标从 0 开始，即第一个项目的下标是 0，用 List(0)表示，第二项用 List(1)表示，依此类推。

List 属性可以在界面设计时直接输入内容，如图 9-4 所示。在输入一行后，按【Ctrl+Enter】组合键，可以继续输入下一行。

List 属性也可以在程序中修改，以下代码可将列表框中的第四项内容改为"VB 程序设计"。

```
List1.List(3)="VB 程序设计"
```

（2）ListCount：其值表示列表框中项目的数量。如 ListCount-1 表

图 9-4　List 属性

示最后一项的序号。

（3）ListIndex：表示程序运行时被选定的选项的序号。如果未选中任何选项，值为-1。

（4）Columns：设置列表框的列数。

① 0：默认值，所有选项呈垂直单列显示。

② 1：所有选项呈水平单列显示。

③ 大于 1：所有选项呈水平多列显示。

（5）Sorted：设置在列表框的选项是否按字母顺序显示。有两种取值：

① True：选项按字母顺序排列显示。

② False：选项按加入的先后顺序排列。

（6）MultiSelect：决定了列表框的内容是否可以进行多重选择。共有三种取值：

① 0–None：禁止多项选择。

② 1–Simple：简单多项选择。鼠标单击或按空格键选定或取消选定一个选择项。

③ 2–Extended：功能最强大的多重选择，可以结合【Shift】键或【Ctrl】键完成多重选择。

（7）Selected：只能在程序代码中设置和使用。Selected 属性是一个一维数组，其元素对应列表框的相应项目，表示其是否被选中。例如，List1.Selected(0)，如果值为 True，则第一个项目被选中，否则没被选中。

（8）Style 属性：只能在设计时通过属性窗口设定，用于控制列表框的外观。取值可以为：

① 0–Standard：标准样式，如图 9-5（a）所示。

② 1–CheckBox：复选框样式，如图 9-5（b）所示。

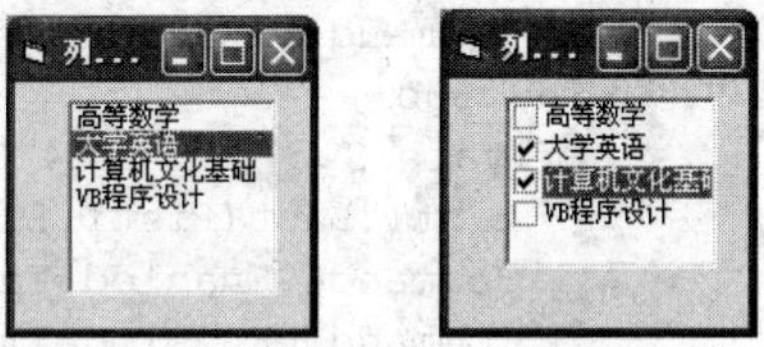

（a）　　　　　　（b）

图 9-5　列表框样式

2. 事件

最常用的事件是 Click 事件和 DblClick 两个事件。

3. 常用方法

（1）AddItem：把一个选项加入列表框。其语法格式如下：

```
列表框名称.AddItem Item [,Index]
```

说明：

① Item：必须是字符串表达式，是将要加入列表框的选项。

② Index：可选项。指定在列表中插入新项目的位置。Index 为 0，表示在第一个位置。如果 Index 省略，则新增选项添加在最后。

（2）RemoveItem：删除列表框中指定的选项。其语法格式如下：

```
列表框名称.RemoveItem Index
```

其中 Index 是必需的，用来指定欲删除的选项。

（3）Clear：清除列表框的所有内容。其语法格式如下：

```
列表框.Clear
```

学习提示：List1.List(List1.ListIndex)等于 List1.Text。如图 9-4 所示，选中"VB 编程基础"，则 List1.ListIndex 的值为 3，而 List1.List(List1.ListIndex)即 List1.List(3)，为"VB 编程基础"。

【例 9.3】编写一个应用程序，能对列表框进行项目添加、修改和删除。界面设计如图 9-6 所示，包括一个列表框 List1，文本框 Text1，四个命令按钮，按钮的属性见表 9-4。

表 9-4　控 件 属 性

控件名（Name）	标题（Caption）	控件名（Name）	标题（Caption）
Command1	添加	Command3	修改
Command2	删除	Command4	修改确定

【解】编写程序如下：

图 9-6　列表框应用示例界面

```
Private Sub Command1_Click()
    List1.AddItem Text1.Text
    Text1.Text=""
End Sub
Private Sub Command2_Click()
    List1.RemoveItem List1.ListIndex
End Sub
Private Sub Command3_Click()
    '将选定的选项送文本框供修改
    Text1.Text=List1.Text
    Text1.SetFocus
    Command1.Enabled=False
    Command2.Enabled=False
    Command3.Enabled=False
    Command4.Enabled=True
End Sub
Private Sub Command4_Click()
    List1.List(List1.ListIndex)=Text1.Text'将修改后的选项送回列表框,替换原项目
    Command4.Enabled=False
    Command1.Enabled=True
    Command2.Enabled=True
    Command3.Enabled=True
    Text1.Text=""
    End Sub
Private Sub Form_Load()
    List1.AddItem "高等数学"
    List1.AddItem "大学英语"
    List1.AddItem "计算机文化基础"
    List1.AddItem "VB 程序设计"
    Command4.Enabled=False
End Sub
```

9.2.5　组合框

组合框控件（ComboBox）将文本框（TextBox）与列表框（ListBox）的特性结合为一体。它既可以与列表框一样，让用户选择所需选项，又可以如文本框一样通过输入文本来选择选项。

1. 属性

组合框控件的大部分属性与列表框相似，Style 属性较为特殊，它用于设置组合框的外观。该属性只能在界面设计时确定，有三种取值：

① 0-DropDown Combo（下拉式组合框）：默认值，它显示一个文本编辑框和一个下拉箭头按钮。这种组合框允许用户输入不属于列表内的选项。

② 1-Simple Combo（简单组合框）：包括文本框与不能下拉显示的列表。用户可以在列表中

选择，或者文本框中键入。

③ 2–Dropdown ListBox（下拉式列表框）：其功能与下拉式组合框类似，不同点在于不能输入列表框中没有的选项。

三种组合框的对比如图 9–7 所示。

学习提示：简单组合框的大小不包括显示列表部分，只有增加 Height 属性值才能显示列表，所以在设计时应将控件画大一些。

图 9–7　组合框示例

2．事件

最常用的事件是 Click 事件和 DblClick 两个事件。

3．常用方法

与列表框相似，AddItem、RemoveItem、Clear 等方法也适用于组合框。

9.2.6　滚动条

滚动条可以附在某个窗口上帮助调整数据，或者用来输入数据。滚动条分为水平（HscrollBar）与垂直（VscrollBar）两种，除了方向不同之外，其属性、方法、事件和使用方法完全相同。

1．常用属性

（1）Max 和 Min：滚动块处于水平滚动条的两个边界时的值。默认状态下，Max 值为 32767，Min 值为 0。

（2）Value：滚动滑块在当前滚动条中的位置。

（3）SmallChange：单击滚动条两端箭头时，Value 增加或减小的增量值。

（4）LargeChange：单击滚动条中滚动框前面或后面的部分时，Value 增加或减小的增量值。

2．事件

滚动条控件主要事件有 Scroll 和 Change。

（1）Scroll 事件：拖动滚动块时会触发 Scroll 事件，而单击滚动条箭头或滚动条时不发生。

（2）Change 事件：滚动块发生位置改变或者释放鼠标按钮时会触发 Change 事件。

图 9–8　水平滚动条界面

【例 9.4】设计界面如图 9–8 所示，包括一个水平滚动条（Hscroll1），其属性值见表 9–5。另有一个文本框（Text1），它显示滑块当前位置所代表的值。

表 9–5　滚动条属性

属　性	值（Value）	属　性	值（Value）
Max	100	SmallChange	2
Min	0	LargeChange	10

【解】编写程序如下：

```
Private Sub HScroll1_Change()
    Text1.Text=HScroll1.Value
End Sub
```

9.2.7 计时器

计时器（Timer）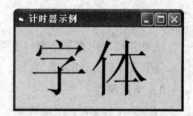以一定的时间间隔激发计时器事件（Timer）而执行相应的程序代码。在程序运行时，Timer 控件并不显示在屏幕上。

1. 常用属性

（1）Enabled：决定 Timer 控件是否起作用。

（2）Interval：决定激发计时器事件的时间间隔。以 ms（0.001 s）为单位，介于 0~64767 之间，最大的时间间隔大约为 1 min。

2. 事件

当一个 Timer 控件经过预定的时间间隔（Interval），将激发计时器的 Timer 事件。使用 Timer 事件可以完成许多实用功能，如显示系统时钟、制作动画等。

【例 9.5】用计时器实现放大字体。如图 9-9 所示，在窗体上画一个标签和计时器，编程实现。

【解】编写以下程序：

```
Private Sub Form_Load()
    '设置标签的字体、标题
    Label1.FontName="宋体"
    Label1.Caption="字体"
    '设置标签的高度和宽度与窗体相同
    Label1.Width=Width
    Label1.Height=Height
    '将 Interval 属性设置为 1000，即每秒钟变化一次
    Timer1.Interval=1000
End Sub
Private Sub Timer1_Timer()
    '判断标签的字体大小是否超过 100
    If Label1.FontSize < 100 Then
        '如果没超过，则每隔 1 秒钟字体扩大 1.2 倍
        Label1.FontSize=Label1.FontSize * 1.2
    Else
        '否则把字体大小恢复为 10
        Label1.FontSize=10
    End If
End Sub
```

图 9-9　用计时器放大字体界面

9.2.8 PictureBox 控件

图形框（PictureBox）控件主要用于显示 BMP、JPG、GIF、ICO 等格式的图片文件。其常用属性有：

（1）Picture：用来返回或设置控件中要显示的图片，可以通过属性窗口设置，也可以使用 LoadPicture()函数载入图片，其语法格式为：

图片控件名.picture= LoadPicture("图片文件的路径及文件名")

如果要将图片框中的图片清除，可以使用：

图片控件名.picture =LoadPicture(" ")

（2）AutoSize：值为 True 时，图片框控件能够自动改变大小以显示图片的全部内容；当值为 False 时，则不能。

图 9-10　Picture 示例界面

【例 9.6】设计窗体如图 9-10 所示，窗体包括一个图片框、四个命令按钮，属性见表 9-6。单击不同按钮，在图片框中装入相应图片，编程实现。

表 9-6 控 件 属 性

控件名（Name）	标题（Caption）	控件名（Name）	标题（Caption）
Picture1	无	Command3	Monkey
Command1	Cat	Command4	Cancel
Command2	Pig		

【解】编写程序如下：

```
Private Sub Command1_Click() '单击 Cat 按钮，在图片框中显示同一目录下的 Cat 图片
    Picture1.Picture=LoadPicture(App.Path+"\cat.gif")
End Sub
Private Sub Command2_Click()
    Picture1.Picture=LoadPicture(App.Path+"\pig.gif")
End Sub
Private Sub Command3_Click()
    Picture1.Picture=LoadPicture(App.Path+"\monkey.gif")
End Sub
Private Sub Command4_Click()
    Picture1.Picture=LoadPicture("")
End Sub
```

9.3 ActiveX 控件

ActiveX 控件必须经过加载才能显示在工具箱上。依据控件所处的部件的不同，选择相应的部件。每个 ActiveX 控件除了拥有属性窗口外，还有各自的属性页，在其中能够完成大部分属性的设置。

9.3.1 滑动器 Slider 控件

Slider 控件 位于 Microsoft Windows Common Control 6.0 部件中，执行"工程"→"部件"命令，选中该部件，在工具条中增加多个控件，如图 9-11 所示。

1. 常用属性

绘制 Slider 控件后，右击 Slider 控件，在弹出的快捷菜单中选择"属性"命令，打开"属性页"对话框，如图 9-12 所示。其中 Max、Min、Value、SmallChange、LargeChange 属性与滚动条 ScollBar 相同。Slider 控件的特有属性包括：

图 9-11 增加部件后的工具条

（1）TickStyle：决定控件的显示样式。

（2）TickFrequency：决定控件上刻度的疏密。若值为 1 表示每隔一个单位就有一个刻度点。

（3）TextPosition：鼠标操作时会出现提示，告诉用户当前刻度值，该属性就是用来设置这个提示的位置。

2．事件

与滚动条控件相似，主要事件有 Scroll 和 Change。

【例 9.7】 用 Slider 控件设置文本框中的字体大小。界面如图 9-13 所示，编写程序。

【解】 程序代码具体如下：

```
Private Sub Form_Load()
    '设置Slider控件的属性
    Slider1.Min=8
    Slider1.Max=72
    Slider1.SmallChange=2
    Slider1.LargeChange=8
    Slider1.TickFrequency=2
End Sub
Private Sub Slider1_Scroll()
    Text1.FontSize=Slider1.Value
End Sub
```

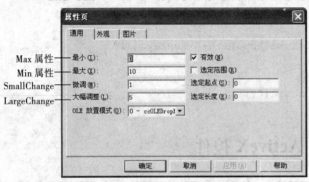

图 9-12　Slider 属性界面

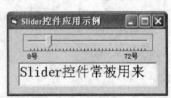

图 9-13　Slider 控件示例界面

9.3.2　进度条 ProgressBar 控件

进度条 ProgressBar 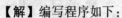 控件用于显示一个耗时较长的处理进度。在 Visual Basic 中，它位于 Microsoft Windows Common Control 6.0 部件中，显示方法与 Slider 控件相同。其常用属性有：

（1）Max 和 Min：用于设置控件行程的界限。

（2）Value：决定控件被填充了多少。

【例 9.8】 设计一个进度条，用来指示一个大数组初始化的操作进度。界面如图 9-14 所示，编程实现。

图 9-14　进度条应用示例界面

【解】 编写程序如下：

```
'命令按钮的名称是Command1，进度条的名称是ProgressBar1
Private Sub Form_Load()          '将进度条放置在窗体的底部，在开始之前不显示
    ProgressBar1.Align=vbAlignBottom
    ProgressBar1.Visible=False
End Sub
Private Sub Command1_Click()
    Dim Counter As Single, workarea(300000) As Single
    ProgressBar1.Min=LBound(workarea)
    '通过LBound()函数获得数组的下限，作为进度条的最小界限
    ProgressBar1.Max=UBound(workarea)        '同上
```

```
        ProgressBar1.Visible=True
        ProgressBar1.Value=ProgressBar1.Min
        For Counter=LBound(workarea) To UBound(workarea)'Counter 作为循环变量
            workarea(Counter)=Counter
            ProgressBar1.Value=Counter
        Next Counter
        ProgressBar1.Visible=False
        ProgressBar1.Value=ProgressBar1.Min
    End Sub
```

9.3.3　UpDown 控件

UpDown 控件往往与其他控件 "捆绑" 使用。图 9-15 所示有一个与文本框关联的 UpDown 控件，当用户单击向上或向下箭头按钮时，文本框中的值相应地增加或减少。

UpDown 控件位于 Microsoft Windows Common Controls-2 6.0 部件中，执行 "工程" → "部件" 命令，将该部件添加到工具箱后，可以使用 UpDown 控件。

1. 常用属性

UpDown 控件的 "属性页" 对话框如图 9-16 所示。将 UpDown 控件与其他控件关联的步骤是：

（1）在 "合作者" 选项卡中输入合作者控件的名称，选定合作者控件的属性。

（2）运行时，合作者控件的属性与 UpDown 控件的 Value 属性保持同步。

图 9-15　UpDown 控件

图 9-16　UpDown "属性页" 对话框

（3）在 "滚动" 选项卡中设置滚动范围和滚动率。如果选中 "换行"，则当合作者控件的值达到最大值后，又回到最小值。

2. 事件

UpDown 控件能响应 UpClick 和 DownClick 事件，它们是在单击向上向下箭头时发生的事件，一般不需要编写它们的事件过程，与之关联的控件会自动改变。

9.3.4　SSTab 控件

在程序设计中，有时需要制作具有多个选项卡的对话框。在 SSTab 控件中，选项卡可以作为其他控件的容器，但是一次只能有一个选项卡被激活（处于活动状态）。

执行 "工程" → "部件" 命令，选中 Microsoft Tabbed Dialog Control 选项，将 SSTab 控件添加到工具箱中。

【例 9.9】利用 SSTab 控件设计一个图 9-17 所示的图书订购单。当用户切换到 "汇总结果" 选项卡时能及时计算图书总价。

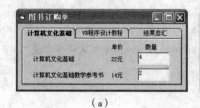
（a）

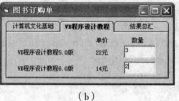
（b）

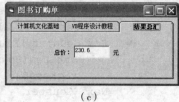
（c）

图 9-17　图书购书单界面

【解】设计步骤如下：

（1）在窗体上绘制一个 SSTab 控件，默认名为 SSTab1。

（2）右击控件，在弹出的快捷菜单中选择"属性"命令，打开"属性页"对话框如图 9-18 所示。将选项卡数设置为 3，分别为三个选项卡输入标题。单击"<"或">"按钮设置另一个选项卡。其中包含两个重要属性：

① Tab：该属性决定 SSTab 控件上的当前选项卡。如果 Tab 属性值设为 1，则第二个选项卡为当前活动的选项卡（因为选项卡的下标从 0 开始）。

② Tabs：该属性决定 SSTab 控件上的选项卡总数。可以在程序运行时更改该属性，添加新的选项卡或删除选项卡。

图 9-18　SSTab "属性页" 对话框

（3）如图 9-18 所示，分别为三个选项卡添加控件。

（4）编写 SSTab 控件的事件过程。

SSTab 控件能响应 Click 和 DblClick 事件。Click 事件过程有一个特殊的参数 PreviousTab，标识先前活动的选项卡。编写程序如下：

```
'PreviousTab 标识先前活动的选项卡
Private Sub SSTab1_Click(PreviousTab As Integer)
    If PreviousTab=0 Or PreviousTab=1 Then
    '每个文本框中的图书数量乘以 Label 上的单价，求和，最后显示在总价 Text5 中
        Text5= Val(Text1)*22+Val(Text2)*14+Val(Text3)*25+Val(Text4)*19.8
    End If
End Sub
```

9.3.5　Animation 控件

Animation 控件 位于 Microsoft Windows Common Controls-2 6.0 部件中，用于显示无声的 AVI 视频文件，播放无声动画。

1. 常用属性

（1）Center：若为 True，则动画在控件的中间播放。

（2）AutoPlay：若为 True，则用 Open 打开文件时自动播放，否则需要用 Play 方法播放。

Animation 的 "属性页" 对话框如图 9-19 所示。

2. 事件

Animation 控件有四个重要方法，即 Open（打开 AVI 文件）、Play（播放文件）、Stop（停止播放）、Close（关闭文件）。

Play 方法的使用形式如下：

> 对象.Play[重复次数,起始帧,结束帧]

① "重复次数"默认值为-1，表示可以连续重复播放。

② "起始帧"默认值为 0，表示从第一帧开始播放。

③ "结束帧"默认值为-1，表示播放到最后一帧。

【例 9.10】设计图 9-20 所示的播放文件复制动画程序。在窗体底部放置一个 Animation 控件，设置"居中"属性。分别绘制四个命令按钮控制动画的播放，还设置了一个复选框和文本框，用来设置播放的次数。各控件属性见表 9-7，编写程序。

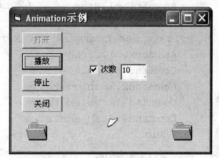

图 9-19　Animation "属性页"对话框　　　　图 9-20　Animation 示例界面

表 9-7　控　件　属　性

控件名（Name）	标题（Caption）	控件名（Name）	标题（Caption）
Command1	打开	Command4	关闭
Command2	播放	Check1	—
Command3	停止	Text1	—

【解】程序代码具体如下：

```
Private Sub Form_Load()
    Command2.Enabled=False
    Command3.Enabled=False
    Command4.Enabled=False
    Text1.Enabled=False            '窗体启动时，只有"打开"按钮有效
End Sub
Private Sub Check1_Click()          '复选框控制是否能够输入播放次数
    Text1.Enabled=Not Text1.Enabled
End Sub
Private Sub Command1_Click()
    '打开同一路径下的"文件复制"动画
    Animation1.Open (App.Path+"\filecopy.avi")
    ' "打开"按钮变为无效
    Command1.Enabled=False
    ' 激活"播放""停止""关闭"按钮
    Command2.Enabled=True
    Command3.Enabled=True
    Command4.Enabled=True
End Sub
Private Sub Command2_Click()
```

```
    If Check1.Value=True Then
    '当复选框有效，动画循环播放文本框中的次数
      Animation1.Play Val(Text1.Text)
    Else
    '否则，动画连续播放
      Animation1.Play
    End If
    Command3.Enabled=True
  End Sub
  Private Sub Command3_Click()
    Animation1.Stop          '停止播放
  End Sub
  Private Sub Command4_Click()
    Animation1.Close
    Command1.Enabled=True
    Command2.Enabled=False
    Command3.Enabled=False
    Command4.Enabled=False
  End Sub
```

9.3.6　ImageList 控件

图片列表（ImageList）🗗 控件是一个图像容器控件，专门为其他控件提供图像库。可以将图片列在其中，以备后续使用。

执行"工程"→"部件"命令，选中 Microsoft Windows Common Control 6.0 选项，将部件添加到工具箱中。

ImageList 控件"属性页"对话框中的"图像"选项卡如图 9-21 所示。

说明：

（1）索引（Index）：表示每个图像的编号。

（2）关键字（Key）：表示每个图像的标识名。

（3）图像数：表示已插入的图像数目。

（4）插入图片：单击"插入图片"按钮，可以选择插入新的图片，文件的扩展名可以是为.ico、.bmp、.gif、.jpg 等。

（5）删除图片：删除选中的图像。

【例 9.11】以一定时间间隔在图片框中轮流显示图片。在窗体中绘制 Timer 控件、Picture 控件和 ImageList 控件（其"属性页"对话框如图 9-21 所示），编写程序。

【解】程序代码具体如下：

```
  Dim picture_id As Integer       '定义全局变量 picture_id
  Private Sub Form_Load()
    picture_id=1
    Timer1.Interval=1000          '设置计时器间隔为 1 秒钟
  End Sub
  Private Sub Timer1_Timer()
    If picture_id=0 Then
      picture_id=1
    End If
```

```
Picture1.Picture=ImageList1.ListImages(picture_id).Picture
picture_id=(picture_id + 1) Mod (ImageList1.ListImages.Count+1)
     '设置循环显示 ImageList 中的图片列表
End Sub
```

执行程序后的效果如图 9-22 所示。

图 9-21　ImageList "属性页" 对话框

图 9-22　ImageList 示例运行结果

习　题

一、练习题

1. 选择题

（1）单选按钮被选中时，Value 属性值为（　　　）。

    A. True   B. False   C. 1   D. 0

（2）下面控件中，没有 Caption 属性的是（　　　）。

    A. 复选框   B. 单选按钮   C. 组合框   D. 框架

（3）当一个复选框被选中时，它的 Value 属性的值是（　　　）。

    A. 3   B. 2   C. 1   D. 0

（4）窗体上有一个名称为 Frame1 的框架，若要把框架上显示的 "Frame1" 改为汉字 "框架"，下面正确的语句是（　　　）。

    A. Frame1.Name="框架"   B. Frame1.Caption="框架"

    C. Frame1.Text="框架"   D. Frame1.Value="框架"

（5）控件中用来设置文字大小的属性是（　　　）。

    A. FontUnderline   B. FontBold   C. FontSize   D. FontItalic

（6）要使两个单选按钮属于同一个框架，正确的操作是（　　　）。

    A. 先画一个框架，再在框架中画两个单选按钮

    B. 先画一个框架，再在框架外画两个单选按钮，然后把单选按钮拖到框架中

    C. 先画两个单选按钮，再用框架将单选按钮框起来

    D. 以上三种方法都正确

（7）设窗体上有一个列表框控件 List1，且其中含有若干列表项。则以下选项中能表示当前被选中的列表项内容的是（　　　）。

A. List1.List   B. List1.ListIndex

C. List1.Index   D. List1.Text

（8）在窗体上画一个名为 List1 的列表框，列表框中显示若干城市的名称。当单击列表框中的某个城市名时，该城市名消失。以下在 List1_Click 事件过程中能正确实现上述功能的语句是（　　）。

A. List1.RemoveItem List1.Text   B. List1.RemoveItem List1.Clear

C. List1.RemoveItem List1.ListCount   D. List1.RemoveItem List1.ListIndex

（9）若要获得组合框中输入的数据，可使用的属性是（　　）。

A. ListIndex   B. Caption   C. Text   D. List

（10）表示滚动条的滚动滑块位置的属性是（　　）。

A. Max   B. Min   C. Change   D. Value

（11）单击窗体上滚动条右端的按钮，滚动块移动一定的刻度值，决定此刻度值的属性是（　　）。

A. Max   B. Min

C. SmallChange   D. LargeChange

（12）在程序运行期间，如果拖动滚动条上的滚动块，则触发的滚动条事件是（　　）。

A. Move   B. Change   C. Scroll   D. GetFocus

（13）为了暂时关闭计时器，应该把计时器的（　　）属性设置为 False。

A. Visible   B. Timer   C. Enabled   D. Interval

（14）决定计时器 Timer1 事件过程的时间间隔的属性是（　　）。

A. Visible   B. Timer   C. Enabled   D. Interval

（15）指定 PictureBox 控件中显示的图片文件的属性是（　　）。

A. Picture   B. AutoSize   C. Name   D. Caption

（16）滑动器 Slider 控件是 ActiveX 控件，运行"工程"菜单下的（　　）命令，可选择该部件。

A. 引用   B. 部件   C. 添加   D. 属性

（17）进度条 ProgressBar 的（　　）属性显示当前进度。

A. Max   B. Min   C. Value   D. Visible

（18）SSTab 控件中（　　）属性决定选项卡的数目。

A. Tab   B. Tabs   C. Max   D. Num

（19）Animation 控件中（　　）方法开始播放动画。

A. Open   B. Stop   C. Play   D. Close

（20）图片列表（ImageList）控件 ImageList1 中可以选择（　　）第一张图片。

A. ImageList1.ListImages(1).Picture   B. ImageList1.ListImages(1).Value

C. .ListImages(1)   D. ListImages(1).Picture

2. 填空题

（1）Visual Basic 中 ActiveX 控件文件的扩展名是_____。

（2）设置单选按钮显示的文字的属性是_____。

（3）为了使复选框禁用（即呈现灰色），应把它的 value 属性设置为_____。

（4）Visual Basic 中向列表框 List1 中增加一行选项"VB"的语句是＿＿＿＿＿＿，清除其中所有选项的语句是＿＿＿＿＿＿。

（5）Visual Basic 中组合了文本框和列表框的特性的控件是＿＿＿＿＿＿。

（6）要删除组合框 Combo1 序号为 3 的项目，使用的语句为＿＿＿＿＿＿。

（7）若要设置水平或垂直滚动条的最小值，需要使用＿＿＿＿＿＿属性。

（8）为了使计时器控件 Timer1 每隔 0.5 秒触发一次 Timer 事件，应将 Timer1 控件的＿＿＿＿＿属性设置为＿＿＿＿＿。

3．编程题

（1）设计一个选课程序，其运行界面如图 9-23 所示。课程有两组：一是限选课，三门课中只能选一门；二是任选课，可以选多门。选课后，单击"确认"按钮，在右边的文本框中显示选课结果。

（2）设计一个窗体，其运行界面如图 9-24 所示。有两个列表框，左列表框罗列了一些课程名称，右列表框初始状态为空。

① 单击">"按钮，将左列表框中指定选项移动到右边列表中。

② 单击">>"按钮，将左列表框中所有选项移动到右边列表中。

③ 单击"<"按钮，将右列表框中指定选项移动到左边列表中。

④ 单击"<<"按钮，将右列表框中所有选项移动到左边列表中。

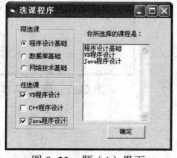
图 9-23　题（1）界面

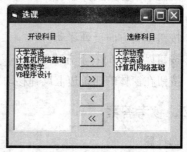
图 9-24　题（2）界面

（3）在窗体上画三个标签，标题分别为"计算机程序设计""选择字号""选择字体"，再画两个组合框，如图 9-25（a）所示。然后为第一个组合框添加"10""16""20"三个项目，为第二个组合框添加"黑体""隶书""宋体"三个项目，编写适当的事件过程。程序运行后，根据选择的字号和字体，标签中的文字发生相应的变化。程序运行情况如图 9-25（b）所示。

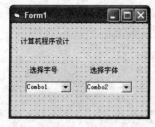
（a）Combo 设计界面

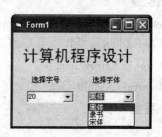
（b）Combo 运行界面

图 9-25　题（3）界面

（4）在窗体上依次绘制一个进度条控件、一个标签、一个命令按钮和一个时钟控件。设置：标签设为不可见，时钟为不可用，进度条的初始值为 0，最小值为 0，最大值为 100。单击命令按钮后，标签设为可见，显示"进度条开始运行，请稍候！"，时钟设为可用。每隔 100 ms，触发 Timer 事件，进度条值加 1，直到进度条值增加到 100，标签显示"进度条运行完毕"。程序运行窗体如图 9-26 所示。

（a）运行中

（b）运行结束

图 9-26　题（4）界面

（5）设计图 9-27 所示的界面，拖动滚动条，根据滚动条的 Value 值显示字号的大小，单击"确定"按钮，设置文本框中文字的大小。

（6）在窗体上绘制一个按钮，使用时钟控件实现以下动画：

① 按钮从左向右移动。

② 按钮水平方向反弹移动。

③ 按钮从上向下移动。

④ 按钮垂直方向反弹移动。

⑤ 按钮以 45° 向右下方移动。

⑥ 按钮在窗体的四条边上反弹移动。

图 9-27　题（5）界面

二、参考答案

1. 选择题

（1）	（2）	（3）	（4）	（5）	（6）	（7）	（8）	（9）	（10）
A	C	C	B	C	A	D	D	C	D
（11）	（12）	（13）	（14）	（15）	（16）	（17）	（18）	（19）	（20）
C	C	C	D	A	B	C	B	C	A

2. 填空题

（1）.ocx　　　　　　（2）Caption　　　　　　（3）2

（4）List1.Additem "VB"　　List1.Clear　　　（5）ComboBox

（6）Combo1.RemoveItem 3　　　　　（7）Min

（8）Interval　　500

3. 编程题（略）

第 **10** 章 ━ 界 面 设 计

用户界面实现用户的输入和输出，是应用程序的重要组成部分。对用户而言，界面就是应用程序，他们感觉不到幕后正在执行的代码，应用程序的可操作性很大程度上依赖于界面。本章介绍对话框、菜单、多窗体、工具栏与状态栏等界面设计的内容。

10.1 对话框使用

对话框是一种特殊窗体，它的大小一般不可改变，只有一个"关闭"按钮（有时还包含一个"帮助"按钮），没有"最小化"和"最大化"按钮，如图 10-1 所示。

Visual Basic 提供三种对话框：通用对话框控件、用户自定义对话框和系统预定义对话框。本章主要介绍通用对话框控件和用户自定义对话框。系统预定义对话框包括 InputBox 和 MsgBox，在前面已经介绍，不再赘述。

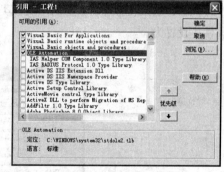

图 10-1 对话框示例

10.1.1 通用对话框

Visual Basic 的通用对话框 CommonDialog 控件提供了一组基于 Windows 的标准对话框，可以显示文件打开、另存为、颜色、字体、打印和帮助对话框。

CommonDialog 控件是 ActiveX 控件，执行"工程"→"部件"命令，在打开的"部件"对话框中选择 Microsoft Common Dialog Control 6.0 选项，将其添加到工具箱中。在设计状态，控件以图标▣的形式显示在窗体上，在程序运行时，控件被隐藏。

通用对话框包括六种形式，通过设置 Action 属性值或调用 Show 方法可以建立不同类型的对话框，见表 10-1。

表 10-1 Action 属性和 Show 方法

	Action 属性	方 法	说 明
1		ShowOpen	显示"文件打开"对话框
2		ShowSave	显示"另存为"对话框
3		ShowColor	显示"颜色"对话框
4		ShowFont	显示"字体"对话框

Action 属性	方　　法	说　　明
5	ShowPrinter	显示"打印机"对话框
6	ShowHelp	显示"帮助"对话框

除了 Action 属性外，通用对话框的主要属性有：

（1）CancelError：取值为 True 或 False，表示当单击"取消"按钮时是否产生出错信息。

（2）DialogTitle：设计对话框标题栏的内容。

（3）Flags：该属性可修改每个具体对话框的默认操作。

1．"文件"对话框

当 Action 为 1 或 2 时是"文件"对话框，分别是"打开文件"和"保存文件"。可以遍历磁盘找到所需文件。下边以"打开文件"对话框为例，进行属性设置。"保存文件"对话框与其相似。

（1）FileName：用于设置或返回用户所选定的文件名（包括路径）。

（2）FileTitle：用于设置或返回用户所选定的文件名（不包含路径）。

（3）Filter：用于过滤文件类型，使文件列表框中只显示指定类型的文件。可以在设计时设置该属性，也可以使用代码设置该属性。其格式为：

　　　文件说明 | 文件类型

例如，如果在打开对话框的"文件类型"列表框中显示图 10-2 所示三种文件类型，则 Filter 属性应设置为：

```
Word 文档 | *.Doc | 文本文件 | *.txt | 所有文件 | *.*
```

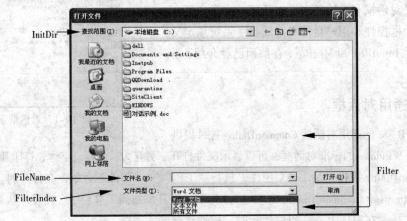

图 10-2　"打开文件"对话框

（4）FilterIndex：表示用户在文件类型列表框中选定了第几组文件类型。

（5）InitDir：用来指定打开对话框中的初始目录，若不设置，系统默认为"C:\My Documents\"。

（6）DefaultEXT：设置对话框中默认文件类型，即扩展名。该扩展名出现在"文件类型"栏内。

【例 10.1】设计图 10-3 所示的窗体，绘制一个命令按钮、标签和通用对话框 CommonDialog 控件。单击命令按钮显示"打开文件"对话框，初始目录为"C:\"。当选定一个文件后，单击"打

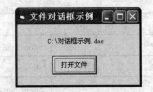

图 10-3　文件对话框示例界面

开"按钮，在标签上显示所选择的文件名称。

【解】编写程序如下：

```
Private Sub Command1_Click()
    CommonDialog1.InitDir="C:\"          '设置初始目录
    CommonDialog1.Filter="Word 文档|*.Doc|文本文件|*.txt|所有文件|*.*"
                                          '过滤文件类型
    CommonDialog1.ShowOpen               '显示文件打开对话框
    Label1.Caption=CommonDialog1.FileName    '在标签上显示选择打开的文件名
End Sub
```

2. "颜色"对话框

"颜色"对话框的 Action 为 3，如图 10-4 所示。在颜色调色板中提供了基本颜色（Basic Colors），还提供用户自定义颜色（Custom Colors）。

Color 属性是"颜色"对话框最重要的属性，它返回或设置选定的颜色。当用户在调色板中选中某颜色时，该颜色值赋给 Color 属性。

【例 10.2】在【例 10.1】的窗体上添加一个命令按钮 Command2（Caption="打开颜色"），如图 10-5 所示，通过"颜色"对话框设置标签的前景色。

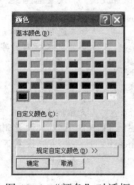

图 10-4 "颜色"对话框

图 10-5 "颜色"对话框示例界面

【解】编写程序如下：

```
Private Sub Command2_Click()
    CommonDialog1.CancelError=False      '不设置打开错误提示
    CommonDialog1.ShowColor              '打开颜色对话框
    Label1.ForeColor=CommonDialog1.Color '返回选定的颜色
End Sub
```

3. "字体"对话框

"字体"对话框的 Action 为 4，其界面如图 10-6 所示。供用户选择字体、字号及字体样式等。在显示"字体"对话框前，必须设置 Flags 属性（Flags 属性见表 10-2），否则将提示错误信息。

表 10-2　字体对话框 Flags 属性设置值

常　数	值	说　明
cdlCFScreenFonts	&H1	屏幕字体
cdlDFPrinterFonts	&H2	打印机字体
cdlCFBoth	&H3	两者皆有
cdlCFEffects	&H100	出现删除线、下画线、颜色元素

【例 10.3】设计界面如图 10-7 所示，利用"字体"对话框设置文本框中文字的字体、字形、大小、颜色等。程序运行时，单击"选择字体"按钮，打开"字体"对话框并选择相应设置。

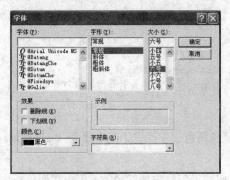

图 10-6 "字体"对话框　　　　　　　　　　图 10-7　字体设置界面

【解】编写程序如下：

```
Private Sub Command1_Click()          '单击"选择字体"按钮
    CommonDialog1.Flags=cdlCFBoth Or cdlCFEffects   '设置 Flags，见表 10-2
    CommonDialog1.ShowFont
    If CommonDialog1.FontName > "" Then        '如果选择了字体
        Text1.FontName=CommonDialog1.FileName      '设置文本框内的字体
    End If
    Text1.FontSize=CommonDialog1.FontSize         '设置字体大小
    Text1.FontBold=CommonDialog1.FontBold         '设置粗体字
    Text1.FontItalic=CommonDialog1.FontItalic     '设置斜体字
    Text1.FontStrikethru=CommonDialog1.FontStrikethru    '设置删除线
    Text1.FontUnderline=CommonDialog1.FontUnderline      '设置下画线
    Text1.ForeColor=CommonDialog1.Color          '设置颜色
End Sub
```

4．"打印"对话框

"打印"对话框的 Action 为 5，其界面如图 10-8 所示。其重要属性包括：

（1）Copies：该属性为整型值，指定打印份数。

（2）FromPage：打印时起始页号。

（3）ToPage：打印终止页号。

【例 10.4】在【例 10.3】的窗体中编写"打印"命令按钮的过程，调用"打印"对话框，打印文本框中的信息。

【解】编写程序如下：

```
'按扭 "打印"的名称是 Command2
Private Sub Command2_Click()
    CommandDialog1.ShowPrinter       '打开"打印"对话框
    For i=1 To CommonDialog1.Copies  'For 循环控制打印份数
        Printer.Print Text1.Text      '打印文本框中的内容
    Next i
    Printer.EndDoc                   '结束文档打印
End Sub
```

图 10-8　"打印"对话框

说明：Printer 对象表示所安装的默认打印机，将 Printer 方法的输出发送到 Printer 对象就可实现打印，EndDoc 方法可结束 Printer 对象的操作。

5. "帮助"对话框

"帮助"对话框的 Action 为 6，用于指定应用程序的联机帮助。"帮助"对话框读取创建好的帮助文件，并与界面连接，显示并检索帮助信息。创建帮助文件需要用 Help 编辑器生成帮助文件。

其重要属性包括：

（1）HelpCommand：用来返回或设置所需要的联机 Help 帮助类型。有关类型请参阅 Visual Basic 帮助系统。

（2）HelpFile：用于指定 Help 文件的路径及其文件名称。

（3）HelpKey：用于在帮助窗口中显示由该关键字指定的帮助信息。

（4）HelpContext：返回或设置所需要的 HelpTopic 的 ContextID，一般与 HelpCommand 属性一起使用，指定要显示的 HelpTopic。

【例 10.5】设计界面如图 10-9 所示。在运行期间，当单击"显示记事本帮助"按钮时，调用 Notepad.hlp 文件，进入"创建页眉、页脚"的帮助信息页面。

图 10-9　帮助对话框应用示例界面

【解】程序代码如下：

```
Private Sub Command1_Click()
    CommonDialog1.HelpCommand=cdlHelpContents
     '帮助类型
    CommonDialog1.HelpFile="c:\windows\help\notepad.hlp"
     '指定帮助文件
    CommonDialog1.HelpKey="创建页眉、页脚"
    '指定关键字
    CommonDialog1.ShowHelp
    '打开帮助窗口
End Sub
```

10.1.2　自定义对话框

1. 由普通窗体创建自定义对话框

对话框窗体与一般窗体在外观上有区别，需要设置以下属性值来显示自定义窗体。

（1）BorderStyle：属性值设置为 3（VbFixedDoubleDialog）。

（2）ControlBox：属性值为 True 时，窗体显示控制菜单框；否则不显示。

2. 使用对话框模板窗体创建对话框

Visual Basic 系统提供多种不同类型的"对话框"模板窗体。执行"工程"→"添加窗体"命令，打开"添加窗体"对话框，如图 10-10 所示。用户可以选择"关于"对话框、对话框、登录对话框、日积月累、ODBC 登录、选项对话框等。

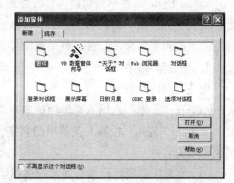

图 10-10　"添加窗体"对话框

3．显示自定义对话框

（1）模式对话框：在焦点切换到其他窗体或对话框之前要求关闭对话框。其显示方法为：

```
<窗体名>.Show  VbModal
```

其中"VbModal"是系统常数，值为 1。

（2）无模式对话框：其焦点可以自由切换到其他窗体或对话框，不需要关闭当前对话框，其显示方法为：

```
<窗体名>.Show
```

4．关闭自定义对话框

可使用 Hide 方法或 UnLoad 语句来关闭自定义对话框，其语法格式为：

```
Me.Hide  '或  <窗体名>.Hide
UnLoad  <窗体名>
```

10.2 菜 单 设 计

在实际的应用程序中，菜单可以分为两种：

（1）下拉式菜单：位于窗口顶部，一般通过单击菜单栏中菜单标题的方式打开，如图 10-11（a）所示。

（2）弹出式菜单：右击时显示在窗体上的浮动菜单，如图 10-11（b）所示。弹出式菜单上显示的菜单项取决于右键按下时鼠标指针所在的位置。

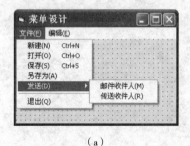　　　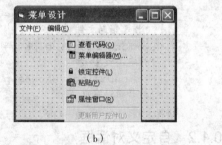

（a）　　　　　　　　　　　　　　　　　（b）

图 10-11　两种菜单结构

10.2.1　菜单编辑器

Visual Basic 的菜单编辑器可以方便地在窗体上建立菜单，如图 10-12 所示。在设计状态，执行"工具"→"菜单编辑器"命令，或者在需要建立菜单的窗体上右击，在弹出的快捷菜单中选择"菜单编辑器"命令，打开菜单编辑器。

1．创建菜单项

创建菜单的步骤如下：

（1）在"标题"栏输入菜单项的文本，即设置菜单上出现的字符。

（2）在"名称"栏输入菜单项的名字，即 Name。此属性不会出现在屏幕中，仅在程序中引用菜单项的名称。

（3）菜单项的属性设置与通常控件属性设置类似。"复选"框可使菜单项左边加上标记"√"。

（4）单击"下一个"按钮或"插入"按钮，建立下一个菜单项。菜单操作按钮中的"上↑"

"下↓"箭头可调整菜单项在菜单列表中的排列位置;"左←""右→"箭头按钮可调整菜单项的层次。在菜单项显示区中,下级菜单标题前比上一级菜单项多一个"...."内缩符号。建立第二级子菜单与建立第一级子菜单的操作基本相同,只需设置两个内缩符号。

(5)单击"确定"按钮,关闭菜单编辑器。

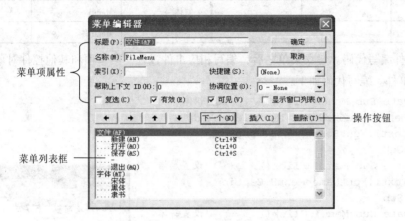

图 10-12 "菜单编辑器"对话框

2.分隔菜单项

有的菜单上有许多菜单项,可使用水平线将功能相近的菜单项划分为一个逻辑组。在"标题"栏中输入一个连字符"-"就可以建立菜单分隔线。

3.热键与快捷键

如果需要通过键盘来访问菜单项,可以设置菜单的热键与快捷键。

(1)热键:指使用【Alt】和菜单项标题中的一个字符来打开菜单。在标题的某个字符前加一个&符号,此时在菜单中这个字符会自动加上一个下画线,表示该字符是一个热键字符。例如,设置标题为"&File",显示为"File"。

(2)快捷键:与热键类似,它不打开菜单,而是直接执行相应菜单项的操作。打开快捷键(Shortcut)下拉式列表框并选择一个键,则菜单项标题的右边会显示快捷键名称。

【例 10.6】建立一个有菜单功能的文本编辑器,如图 10-13 所示,在窗体上建立一个菜单,设计实现对窗体上的文本框字体、字形的设置。

【解】包括以下三个步骤:

(1)建立控件。在窗体上绘制文本框 Text1(text 属性为"菜单属性示例")和一个通用对话框。

(2)设计菜单。打开菜单编辑器,按表 10-3 对每一个菜单项输入标题、名称和选择相应的快捷键,窗体如图 10-13 所示。

表 10-3 文本编辑器菜单结构

标　题	名　称	快　捷　键	标　题	名　称	快　捷　键
文件	FileMenu		字体	MenuF	
…新建	FileNew	Ctrl+N	…宋体	MenuS	
…打开	FileOpen	Ctrl+O	…黑体	MenuH	
…保存	FileSave	Ctrl+S	…隶书	MenuL	

续表

标　题	名　称	快　捷　键	标　题	名　称	快　捷　键
－	FileBar		字形	MenuX	
…退出	FileExit		…粗体	MenuB	
			…斜体	MenuI	
			…下画线	MenuU	

（3）为事件编写代码。建立菜单之后，编写相应事件过程。菜单项和其他控件对象一样，一般响应 Click 事件。编写代码如下：

```
Private Sub MenuB_Click()        '设置粗体
    MenuB.Checked=Not MenuB.Checked
    Text1.FontBold=MenuB.Checked
End Sub
Private Sub MenuH_Click()             '设置黑体
    Text1.FontName=MenuH.Caption
End Sub
Private Sub MenuI_Click()        '设置斜体
    MenuI.Checked=Not MenuI.Checked
    Text1.FontItalic=MenuI.Checked
End Sub
Private Sub MenuL_Click()             '设置隶书
    Text1.FontName=MenuL.Caption
End Sub
Private Sub MenuS_Click()        '设置宋体
    Text1.FontName=MenuS.Caption
End Sub
Private Sub MenuU_Click()        '设置下画线
    MenuU.Checked=Not MenuU.Checked
    Text1.FontUnderline=MenuU.Checked
End Sub
```

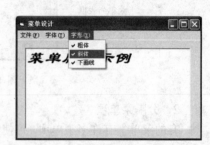

图 10-13　菜单设计界面

10.2.2　弹出式菜单

弹出式菜单以灵活的方式为用户提供快捷操作，它可以根据右击时的位置，动态地调整菜单项。弹出式菜单又称上下文菜单，或快捷菜单。

建立弹出式菜单通常分为两步：

（1）用菜单编辑器建立菜单。该操作与下拉式菜单基本相同，但一般情况下，需要把菜单名（即顶级菜单）的 Visible 属性设为 False。

（2）使用 PopupMenu 方法弹出菜单。PopupMenu 的格式为：

```
[窗体名.] PopupMenu <菜单名> [,Flags [,x[,y[,BoldComand]]]]
```

说明：

（1）窗体名为可选项，省略该项将打开当前窗体的菜单。

（2）菜单名是必需的，是指通过菜单编辑器设计的菜单的名称。

（3）Flags 为一些常量的设置，包含位置和性能两个指定值，见表 10-4。两个常数可以相加或以 OR 相连。

表 10-4　用于描述弹出菜单位置

分类	常数	值	说　明
位置	vbPopMenuLeftAlign	0	X 位置确定弹出菜单的左边界（默认）
	vbPopMenuCenterAlign	4	弹出菜单以 X 为中心
	vbPopMenuRightAlign	8	X 位置确定弹出菜单的右边界
性能	vbPopMenuLeftButton	0	只能用鼠标左键触发弹出菜单（默认）
	vbPopMenuRightButton	2	能用鼠标左键和右键触发弹出菜单

例如，在【例 10.6】中右击 Text1 时能弹出"字形"菜单中的菜单项，并以鼠标指针坐标 X 为弹出菜单的左边界，如图 10-14 所示。设计步骤如下：

（1）将顶层菜单"字形"的 Visible 属性设置为 False。

（2）编写程序如下：

```
Private Sub Text1_MouseDown(Button As Integer, Shift As Integer, X As Single,
Y As Single)
    If Button=2 Then
        PopupMenu MenuX        '弹出菜单
    End If
End Sub
```

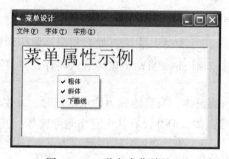

图 10-14　弹出式菜单界面

10.3　多重窗体与多文档界面

10.3.1　多重窗体的操作

多重窗体的应用程序中有多个普通窗体，每个窗体可以有自己的界面和程序代码。

1．添加窗体

（1）添加新窗体。执行"工程"→"添加窗体"命令或单击工具栏上的　按钮，打开"添加窗体"对话框，选择"新建"选项卡新建一个窗体。

（2）添加已存在的窗体。在"添加窗体"对话框中，选择"现存"选项卡，如图 10-15 所示，可以把一个现有的窗体添加到当前工程中。每个窗体保存为

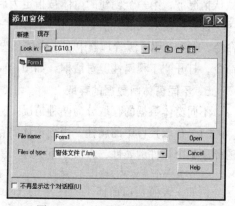

图 10-15　"添加窗体"对话框

独立的 FRM 文件。

需要注意两个问题：

（1）该工程中的每个窗体的 Name 属性不能相同。

（2）如果添加进来的窗体在多个工程中共享，对该窗体所做的改变，会影响到共享该窗体的所有工程。

2．删除窗体

选择要删除的对象，执行"工程"→"移除"命令，或在工程资源管理器中右击对象，在弹出的快捷菜单中选择"移除"命令。

3．有关窗体的语句、方法

窗体必须先"建立"，然后被装入内存（Load），最后才能显示（Show）在屏幕上。当窗体暂时不需要时，可以从屏幕上隐藏（Hide），或从内存中删除（Unload）。

与窗体相关的语句和方法有：

（1）Load 语句：把一个窗体装入内存。执行后，可以引用窗体中的控件及各种属性，但此时窗体没有显示出来。其语法形式如下：

```
Load  窗体名称
```

（2）Unload 语句：与 Load 语句的功能相反，从内存中删除指定窗体。其语法形式如下：

```
Unload  窗体名称
```

Unload 的一种常见用法是 Unload Me，这里关键字 Me 表示 Unload Me 语句所在的窗体。

（3）Show 方法：用来显示一个窗体，它兼有加载和显示窗体两种功能。也就是说，在执行 Show 时，如果窗体不在内存中，则 Show 自动把窗体装入内存，并显示。其形式如下：

```
[窗体名称].Show
```

省略窗体名称时默认为当前窗体。当窗体成为活动窗口时，发生窗体的 Activate 事件。

（4）Hide 方法：暂时隐藏窗体，但并没有从内存中删除窗体。其形式如下：

```
[窗体名称].Hide
```

省略窗体名称时默认为当前窗体。

4．设置启动对象

一个应用程序若具有多个窗体，它们是并列的。在程序运行过程中，首先执行的对象被称为启动对象。默认情况下，第一个创建的窗体被指定为启动窗体。

设置启动对象的方法是执行"工程"→"属性"命令，或在工程资源管理器中右击窗体，选择"属性"命令，打开"工程属性"对话框，如图 10-16 所示。

5．不同窗体间数据的存取

不同窗体数据的存取分为两种情况：

（1）存取控件中的属性。当前窗体要存取另一个窗体中某个控件的属性，方法如下：

```
另一个窗体名.控件名.属性
```

图 10-16　设置启动对象

例如，设置当前窗体 Form1 中的 Text1.Text 为 Form2 窗体中 Text1、Text2 中数值之和的语句为：

```
Text1.Text=Val(Form2.Text1.Text)+Val(Form2.Text2.Text)
```

（2）存取变量的值。这时，必须规定在要存取的窗体内声明的变量是全局（Public）变量，表示如下：

　　另一个窗体名.全局变量名

【例 10.7】 输入学生五门课程的成绩，计算总分及平均分并显示。

本例有三个窗体 Form1、Form2、Form3，分别作为本程序的主窗体、输入成绩窗体和显示结果窗体。工程资源管理器窗口如图 10-17 所示。

（1）如图 10-18 所示，Form1 窗体是该程序的主窗体，默认为启动对象。该窗体上有三个命令按钮。单击"输入成绩"和"计算成绩"按钮分别显示 Form2 和 Form3，如图 10-19 和图 10-20 所示。

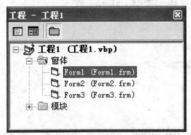

图 10-17　工程资源管理器

图 10-18　主窗体

图 10-19　　Form2

图 10-20　Form3

（2）学生的五门成绩是全局变量，创建一个 Module 标准模块，定义这些变量。

```
Public sMath, sPhysics,sChemistry,sEnglish,sChinese As Single
```

（3）窗体 Form1 的代码如下：

```
Private Sub cmdInput_Click()           '单击"输入成绩"按钮
    Form1.Hide                         '隐藏主窗体
    Form2.Show                         '显示 Form2 窗体
End Sub
Private Sub cmdCaculate_Click()        '单击"计算成绩"按钮
    Form1.Hide                         '隐藏主窗体
    Form3.Show                         '显示 Form3 窗体
End Sub
Private Sub cmdEnd_Click()             '单击"取消"按钮
    End
End Sub
```

（4）窗体 Form2 的代码如下：

```
'Form2 中返回按钮将文本框输入的值赋值给全局变量
Private Sub cmdReturn_Click()
    sMath=Val(txtMath.Text)
```

```
        sPhysics=Val(txtPhysics.Text)
        sChemistry=Val(txtChemistry.Text)
        sEnglish=Val(txtEnglish.Text)
        sChinese=Val(txtChinese.Text)
        Form2.Hide
        Form1.Show
    End Sub
```

（5）窗体 Form3 的代码如下：

```
    Private Sub Form_Activate()
        Dim sTotal As Single
        sTotal=sMath+sPhysics+sChemistry+sEnglish+sChinese    '求 5 门课程总分
        txtAverage.Text=sTotal/5          '求平均分
        txtTotal.Text=sTotal              '总分显示在   txtTotal
    End Sub
    Private Sub cmdReturn_Click()
        Form3.Hide                        '隐藏 Form3
        Form1.Show                        '显示 Form1
    End Sub
```

10.3.2　多文档界面

在 Windows 中，文档分为单文档（SDI）和多文档（MDI）两种。例如，"记事本"就是一个典型的单文档程序，它的特点是同时只能打开一个文件，当新建一个文件时，当前文件自动被替换。Office 套装软件如 Word、Excel 等是多文档界面，允许用户同时打开多个文件。

多文档界面由一个父窗口和多个子窗口组成，父窗口又称 MDI 窗体，是子窗口的容器。子窗口或称文档窗口显示各自的文档，所有子窗口具有相同功能。多文档界面具有以下特性：

（1）所有子窗体都显示在 MDI 窗体的工作区中。用户可以改变、移动子窗体的大小，但被限制在 MDI 窗体中。

（2）子窗体最小化后的图标位于 MDI 窗体的底部，而不是在任务栏上。

（3）MDI 窗体最小化时，所有子窗体也同时最小化，只有 MDI 窗体的图标出现在任务栏中。

（4）MDI 窗体和子窗体都可以有各自的菜单，当子窗体加载时覆盖 MDI 窗体的菜单。

【例 10.8】在一个 MDI 窗体 MDIForm1 上设计一个菜单，实现两个子窗体不同方式的排列。

【解】（1）创建和设计 MDI 窗体。执行"工程"→"添加 MDI 窗体"命令，添加一个 MDI 窗体。标题和名称属性系统默认为 MDIForm1。在该窗体上设计菜单，名称分别为 mnuCscade、mnuTile、mnuIcon 和 mnuExit。

（2）创建和设计 MDI 子窗体。执行"工程"→"添加窗体"命令，添加一个新的普通窗体，将其 MDIChild 属性设为 True。如图 10-21 所示，创建两个 MDI 子窗体，每个子窗体上只有一个标签对象。

（3）MDI 窗体与子窗体的交互。

① 加载 MDI 窗体及其子窗体。设置 MDI 窗体为启动窗体，则程序运行时，系统会自动加载并显示 MDI 父窗体，不会自动加载子窗体。

如果 MDI 窗体的 AutoShowChilden 属性为 True，则当改变子窗体

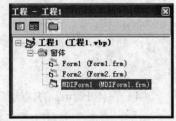

图 10-21　MDI 窗体

的属性后，会自动显示该子窗体而不再需要 Show 方法。以下代码加载两个 MDI 子窗体 Form1 和 Form2：

```
Private Sub MDIForm_Load( )
    Form1.Show
    Form2.Show
End Sub
```

② 关闭 MDI 窗体。和普通窗体一样，关闭 MDI 窗体的代码如下：

```
Unload MDI  窗体名 或 Unload Me
```

在执行该代码后，将触发 QueryUnload 事件，然后卸载各子窗体，最后卸载 MDI 窗体。

（4）窗口排列。对于子窗体或子窗体图标的层叠、平铺和排列图标命令通常放在"窗口"菜单上，使用 Arrange 方法来现。其语法形式为：

```
<MDI 窗体对象>.Arrange <排列方式>
```

排列方式取值如下：

① 0-vbCascade：层叠所有非最小化 MDI 子窗体。

② 1-vbTileHorizontal：水平平铺所有非最小化 MDI 子窗体。

③ 2-vbTileVertical：垂直平铺所有非最小化 MDI 子窗体。

④ 3-vbArrangeIcons：对任何已经最小化的子窗体排列图标。程序代码如下：

```
Private Sub MDIForm_Load()
  Form1.Show
  Form2.Show
End Sub
Private Sub mnuCscade_Click()
  '单击层叠菜单项，层叠 MDI 子窗体
   MDIForm1.Arrange vbCascade
End Sub
Private Sub mnuExit_Click()
  '单击退出菜单项，关闭 MDIFom1
  Unload Me
End Sub
Private Sub mnuIcon_Click()
  '单击排列菜单项，排列 MDI 子窗体
  MDIForm1.Arrange vbArrangeIcons
End Sub
Private Sub mnuTile_Click()
  '单击平铺菜单项，平铺 MDI 子窗体
  MDIForm1.Arrange vbTileHorizontal
End Sub
```

设置本工程的"启动对象"为 MDIFom1，启动本工程。其初始运行界面如图 10-22 所示，这是一种层叠方式，单击"平铺"菜单项，其界面如图 10-23 所示。

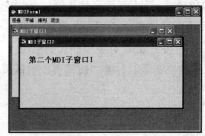

图 10-22　层叠方式

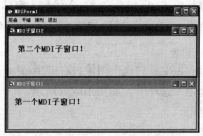

图 10-23　平铺方式

10.4 工具栏与状态栏

工具栏以其直观、快捷的特点出现在各种应用程序中，使用户不必逐级在菜单中去寻找命令，操作更快捷。

10.4.1 手工制作工具栏

手工制作的工具栏，实际上是一个放置了一些工具按钮图片的图片框。通过设置图片框的 Align 属性，可以控制工具栏（即图片框）在窗体中的位置。当改变窗体大小时，Align 属性值非 0 的图片框会自动改变大小，以适应窗体的宽度或高度。图片框上各种工具按钮可以通过不同的图像来表示。

【例 10.9】制作图 10-24 所示的工具栏。

【解】步骤如下：

（1）在窗体上添加一个图片框 Picture1 和文本框 Text1。

（2）在 Picture1 中绘制三个命令按钮数字 Command(0)、Command(1) 和 Command(2)。将命令按钮的 Caption 属性值设为空白。Style 属性设为 1–Graphical。

（3）将三个命令按钮的 Picture 属性分别设置为 New.bmp、Open.bmp 和 Save.bmp。

图 10-24　手工工具栏界面

由于工具按钮通常用于提供对菜单命令的快捷访问，所以一般都是在其 Click 事件代码中调用对应的菜单命令。

10.4.2 使用 Toolbar 控件和 ImageList 制作工具栏

要在工具栏中放置一系列图片按钮，最快捷的方法是使用工具栏（Toolbar）控件 ⏛ 和图像列表（ImageList）控件。这些控件是 ActiveX 控件的一部分，在使用前必须加载 Microsoft Common Control 6.0。

1. 在 ImageList 控件中添加图像

工具栏按钮的图像通过 Toolbar 控件从 ImageList 的图像库中获得。建立 ImageList 控件 ImageList1，按图 10-25 所示的顺序装入九个图像，使用添加图像的顺序号作为图像索引属性值。

2. 在 Toolbar 控件中添加按钮

鼠标双击 Toolbar 控件，它将加入窗体并出现在窗体的顶部。其 Align 属性控制工具栏在窗体中的位置。当 Align 属性值非 0 时，工具栏会自动改变大小以适应窗体的宽度或高度。

Toolbar 工具栏可以建立多个按钮，每个按钮的图像来自 ImageList 对象中插入的图像。

（1）为工具栏连接图像。右击 Toolbar 控件，选择"属性"命令，打开"属性页"对话框，选择"通用"选项卡，如图 10-26 所示。

其中：

① "图像列表"下拉列表选择与 ImageList 控件的连接。

② "可换行的"复选框表示当工具栏的长度不能容纳所有的按钮时，在下一行显示，否则

剩余的不显示。

③ 样式可设置工具栏的风格。0-tbrStandard 表示采用标准风格；1-tbrFlat 表示采用平面风格。

图 10-25 Imagelist "图像" 库

图 10-26 ToolBar "通用" 选项卡

学习提示：当 ImageList 控件与 Toolbar 控件相关联后，就不能对其进行编辑了。若要增加或删除 ImageList 控件中的图像，必须先将 Toolbar 控件的 "图像列表" 下拉式列表框中设置 "无"，也就是与 ImageList 切断联系。

（2）为工具栏增加按钮。将 "属性页" 切换到 "按钮" 选项卡，如图 10-27 所示，单击 "插入按钮" 可以在工具栏上创建新按钮。

① 索引（Index）：表示每个按钮的数字编号，在 ButtonClick 事件中引用。

② 关键字（Key）：表示每个按钮的标识号，在 ButtonClick 事件中引用。

③ 图像（Image）：选定 ImageList 对象中的图像，可以用图像的 Key 或 Index 值。

④ 样式（Style）：指定按钮样式，共六种，含义见表 10-5。当样式取值为 3 时，该 Button 对象可用于分隔其他按钮。当工具栏采用平面风格时，它显示一条细窄的竖线；当工具栏采用标准风格时，它显示为一点空间，如图 10-28 所示。

表 10-5 按 钮 样 式

值	常　　数	按钮	说　　明
0	tbrDefault	普通按钮	按钮按下后恢复原态，如 "新建" 等按钮
1	tbrCheck	开关按钮	按钮按下后将保持按下状态，如 "加粗" 等按钮
2	tbrButtonGroup	编组按钮	一组按钮同时只能一个有效，如 "右对齐" 等按钮
3	tbrSeparator	分隔按钮	把左右的按钮分隔其他按钮
4	tbrPlacebolder	占位按钮	以便安放其他控件，可设置按钮宽度（Width）
5	tbrDropdown	菜单按钮	具有下拉式菜单，如 Word 中的 "字体颜色" 按钮

⑤ 值（Value）表示按钮的状态，有按下（tbrPressed）和没按下（tbrUnpressed）两种，对样式 1 和样式 2 有用。

图 10-27　ToolBar "按钮" 选项卡

图 10-28　设计的工具栏效果

3. 响应 Toolbar 控件事件

工具栏控件的常用事件有 ButtonClick 和 ButtonMenuClick。前者对应按钮样式为 0~2 的菜单按钮，后者对应样式为 5 的菜单按钮。使用按钮的 Index 属性或 Key 属性标识被单击的按钮。

【例 10.10】利用上面建立的工具栏的三个格式按钮实现文本框中字体格式的变化，运行效果如图 10-29 所示。

【解】程序代码具体如下：

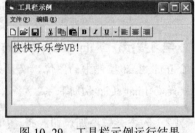

图 10-29　工具栏示例运行结果

```
Private Sub Toolbar1_ButtonClick(ByVal
Button As MSComctlLib.Button)
    Dim n As Integer
    n=Button.Index              '将选定按钮的 Index 值赋给 n
    Select Case n               '根据 n 的取值，进行相应的字体格式设置
        Case 8
            Text1.FontBold=Not Text1.FontBold
        Case 9
            Text1.FontItalic=Not Text1.FontItalic
        Case 10
            Text1.FontUnderline=Not Text1.FontUnderline
    End Select
End Sub
```

10.4.3　状态栏

StatusBar 控件 是一个长方形，用于显示状态信息，它通常在窗体的底部，也可以通过 Align 属性决定状态栏出现的位置。StatusBar 控件由窗格（Panel）对象组成，最多包含 16 个 Panel 对象，其中，每一个 Panel 对象都可包含文本和图片。

状态栏一般用来显示系统信息和用户的提示，例如，系统日期、软件版本、光标的当前位置和键盘的状态等。

1. 建立状态栏

在窗体上增加 StatusBar 控件后，打开其 "属性页" 对话框，选择 "窗格" 选项卡，如图 10-30 所示。

图 10-30　状态栏 "窗格" 选项卡

其中：

（1）插入窗格：在状态栏增加新的窗格，最多可分为 16 个窗格。

（2）索引（Index）：表示每个窗格的编号。

（3）关键字（Key）：表示每个窗格的标识。

（4）文本（Text）：显示窗格上的文本。

（5）浏览：可插入图像，图像文件的扩展名为.ico、.bmp。

（6）样式（Style）：指定系统提供的显示信息，见表 10-6。

表 10-6　StatusBar 控件的样式

值	常　数	功　　　能
0	sbrText	默认选项。用于文本和位图，用 Text 属性设置文本
1	sbrCaps	【Caps Lock】键。当【Caps Lock】键处于激活状态时，显示粗体字母 CAPS，反之变灰
2	sbrNum	【Number Lock】键。当【Number Lock】键处于激活状态时，显示粗体字母 NUM，反之变灰
3	sbrIns	【Insert】键。当【Insert】键处于激活状态时，显示粗体字母 INS，反之变灰
4	sbrScrl	【Scroll】键。当【Scroll Lock】键处于激活状态时，显示粗体字母 SCRL，反之变灰
5	sbrTime	时间。以系统格式显示当前时间
6	sbrDate	日期。以系统格式显示当前日期
7	sbrKana	Kana 键。当 Kana Lock 键处于激活状态时，显示粗体字母 KANA，反之变灰

2. 运行时改变状态栏

程序运行时，可以重新设置窗格 Panel 对象以显示不同状态，取决于应用程序的状态和各控制键的状态。有些状态要通过编程实现，有些系统已经具备。可以通过 Add 方法来创建 Panel1 对象。

【例 10.11】修改状态栏中第一项内容为"新更改的内容！"，并添加一个新的窗格"快乐 VB"，如图 10-31 所示。

【解】编写程序如下：

```
Private Sub Form_Load()
    Dim panel1 As Panel
    StatusBar1.Panels(1).Text="新更改的内容！"
    Set panel1=StatusBar1.Panels.Add
    panel1.Text="快乐 VB"
    panel1.AutoSize=sbrContents
End Sub
```

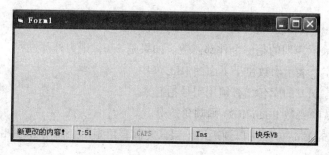

图 10-31　新的状态栏

10.5 Windows API

Windows API（Application Programming Interface）包括在 Windows 操作系统的多个动态链接库（Dynamic Link Library，DLL）中。

Windows API 函数和 Visual Basic 函数的区别是：Windows API 函数必须先在模块级声明后，才可以在代码中使用。

1. 用 API View 查看 API

API 函数很多，很难记住每个函数的声明。Visual Basic 提供的 API 文本浏览器（API View），让用户快捷的查找 API 函数、常量和类型，并把它们的 Visual Basic 声明粘贴到代码中。

用 API View 查看 API 函数和变量的方法如下：

（1）执行"开始"→"程序"→"Microsoft Visual Basic 6.0 中文版"→"Microsoft Visual Basic 6.0 中文版工具"→"API 文本浏览器"命令，启动 API 浏览器，如图 10-32 所示。

（2）执行"文件"→"加载文本文件"命令，打开"选择一个文本 API 文件"对话框，选择文件 WIN32API.txt。

（3）在文本框中输入要搜索的 API 函数、常量或类型的开始几个字母，就会在"可用项"列表框中显示查找到的相应内容。

（4）单击"添加"按钮，在最下面的文本框中就显示所查找的 Visual Basic 声明，如图 10-32 所示，单击"复制"按钮将其复制到剪贴板中。

（5）在 Visual Basic 环境下，执行"工程"→"添加模块"命令，添加一个标准模块，将刚才的声明复制到模块中。

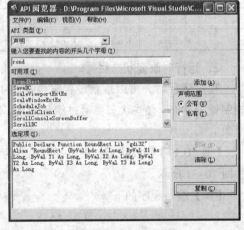

图 10-32 复制声明

2. API 函数声明

可以直接将上述函数声明复制到剪贴板中的内容粘贴到 Visual Basic 工程代码中声明 API 函数，也可以直接输入 API 声明。例如：

```
Public Declare Function RoundRect Lib "gdi32" (ByVal hdc As Long, ByVal
X1 As Long,ByVal Y1 As Long,ByVal X2 As Long,ByVal Y2 As Long,ByVal X3 As
Long,ByVal Y3 As Long) As Long
```

说明：

（1）Declare：关键字，表示要声明一个外部过程。

（2）Function：表示声明的是一个外部函数。如果是 Sub，则为外部过程。

（3）Lib：关键字，表示函数位于下面的 DLL 库中。

（4）"gdi32"：是 DLL 的库名，必须用引号括起来。

【例 10.12】用 API 函数 RoundRect 画圆角矩形。

用 Visual Basic 的 Line 方法可以画矩形，但只能画直角矩形。而用 RoundRect 函数可以绘制圆角矩形。操作步骤如下：

（1）在标准模块层声明 RoundRect 函数：

```
Public Declare Function RoundRect Lib "gdi32" (ByVal hdc As Long, _
                        ByVal X1 As Long, ByVal Y1 As Long, _
                        ByVal X2 As Long, ByVal Y2 As Long, _
                        ByVal X3 As Long, ByVal Y3 As Long) As Long
```

（2）编写程序如下：

```
Private Sub Form_Click()
    x=RoundRect(hDC,20,20,100,100,50,50)
End Sub
```

（3）运行程序，单击命令按钮，结果如图 10-33 所示。

RoundRect 函数有返回值，因此必须作为 Function 过程声明。该函数有六个参数，其中 X1 和 Y1 用来确定所画矩形的左上角的坐标，X2 和 Y2 用来确定矩形右下角的坐标，X3 和 Y3 用来确定角的弯曲度。

图 10-33　用 API 函数画圆角矩形运行结果

【例 10.13】用 API 函数 CreateEllipticRgn 和 SetWindowRgn 建立椭圆形窗体。

【解】设计窗体 Form1，其 BorderStyle 值为 0，Picture 属性为图片 Sunset.jpg，编写程序如下：

```
'用 API 函数中的 CreateEllipticRgn 和 SetWindowRgn 可以创建椭圆形窗体
Private Declare Function CreateEllipticRgn Lib "gdi32" (ByVal X1 As Long,
ByVal Y1 As Long,ByVal X2 As Long,ByVal Y2 As Long) As Long
Private Declare Function SetWindowRgn Lib "user32" (ByVal hWnd As Long,
ByVal hRgn As Long,ByVal bRedraw As Boolean) As Long
Private Sub Form_Click()
    Dim x, y As Long
    x=CreateEllipticRgn(10,10,200,200)  '窗体左上右下坐标
    y=SetWindowRgn(Me.hWnd,x,True)
    Label1.Caption="圆形窗体"
End Sub
Private Sub Form_Load()
    Dim x,y As Long
    x=CreateEllipticRgn(10,10,300,200)  '窗体左上右下坐标
    y=SetWindowRgn(Me.hWnd,x,True)
    Label1.Caption="椭圆窗体"
End Sub
```

程序运行时，打开窗体如图 10-34 所示，单击窗体后窗体如图 10-35 所示。

图 10-34　椭圆窗体初始界面

图 10-35　圆形窗体运行结果

习　题

一、练习题

1. 选择题

（1）通用对话框控件 CommonDialog 不能提供的对话框是（　　　）。

　　A. 文件打开　　　　B. 颜色　　　　　　C. 文件清除　　　　　D. 字体

（2）通用对话框控件 CommonDialog1 使用 ShowOpen 方法打开后,（　　　）属性可获取文件名。

　　A. Filter　　　　　B. InitDir　　　　　C. FileTitle　　　　　D. FileName

（3）通用对话框控件 CommonDialog1 使用（　　　）方法,可以打开颜色对话框。

　　A. ShowOpen　　　B. ShowColor　　　C. ShowPrinter　　　D. ShowFont

（4）如果要在菜单中添加一个分隔线,则应将其 Caption 属性设置为（　　　）。

　　A. =　　　　　　　B. *　　　　　　　　C. &　　　　　　　　D. –

（5）在菜单编辑器中设计菜单时,为了把组合键【Alt+X】设置为"退出(X̲)"菜单项的访问键,可以将该菜单项的标题设置为（　　　）。

　　A. 退出(X&)　　　B. 退出(&X)　　　C. 退出(X#)　　　　D. 退出(#X)

（6）以下叙述中错误的是（　　　）。

　　A. 在同一窗体的菜单项中,不允许出现标题相同的菜单项

　　B. 在菜单的标题栏中,"&"所引导的字母指明了访问该菜单项的访问键

　　C. 在程序运行过程中,可以重新设置菜单的 Visible 属性

　　D. 弹出式菜单也在菜单编辑器中定义

（7）以下选项中,（　　　）方法可以显示弹出菜单。

　　A. PopupMenu　　B. OpenMenu　　　C. LoadMenu　　　　D. SetMenu

（8）以下关于多窗体的叙述中,正确的是（　　　）。

　　A. 任何时刻,只有一个当前窗体

　　B. 向一个工程添加多个窗体,存盘后生成一个窗体文件

　　C. 打开一个窗体时,其他窗体自动关闭

　　D. 只有第一个建立的窗体才是启动窗体

（9）以下关于多重窗体程序的叙述中,错误的是（　　　）。

　　A. 用 Hide 方法不但可以隐藏窗体,而且能清除内存中的窗体

　　B. 在多重窗体程序中,各窗体的菜单是彼此独立的

　　C. 在多重窗体程序中,可以根据需要指定启动窗体

　　D. 在多重窗体程序中,单独保存每个窗体

（10）在多文档界面中,子窗口的排列方式不包括（　　　）。

　　A. vbCascade　　　　B. vbTileHorizontal　　C. vbTileVertical　　　D. vbArrange

（11）在工具栏 Toolbar 的设计中,按钮上的图片应该来自（　　　）控件。

　　A. PictureBox　　　B. Image　　　　　C. Photo　　　　　　D. ImageList

（12）状态栏 StatusBar 由最多 16 个（　　　）对象组成。

A. Panel　　　　　B. Image　　　　　C. PictureBox　　　　　D. Text

2. 填空题

（1）通用对话框 CommanDialog1 可以打开_____、_____、_____、_____、_____、_____对话框。

（2）要将通用对话框 CommanDialog1 设置成不同的对话框，应通过_____属性来设置。

（3）菜单的热键指使用【Alt】键和菜单标题中的一个字符来打开菜单，建立热键的方法是在菜单标题的某个字符前加上一个_____字符。

（4）如果在建立菜单时，在标题文本框中输入字符_____，那么菜单显示时，形成一个分隔线。

（5）在菜单编辑器中建立了一个菜单，名为 pmenu，用下面的语句可以把它作为弹出式菜单弹出，请填空。

```
Form1._____    Pmenu
```

（6）假定建立了一个工程，该工程包括两个窗体，其名称（Name 属性）分别为 Form1 和 Form2，启动窗体为 Form1。在 Form1 上画一个命令按钮 Command1，程序运行后，要求当单击该命令按钮时，Form1 窗体消失，显示窗体 Form2，请在_____处将程序补充完整。

```
Private Sub Command1_Click() ;
    _____    Form1
    Form2._____
End Sub
```

（7）Toolbar 控件中有多个按钮，在其 Toolbar1_ButtonClick 事件过程中，Button 的_____属性区分按下的是哪一个按钮。

3. 编程题

（1）创建一个多文档窗体，一个主窗体 MDIForm1 和两个子窗体 Form1、Form2。MDIForm1 的菜单包含"文件""编辑""窗口"三个菜单项，以及一个 CommonDialog 控件。Form1 上包括一个文本框和一个通用对话框控件，Form2 上放置一个标签。按以下要求设置各子菜单项，并编程实现相应功能代码。

① "文件"菜单包括"打开""另存为""关闭和退出"三个子菜单，其中"打开"菜单项包括 Form1 和 Form2 子菜单。

② "编辑"菜单包括"字体"和"颜色"子菜单项。单击它们可以对 Form1 中文本框的文字进行字体和颜色的设置。

③ "窗口"菜单包括"层叠排列""水平平铺""垂直平铺""排列图标"四个子菜单，单击各子菜单项，实现两个子窗体的不同方式的排列。

（2）在第（1）题的基础上，给 MDIForm1 添加一个工具栏，要求当鼠标指向按钮时有相应的功能提示，从左到右依次为粗体、斜体和下画线。编写代码，实现单击各工具栏按钮，对 Form1 中文本框的文字设置相应的模式。

（3）在第（1）题和第（2）题的基础上设计一个具有四个窗格的状态栏，第一个窗格显示"第 10 章习题"，第二个窗格显示当前键盘的【Caps Lock】键的状态，第三个窗格显示当前的系统时间，第四个窗格显示一幅图片。整个窗体运行结果如图 10–36 所示。

图 10-36 题（3）界面

二、参考答案

1. 选择题

（1）	（2）	（3）	（4）	（5）	（6）	（7）	（8）	（9）	（10）	（11）	（12）
C	D	B	D	B	A	A	A	A	D	D	A

2. 填空题

（1）文件打开　　另存为　　颜色　　字体　　打印　　帮助

（2）Action　　　　　　　　　　（3）&

（4）-（中画线）　　　　　　　　（5）PopupMenu

（6）Unload　　Show　　　　　（7）Index

3. 编程题（略）

第11章 文 件

本书前述章节的编程中输入、输出的数据都存放在内存中，当程序运行结束时就消失，不能反复使用。在实用程序中，将数据存放在文件中，永久保存在辅存（如硬盘、U 盘等）上，可以由程序多次读入和修改，从而提高程序和数据的使用效率。本章介绍顺序文件、随机文件、二进制文件的读写方法，与文件有关的操作语句、函数和控件。

11.1 文 件 概 述

在计算机系统中，文件是存储数据的基本单位，应用程序可以通过文件访问数据。按存储介质的不同，可以将文件分为磁盘文件、磁带文件、打印文件等；按存储内容的不同，可以将文件分为程序文件和数据文件；按访问方式的不同，可以将文件分为顺序文件、随机文件和二进制文件。数据文件用于保存程序运行时所用的输入、输出数据或中间结果，它一般由一些数据记录构成，每个记录又包含一些数据项。Visual Basic 通常以记录为单位访问数据文件中的数据。

1. 顺序文件

顺序文件即普通的纯文本文件，其数据以字符（ASCII 码）形式存储，可以用任何字处理软件进行访问。顺序文件中的数据只能按一定的顺序存取，建立时只能从第一个记录开始，一个接一个地写入文件。读写文件时只能快速定位到文件头或文件尾，但如果要查找位于中间的数据，就必须从头开始一个一个地查找，直到找到为止。顺序文件的优点是结构简单、访问方式简单。顺序文件的缺点是查找数据必须按顺序进行，且不能同时读写顺序文件。

2. 随机文件

随机文件是以固定长度的记录为单位存储。随机文件由若干条记录组成，每条记录可包含多个字段，每个记录包含的字段数和数据类型均相同。随机文件按记录号引用各个记录，通过指定记录号，就可以很快地访问到该记录。随机文件的优点是可以按任意顺序访问其中的数据；可以方便地修改各个记录而不需要重写全部记录；可以在打开文件后，同时进行读写操作。随机文件的缺点是不能用字处理软件查看内容；占用的磁盘存储空间比顺序文件大；其严格的文件结构也增加了编程的工作量。

3. 二进制文件

二进制文件以字节为单位进行访问。由于二进制文件没有特别的结构，整个文件可以当作一个长的字节序列来处理，所以可以用二进制文件来存放非记录形式的数据或变长记录形式的数据。

11.2 顺 序 文 件

顺序文件只能按顺序读写，操作较简单，一般分为三步：打开文件，读或写文件，关闭文件。

11.2.1 顺序文件的打开和关闭

1. 顺序文件的打开

在对文件进行任何存取操作之前必须先打开文件。打开顺序文件使用 Open 语句，其格式如下：

```
Open<文件名> For [Input|Output|Append] As [#]<文件号> [Len=<缓冲区大小>]
```

功能：按指定方式打开一个文件，并为文件指定文件号。

说明：

（1）<文件名>：一个字符串表达式，可以包含驱动器及文件夹。

（2）打开文件的方式有以下三种：

① Input：以只读方式打开文件。当文件不存在时将会出错。

② Output：以写的方式打开文件。如果文件不存在，则创建一个新文件；如果文件存在，则删除文件中原有内容，从头开始写入数据。

③ Append：以添加的方式打开文件。如果文件不存在，则创建一个新文件；如果文件存在，打开并保留原有数据，写数据时从文件尾开始添加。

（3）<文件号>：表示打开文件的句柄，是一个介于 1～511 之间的整数。为了避免文件号重复使用，Visual Basic 提供 FreeFile() 函数为打开的文件分配系统中未被使用的文件号。<文件号>前的#号可以省略。

（4）<缓冲区大小>：表示可使用的缓冲区的字节数。

例如，在"C:\Data"文件夹下创建名为 Student.dat 的顺序文件，使用 Open 语句如下：

```
Open "C:\Data\Student.dat" For Output As #1
```

以 Input 方式打开当前文件夹下名为 Salary.dat 的顺序文件，Open 语句如下：

```
Open "Salary.dat" For Input As #8
```

打开"C:\Data"文件夹下名为 Student.dat 的文件，文件尾添加数据，Open 语句如下：

```
Open "C:\Data\Student.dat" For Append As 2
```

2. 顺序文件的关闭

当结束写操作后，必须将文件关闭。因为写操作时，只是将数据送到缓冲区，关闭文件才会将缓冲区中数据全部写入文件。关闭文件使用 Close 语句，其格式如下：

```
Close [<文件号列表>]
```

说明：<文件号列表>包括一个到多个已经打开的文件的文件号，各项之间用逗号隔开；省略文件号时将关闭所有已打开的文件。

例如：Close #1,#2

```
        Close
```

11.2.2 顺序文件的写操作

Visual Basic 提供了两个向文件中写入数据的语句，即 Write #语句和 Print #语句。

1．Write #语句

格式：`Write # <文件号>[,<输出列表>]`

功能：将<输出列表>的内容写入指定文件。

说明：

（1）<输出列表>中各项之间用逗号分开，每项可以是常量、变量或表达式。

（2）Write #语句将各输出项的值按列表顺序写入文件并在各值之间自动插入逗号，并且将字符串加上双引号。所有变量写完后，在最后加回车换行符。不含<输出列表>的 Write #语句，将在文件中写入一个空行。

【例 11.1】使用 Write #语句，将 Fibonacci 数列前 20 项写入 D:\Myfile1.txt 文件中，如图 11–1 所示。

【解】程序代码具体如下：

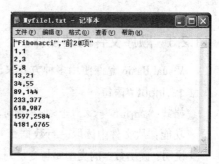

图 11–1　Write #语句示例运行结果

```
Private Sub Form_Click()
    Dim a,b,i As Integer
    a=1:b=1
    Open "d:\Myfile1.txt" For Output As #1
    Write #1,"Fibonacci","前20项"
    For i=1 To 10
        Write #1,a,b
        a=a+b:b=a+b
    Next
    Close
End Sub
```

2．Print #语句

格式：`Print # <文件号>,<输出表列>`

功能：将<输出表列>的内容写入指定文件。

说明：

（1）<输出表列>中各项用逗号或分号隔开（其含义与第 4 章中 Print 语句相同）。每一项可以是常量、变量或表达式。

（2）Print #语句与 Write #语句不同之处在于，用 Print #语句输出后，文件中的字符串不加双引号，各项之间没有逗号分隔；另外，<输出表列>中可以使用 Spc 函数和 Tab 函数。

【例 11.2】将【例 11.1】中的 Write 语句改为 Print 语句，写入 D:\Myfile2.txt 文件中，其结果如图 11–2 所示。

【解】程序代码具体如下：

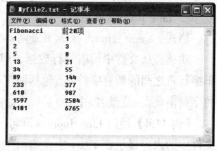

图 11–2　Print #语句示例运行结果

```
Private Sub Form_Click()
    Dim a,b,i As Integer
    a=1:b=1
    Open "d:\Myfile1.txt" For Output As #1
    Print#1,"Fibonacci","前20项"
```

```
    For i=1 To 10
        Print #1,a,b
        a=a+b:b=a+b
    Next
    Close
End Sub
```

11.2.3 顺序文件的读操作

Visual Basic 允许使用多种方式来读取顺序文件中的数据。

1. Input #语句

格式：`Input #<文件号>,<变量列表>`

功能：从文件中读取一行数据，并将已格式化的数据依次读入<变量列表>所列的各变量中。

说明：读出数据的类型要与变量列表中变量的类型匹配，否则会出错。Input #语句经常与 Write #语句配合使用。

在读顺序文件的过程中，可使用 EOF()函数判断是否已读到了文件尾，EOF()函数使用格式如下：

```
EOF (<文件号>)
```

【例 11.3】使用 Input #语句，将 D:\Myfile1.txt 文件中的内容显示在 Text1 中，其结果如图 11-3 所示。

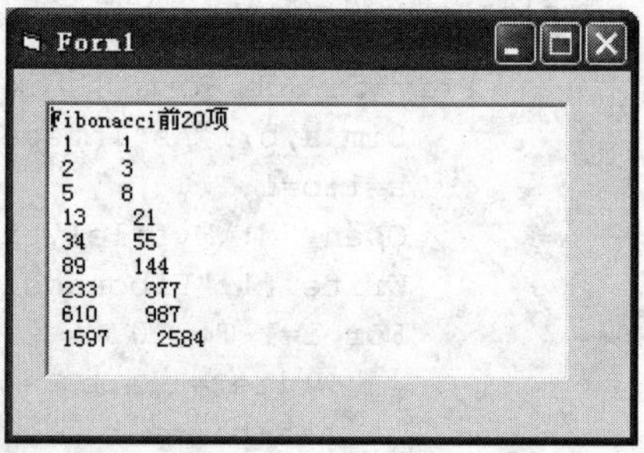

【解】程序代码如下：

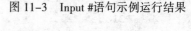

```
Private Sub Form_Click()
    Open "D:\Myfile1.txt" For Input As #1
    Input #1,a,b
    '读出第一行"Fibonacci 前 20 项"
    Text1.Text=Text1.Text+a+b+vbCrLf
    Do While Not EOF(1)
        Input #1,a,b
        Text1.Text=Text1.Text+Str(a)&"   "&Str(b)+vbCrLf
    Loop
    Close #1
End Sub
```

图 11-3　Input #语句示例运行结果

2. Line Input #语句

格式：`Line Input #<文件号>,<变量名>`

功能：从文件中读取一行数据，即读取从行首到回车换行符之间的所有字符（不包括回车和换行符）。读出的字符串放在<变量名>中。

【例 11.4】使用 Line Input #语句，将 D:\Myfile2.txt 文件中的内容显示在 Text1 中，如图 11-4 所示。

【解】程序代码如下：

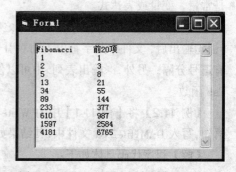

图 11-4　Line Input #语句示例运行结果

```
Private Sub Form_Click()
    Open "D:\Myfile2.txt" For Input As #1
    Do While Not EOF(1)
        Line Input #1,a
```

```
            Text1.Text=Text1.Text+a+vbCrLf
        Loop
        Close #1
    End Sub
```

3. Input()函数

格式：<变量名>=Input(整数,[#]<文件号>)

功能：从指定文件的当前位置一次读取指定个数的字符，并赋值给变量。

例如：

```
    Open "D:\d1.dat" For Input As #1
    MyStr=Input(6,#1)
    Text1.Text=MyStr
```

4. InputB()函数

格式：<变量名>=InputB(字节数,[#]<文件号>)

功能：从指定文件的当前位置一次读取指定字节数的数据，并赋值给变量。

说明：InputB()函数读出的是 ANSI 格式的字符，必须使用 StrConv()函数转换成 Unicode 字符才能被正确地显示在屏幕上。

其他与文件（包括随机文件、二进制文件）操作有关的重要函数和语句还有：

（1）LOF()函数：返回文件的字节数。例如，LOF(1)返回#1 文件的长度，如果返回 0，则表示该文件是一个空文件。

（2）EOF()函数：返回表示文件指针是否到达文件末尾的值。当到文件末尾时，EOF()函数返回 True，否则返回 False。对于顺序文件用 EOF()函数可以测试是否到文件末尾。对于随机和二进制文件，当最近一个执行的 Get 语句无法读到一个完整记录时返回 True，否则返回 False。

（3）Seek()函数：返回当前的读/写位置，返回值的类型是 Long。其形式如下：

```
    Seek(文件号)
```

（4）Seek 语句：设置下一个读/写操作的位置。其使用形式如下：

```
    Seek [#]文件号,位置
```

对于随机文件来说，"位置"是指记录号。

11.3　随 机 文 件

随机文件中的数据是以记录的形式存放的。通过指定记录号就可以快速地访问相应记录。打开随机文件后，在读出数据的同时允许对数据进行修改、写入。Visual Basic 对随机文件的访问具有严格的限制：随机文件中的每条记录的长度相同；每条记录相对应的字段的数据类型必须相同。所以，为了能准确地读写数据，在对随机文件操作前常常限定以一种数据结构来存放写入或读出的数据，然后打开文件进行读写操作，操作完成后还要关闭文件。

11.3.1　随机文件的打开和关闭

（1）随机文件的打开。打开文件仍然使用 Open 语句。其形式如下：

```
    Open <文件名> [For Random] As <文件号> Len=<记录长度>
```

文件名可以是字符串常量，也可以是字符串变量。文件以随机访问模式打开后，可同时进行读写操作。在 Open 语句中要指明记录的长度，记录长度的默认值是 128 字节。

（2）随机文件的关闭。关闭文件仍然使用 Close 语句。

11.3.2 随机文件的读写

打开随机文件以后，就可以读写文件。

1. 写文件

随机文件的写操作使用 Put 语句，其形式如下：

```
Put [#]<文件号>,[<记录号>],<变量名>
```

说明：

（1）Put 语句将一个记录变量的内容，写入所打开的磁盘文件中指定的记录位置处。

（2）记录号是大于 1 的整数，表示写入的是第几条记录。如果忽略记录号，则表示在当前记录后插入一条记录。

2. 读文件

随机文件的读操作使用 Get 语句，其形式如下：

```
Get [#]<文件号>,[<记录号>],<变量名>
```

说明：

（1）Get 语句是从磁盘文件将一条由记录号指定的记录内容读入记录变量中。

（2）记录号是一个大于 1 的整数，表示对第几条记录进行操作。如果忽略记录号，则表示读出当前记录后的那一条记录。

【例 11.5】编写学生信息管理程序，如图 11-5 所示。Command1（追加记录）的功能是将一个学生的信息作为一条记录添加到随机文件末尾，Command2（显示记录）的功能是在窗体上显示指定的记录。还包括文本框 Text1（输入学号）、Text2（输入姓名）、Text3（输入成绩）和 Text4（输入记录号），单选按钮 Option1 （男）和 Option2（女），标签 Label1 显示总记录数。

【解】编写以下程序：

```
'在标准模块中定义记录类型
Private Type StudType
    iNo As Integer
    strName As String*20
    strSex As String*1
    sMark As Single
End Type
Dim Student As StudType
Dim Record_No As Integer
Private Sub Form_Load()
    '以随机访问方式打开文件
    Open "D:\student.dat" For Random As #1 Len=Len(Student)
    Label1.Caption=LOF(1)/Len(Student)   '显示总记录数
    Close #1
End Sub
'添加记录
Private Sub Command1_Click()
    With Student
        .iNo=Val(Text1.Text)
        .strName=Text2.Text
        .strSex=IIf(Option1.Value,"1","0")    '获取性别值
```

```
        .sMark=Val(Text3.Text)
    End With
    Open "D:\student.dat" For Random As #1 Len=Len(Student)
                                    '写数据之前打开文件
    Record_No=LOF(1)/Len(Student)+1    '添加记录使记录数加 1
    Label1.Caption=Record_No
    Put #1,Record_No,Student           '将学生信息写到相应的记录位置
    Close #1
End Sub
'显示记录
Private Sub Command2_Click()
    Open "D:\student.dat" For Random As #1 Len=Len(Student)
                                    '读数据之前打开文件
    Record_No=Val(Text4.Text)
    Get #1,Record_No,Student           '将相应记录的学生信息读出
    Text1.Text=Student.iNo
    Text2.Text=Student.strName
    If Student.strSex="1" Then
        Option1.Value=True
    Else
        Option2.Value=True
    End If
    Text3.Text=Student.sMark
    Record_No=LOF(1) / Len(Student)    '求记录的总数
    Label1.Caption=Record_No
    Close #1
End Sub
```

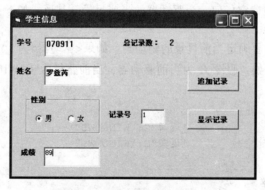

图 11-5　随机文件应用示例界面

11.4　二进制文件

　　二进制文件与随机文件相似，读写也使用 Get 和 Put 语句，区别在于二进制文件的访问单位是字节，而随机文件的访问单位是记录。

　　在二进制文件中，可以把文件指针移到文件的任何地方。文件刚打开时，文件指针指向第一个字节，以后将随着文件处理命令的执行而移动。二进制文件与随机文件一样，文件一旦打开，就可以同时进行读写。

【例 11.6】编写一个复制文件的程序。

【解】程序代码具体如下：

```
Private Sub Command1_Click()
    Dim char As Byte
    Dim FileNum1,FileNum2 As Integer
    FileNum1=FreeFile        '获得一个可用的文件号
    Open "D:\student.dat" For Binary As #FileNum1    '打开源文件
    FileNum2=FreeFile
    Open "D:\student.bak" For Binary As #FileNum2    '打开目标文件
    Do While Not EOF(FileNum1)
        Get #1,,char        '从源文件读出一个字节
        Put #2,,char        '将一个字节写入目标文件
    Loo
    Close #FileNum1
    Close #FileNum2
End Sub
```

11.5　常用的文件操作语句和函数

Visual Basic 提供了许多与文件操作有关的语句和函数，用户可以方便地对文件或文件夹进行复制、删除等维护工作。

11.5.1　与文件、文件夹有关的函数和语句

1. CurDir 函数

利用 CurDir 函数可以确定任何一个驱动器的当前目录。其形式如下：

```
CurDir [<驱动器>]
```

其中，<驱动器>表示要确定当前目录的驱动器。如果<驱动器>为" "，则 CurDir 返回当前驱动器的当前目录路径。例如，假设 C 为当前驱动器，当前路径为"C:\WINDOWS"，使用下列语句可返回当前路径。

```
Dim MyPath As String
MyPath=CurDir              '返回"C:\WINDOWS"
MyPath=CurDir("C")         '返回"C:\WINDOWS"
```

2. ChDir 语句

格式：ChDir <路径名>

功能：改变当前目录。

说明：<路径名>是一个字符串表达式，表示将成为新的当前目录的名称。<路径名>可能包含驱动器，如果没有指定驱动器，则 ChDir 在当前的驱动器上改变当前目录。ChDir 语句改变当前目录的位置，但不会改变默认驱动器的位置。例如，将当前目录改为"MyDir"的语句为：

```
ChDir  "MyDir"
```

假设当前的驱动器是"C:"，下列语句将把当前目录改成"D:\MyDir"，而"C:"仍然是当前驱动器：

```
ChDir  "D:\MyDir"
```

3. ChDrive 语句

格式：`ChDrive <驱动器>`

功能：改变当前驱动器。

说明：如果<驱动器>为" "，当前驱动器将不会改变；如果<驱动器>中有多个字符，ChDrive 只会使用首字母。例如，使用 ChDrive 语句将当前的驱动器改为"D"：

```
ChDrive "D"
```

4. MkDir 语句

格式：`MkDir <路径名>`

功能：创建一新的目录。例如：

```
MkDir "mydir"
MkDir "d:\mydir1"
```

5. RmDir 语句

格式：`RmDir<路径名>`

功能：删除一个存在的目录。

说明：　RmDir 只能删除空目录。例如：

```
RmDir "D:\mydir1"
```

6. Dir 函数

格式：`Dir [(<路径名>[,<属性>])]`

功能：返回一个 String 类型字符串，用来表示文件和目录名称。

例如，以下程序的输出结果如图 11-6 所示。

图 11-6　Dir 函数示例

```
'查找"C:\Windows\Win.ini"文件是否存在，如果存在返回"Win.ini"
MyFile=Dir("C:\Windows\Win.ini")
Print MyFile
'查找"C:\Windows"下所有后缀是".ini"的文件是否存在，如果有多个，返回第一个满足
条件的文件名
MyFile=Dir("C:\Windows\*.ini")
Print MyFile
'如果文件夹 Windows 存在，显示其名称
MyPath="C:\Windows"
Print MyPath
```

11.5.2　对文件和文件夹的操作

1. FileCopy 语句

格式：`FileCopy 源文件,目标文件`

功能：复制一个文件。

说明：FileCopy 语句不能复制一个已打开的文件。

例如，将源文件 srcfile.txt 复制到 D：盘且目标文件名为 destfile.txt：

```
Dim sFile,dFile
sFile="srcfile.txt"        '指定源文件名
dFile="destfile.txt"       '指定目标文件名
FileCopy sFile,dFile
```

2. Kill 语句

格式：`kill <文件名>`

功能：删除文件。

例如：Kill "D:\2.txt"　　'删除 D 盘下的 2.txt 文件

　　　Kill "D:*.txt"　　'删除 D 盘下的所有 .txt 文件

3. Name 语句

格式：Name <原路径名> As <新文件名>

功能：重新命名一个文件或目录。

说明：

（1）Name 具有移动文件的功能，即重新命名文件并将其移动到一个不同的文件夹中。

（2）在<原路径名>和<新文件名>中不能使用通配符"*"和"?"。

（3）不能对一个已打开的文件上使用 Name 语句。

例如：Name "oldfile.txt" As "newfile.txt"　'将 oldfile.txt 更名为 newfile.txt

4. FileDateTime

格式：FileDateTime(<路径名>)

功能：返回一个文件或文件夹创建或最后修改的日期和时间。

例如：MsgBox FileDateTime("D:\1.txt")

5. FileLen

格式：FileLen (<路径名>)

功能：返回以字节为单位的文件长度。

例如：MsgBox FileLen("D:\1.txt")

6. GetAttr

格式：GetAttr (<路径名>)

功能：返回文件、文件夹的属性。

如果要判断一个文件是否有某个属性，需要将 GetAttr()函数的返回值与表 11-1 所列的属性值按位进行 And 运算，如果所得的结果不为零，则表示设置了这个属性值。

表 11-1　文件、目录或文件夹属性

常　　量	值	描　　述
VbNormal	0	一般文件
VbReadOnly	1	只读
VbHidden	2	隐藏
VbSystem	4	系统文件
VbDirectory	16	目录
VbArchive	32	上次备份后，文件已经改变
VbAlias	64	指定文件名是别名

7. SetAttr

格式：SetAttr <路径名>,<属性>

功能：设置文件属性。

其中，参数<路径名>是一个字符串表达式，用来指定文件名称；参数<属性>是一个常量或数值表达式，表示文件的属性。<属性>值见表 11–1。

例如：`SetAttr "D:\1.txt",vbHidden+vbReadOnly`

11.6 文 件 控 件

Visual Basic 为用户提供了三个文件控件：驱动器列表框（DriveListBox）、目录列表框（DirListBox）、文件列表框（FileListBox）。这三个控件可以单独使用，也可以组合使用。组合使用时，可以在各控件的事件过程中编写代码，建立它们之间的联系。

11.6.1 驱动器列表框

驱动器列表框（DriveListBox） 是一种能显示系统中所有有效磁盘驱动器的列表框。用户可以单击列表框右侧的箭头从列出的驱动器列表中选择驱动器。

（1）Drive 属性：返回或设置磁盘驱动器的名称，如图 11–7 所示。可以是任何一个有效的字符串表达式，该字符串的第一个字母必须是一个有效的磁盘驱动器符号。此属性只能在运行时被设置，当被设置后，驱动器盘符出现在列表框的顶部。从列表框中选择驱动器并不能自动变更系统当前的工作驱动器，要改变系统当前的工作驱动器需使用 ChDrive 语句。

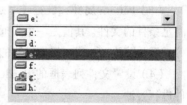

图 11–7　驱动器列表框

例如：

```
rDrive=Drive1.Drive        '读取驱动器
Drive1.Drive="C:\"         '设置驱动器
ChDrive  "C:"              '将驱动器 C:变成当前的工作驱动器
```

（2）Change 事件：当选择一个新的驱动器或通过代码改变 Drive 属性的设置时触发该事件。

11.6.2 目录列表框

目录列表框（DirListBox） 用来列出当前驱动器下的分层目录结构，其中每一行代表一级文件夹，双击其中的一个文件夹时，将打开该文件夹并显示其子文件夹，如图 11–8 所示。

（1）Path 属性：返回或设置当前工作目录的完整路径（包括驱动器盘符）。

在设计阶段，该属性不可用。设置 Path 属性相当于改变了目录列表框的当前目录。在目录列表框中选择目录并不能改变系统的当前目录，要想真正改变系统当前目录必须使用 ChDir 语句。Path 属性的格式为：

图 11–8　目录列表框

对象.Path [=路径]

（2）Change 事件：当双击一个目录项或通过代码改变 Path 属性的设置值时触发。

11.6.3 文件列表框

文件列表框（FileListBox） 是一个带滚动条的列表框，如图 11–9 所示，用来显示指定目录下的文件。

1. 属性

（1）Path 属性：设置或返回当前目录的路径名，其值为一个表示路径名的字符串表达式。编写程序时，文件列表框的 Path 属性值一般由目录列表框的 Path 属性获得。当 Path 属性被设置后，文件列表框将显示当前目录下的文件。Path 属性只能在运行阶段设置，其代码格式为：

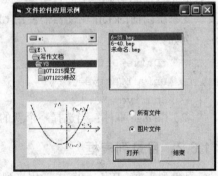

图 11-9　文件列表框

```
对象.Path [=路径]
```

（2）FileName 属性：设置或返回所选文件的路径和文件名。在程序中设置 FileName 属性时，可以使用完整的文件名，也可以使用不带路径的文件名；当读取该属性时，则返回当前从列表中选择的不含路径名的文件名或空值。改变该属性值可能会激活一个或多个事件（如 PathChange、PatternChange 或 DbClick 事件）。其格式为：

```
对象.FileName [=带非路径名的文件名]
```

（3）Pattern 属性：设置或返回要显示的文件类型，即按该属性的设置对文件进行过滤，显示满足条件的文件。其值是一个带通配符的文件名字符串，代表要显示的文件名类型。例如，"*.txt"等。默认值为"*.*"。如果过滤的类型不只一种，可以用分号分隔。

（4）设置文件列表框的 ReadOnly 属性、Archive 属性、Normal 属性、Hidden 属性也可以对文件进行过滤。

2. Click 或 DbClick 事件

当用户单击或双击文件列表框中的文件时激活。

【例 11.7】编写程序。如图 11-10 所示，用驱动器列表框、目录列表框和文件列表框查找磁盘文件，可以查找所有类型文件和图像文件（.jpg 或.bmp），用"打开"命令按钮或双击该文件名在图像框控件中显示图像。

【解】编写程序如下：

```
    ' "打开"按钮事件
Private Sub Command1_Click()

    Image1.Picture=LoadPicture(File1.Path+"\" +File1.FileName)
End Sub
    ' "结束"按钮事件
Private Sub Command2_Click()
    End
End Sub
    '目录改变事件
Private Sub Dir1_Change()
    ChDir Dir1.Path
    File1.Path=Dir1.Path
End Sub
    '驱动器改变事件
Private Sub Drive1_Change()
    Dir1.Path=Drive1.Drive
    ChDir Dir1.Path
    File1.Path=Dir1.Path
End Sub
    '双击文件夹列表框事件
Private Sub File1_DblClick()
```

图 11-10　文件控件应用示例界面

```
        If Option2.Value=True Then
            Image1.Picture=LoadPicture(File1.Path+"\"+File1.FileName)
        End If
    End Sub
    '  "所有文件"事件
Private Sub Option1_Click()
    If Option1.Value=True Then
        Command1.Enabled=False
    End If
End Sub
Private Sub Option2_Click()        '  "图片文件"事件
    If Option2.Value=True Then
        File1.Pattern="*.bmp;*.jpg"
        Command1.Enabled=True
    End If
End Sub
```

习　题

一、练习题

1. 选择题

（1）以下关于文件的叙述中错误的是（　　）。

　　A. 随机文件中各条记录的长度是相同的

　　B. 打开随机文件时采用的文件存取方式应该是 Random

　　C. 向随机文件中写数据应使用语句 Print #文件号

　　D. 打开随机文件与打开顺序文件一样，都使用 Open 语句

（2）以下关于文件的叙述中，错误的是（　　）。

　　A. 顺序文件中的记录一个接一个地顺序存放

　　B. 随机文件中记录的长度是随机的

　　C. 执行打开文件的命令后，自动生成一个文件指针

　　D. LOF()函数返回文件的字节数

（3）以下选项中，（　　）函数能判断是否到达文件尾。

　　A. BOF()　　　　　　B. LOC()　　　　　　C. LOF()　　　　　　D. EOF()

（4）执行语句 Open "Tel.dat" For Random As #1 Len=50 后，对文件 Tel.dat 中的数据能够执行的操作是（　　）。

　　A. 只能写，不能读　　　　　　　　B. 只能读，不能写

　　C. 可以读，也可以写　　　　　　　D. 不能读，不能写

（5）以下选项中，（　　）语句可以打开随机文件。

　　A. Open "file l .dat" For lnpu't As # 1　　　　B. Open "file l .dat" For Append As # 1

　　C. Open "file1.dat" For Output As # 1　　　　D. Open "file1.dat" For Random As # 1 Len=20

（6）某人编写了下面的程序，希望能把 Text1 文本框中的内容写到 out.txt 文件中：

```
Private Sub Comand1_Click()
    Open "out.txt" For Output As #2
    Print "Text1"
```

```
        Close #2
    End Sub
```
调试时发现没有达到目的，为实现上述目的，应做的修改是（   ）。

  A. 把 Print "Text1"改为 Print #2,Text1   B. 把 Print "Text1"改为 Print Text1

  C. 把 Print "Text1"改为 Write "Text1"   D. 把 Print "Text1"改为 Input #2 Text1

（7）以下语句中，能够改变当前目录的是（   ）。

  A. CurDir   B. ChDir   C. ChDrive   D. MkDir

（8）以下语句中，能复制文件的是（   ）。

  A. FileCopy   B. Kill   C. Name   D. FileDateTime

（9）驱动器列表框（DriveListBox）的（   ）属性获得驱动器。

  A. Drive   B. Change   C. ChDrive   D. Name

（10）目录列表框（DirListBox）的（   ）属性获得目录。

  A. Path   B. Change   C. ChDrive   D. Name

2. 填空题

（1）Visual Basic 提供的对数据文件的三种访问方式为随机访问方式、_____和二进制访问方式。

（2）关闭已经打开的所有文件的语句是_____。

（3）以下过程，使用 Write #语句，将 1、3、5、7、9……99 数列，写到文件"d:\Myfile1.txt"中，请将程序补充完整。

```
    Private Sub Form_Click()
        Dim i As Integer
        a=1:b=1
        _____For Output As #1
        For i=0 To 49
            Write _____
        Next
        Close #1
    End Sub
```

（4）以下事件过程执行时，把 Text1 文本框中的内容写到文件"file1.txt"中，请将程序补充完整。

```
    Private Sub Command1_Click()
        Open "file1.txt" For _____ As #1
        Print _____,Text1.Text
        Close #1
    End Sub
```

（5）设窗体上有一个名称为 CD1 的通用对话框、一个名称为 Text1 的文本框和一个名称为 Command1 的命令按钮。程序执行时，单击 Command1 按钮，则显示打开文件对话框，操作者从中选择一个文本文件，并单击对话框中的"打开"按钮后，则可打开该文本文件，并读入一行文本，显示在 Text1 中。以下是实现此功能的事件过程，请将程序补充完整。

```
    Private Sub Command1_Click()
        Cd1.Filtetr="文本文件|*.txt|Word 文档|*.doc"
        Cd1.FilterIndex=1
        Cd1.ShowOpen
```

```
    If Cd1.FileName <> " " Then
        Open _____For Input As #1
        Line Input #1,ch$
        Close #1
        Text1.Text=_____
    End If
End Sub
```

（6）在窗体上画一个命令按钮和一个文本框，其名称分别为 Command1 和 Text1，然后编写下列事件过程：

```
Private Sub Command1_Click()
    Dim inData As String
    Text1.Text=" "
    Open "d:\myfile.txt" For _____As #1
    Do While _____
        Input #1,inData
        Text1.Text=Text1.Text+inData
    Loop
    Close #1
End Sub
```

以上程序的功能是：打开 D 盘根目录下的文本文件 myfile.txt，读取它的全部内容并显示在文本框中。请将程序补充完整。

3．编程题

（1）编写程序，统计某个文本文件中英文字母（不区分大小写）出现的次数，并将结果输出到另一文件中。

（2）编写程序，输入每个学生的学号、姓名、化学成绩、计算机成绩，单击"确定"按钮将每个学生的成绩存入一个顺序文件中，保存文件的位置及文件名可任意指定。

（3）编写程序如图 11-11 所示，用于输入一个班 10个学生的成绩，数据按随机访问模式存放，"记录号"和"总分"自动显示，各数据项的长度由读者自己确定。

（4）编写程序，单击"删除目录"按钮，将目录列表框选定的目录删除；单击"删除文件"按钮，将文件列表框中选定的文件删除。

图 11-11　题（3）界面

二、参考答案

1．选择题

（1）	（2）	（3）	（4）	（5）	（6）	（7）	（8）	（9）	（10）
C	B	D	C	D	A	B	A	A	A

2．填空题

（1）顺序访问方式　　　　（2）Close　　　　　　　　（3）Open "d:\Myfile1.txt"　　#1，2*i+1

（4）Output　　#1　　　（5）Cd1.FileName　　ch$　（6）Input　　　　　　Eof(#1)

3．编程题（略）

第12章 —— 图形程序设计

Visual Basic 可以进行与图形有关的程序设计，不仅可以使用图形控件，还可以调用图形方法绘制丰富多彩的艺术图形。本章介绍 Visual Basic 的图形程序设计的方法。

12.1 图形操作控件

1．Image 控件

Image 控件■的使用与 PictureBox 控件使用的步骤基本相似。两者不同的是 Image 控件支持的属性、方法和事件比 PictureBox 控件少，但是 Image 控件使用的资源少，重画快。

Image 控件只能用于显示图片，而不能像 PictureBox 控件一样作为其他控件的容器。它没有 AutoSize 属性，但有 Stretch 属性。当 Stretch 属性设置为 False 时，Image 控件可自动改变大小以适应其中的图形的尺寸，Stretch 属性设置为 True 时，加载到 Image 控件的图形可自动调整尺寸以适应 Image 控件的大小。

【例 12.1】演示 PictureBox 控件和 Image 控件中图形的加载方法，观察 PictureBox 控件的 AutoSize 属性和 Image 控件的 Stretch 属性对加载图形的影响。

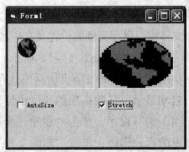

【解】设计界面如图 12-1 所示，包括 Picture1、Image1（边界属性 BorderStyle 为 1）、Check1（Caption 为 "AutoSize"）、Check2（Caption 为 "Stretch"）。编写程序如下：

图 12-1   PictureBox 控件和 Image 控件界面

```
Private Sub Form_Load()
    '读取图片给 Picture1
    Picture1.Picture=LoadPicture(App.Path+"\earth.ico")
    '将 Picture1 的图片赋值给 Image1
    Image1.Picture=Picture1.Picture
End Sub
Private Sub Check1_Click()
    '设置 Picture1 的初始尺寸
    Picture1.Height=1335
    Picture1.Width=2005
    '设置 Picture1.AutoSize
    Picture1.AutoSize=Check1.Value
End Sub
Private Sub Check2_Click()
    '设置 Image1 的初始尺寸
    Image1.Height=1335
```

```
          Image1.Width=2005
          '设置 Image1.Stretch
          Image1.Stretch=Check2.Value
      End Sub
```

2. Shape 控件

Shape 控件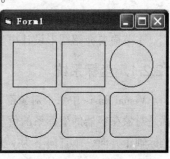用于在 Form 窗体或 PictureBox 控件上绘制常见的几何图形。通过设置 Shape 控件的 Shape 属性可以画出多种图形。Shape 属性见表 12-1。

表 12-1　Shape 控件的 Shape 属性值

设　置　值	常　　量	形　　状
0（默认值）	vbShapeRectangle	矩形
1	vbShapeSqure	正方形
2	vbShapeOval	椭圆形
3	vbShapeCircle	圆形
4	vbShapeRoundedRectangle	圆角矩形
5	vbShapeRoundedSquare	圆角正方形

【例 12.2】在窗体中使用 Shape 控件画出六个不同形状的图形。

【解】设计界面如图 12-2 所示，包括 Shape1、Shape2、Shape3、Shape4、Shape5、Shape6。编写程序如下：

```
Private Sub Form_Load()
    Shape1.Shape=vbShapeRectangle        '矩形
    Shape2.Shape=vbShapeSqure            '正方形
    Shape3.Shape=vbShapeOval             '椭圆形
    Shape4.Shape=vbShapeCircle           '圆形
    Shape5.Shape=vbShapeRoundedRectangle
'圆角矩形
    Shape6.Shape=vbShapeRoundedSquare
'圆角正方形
End Sub
```

图 12-2　Shape 控件示例界面

3. Line 控件

Line 控件用于在容器对象中画直线。改变 Line 控件的 BorderStyle 属性就可以画出多种样式的直线，BorderStyle 属性见表 12-2。

表 12-2　BorderStyle 属性的设置值

设　置　值	常　　量	形　　状
0	vbTransparent	透明
1（默认值）	vbBSSolid	实线。边框处于形状边缘的中心
2	vbBSDash	虚线
3	vbBSDot	点线
4	vbBSDashDot	点画线
5	vbBSDashDotDot	双点画线
6	vbBSInsideSolid	内收实线。边框的外边界就是形状的外边缘

【例 12.3】在窗体中使用 Line 控件画出六个不同风格的直线。

【解】设计界面如图 12-3 所示，包括 Line1、Line2、Line3、Line4、Line5、Line6。程序如下：

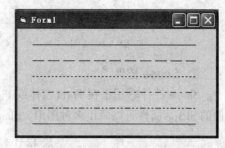

图 12-3　Line 控件示例界面

```
Private Sub Form_Load()
    Line1.BorderStyle=vbBSSolid    '实线
    Line2.BorderStyle=vbBSDash     '虚线
    Line3.BorderStyle=vbBSDot      '点线
    Line4.BorderStyle=vbBSDashDot  '点画线
    Line5.BorderStyle=vbBSDashDotDot    '双点画线
    Line6.BorderStyle=vbBSInsideSolid   '内收实线
End Sub
```

另外，可以用 BorderColor 属性设置直线的颜色。但当 BorderStyle 属性为"0"（透明）时，将忽略 BorderColor 属性的设置值。使用 Line 控件的 X1、Y1、X2、Y2 属性可以设置直线的起点和终点。

12.2　图形程序设计基础

本节简要介绍图形设计中坐标、颜色等基础知识。

12.2.1　坐标系统

Visual Basic 中每个对象都存放在容器中，其位置用 Left 和 Top 属性规定。Left 和 Top 属性值就是对象在容器的坐标系的值。Visual Basic 的坐标系的坐标原点在容器的左上角，水平向右为 x 坐标轴正方向，垂直向下为 y 坐标轴正方向。

1. ScaleMode 属性

Visual Basic 的坐标轴的默认刻度单位是缇（Twip），根据需要可以使用 ScaleMode 属性改变刻度单位。ScaleMode 属性见表 12-3。

表 12-3　ScaleMode 属性的设置值

设　置　值	说　　　明	设　置　值	说　　　明
0 – User	用户自定义。可设置 ScaleHeight、ScaleWidth、ScaleTop、ScaleLeft 属性	4 – Character	字符
1 – Twip（默认值）	缇，1440 缇等于 1 英寸	5 – Inch	英寸
2 – Point	点，72 点等于 1 英寸	6 – Millimeter	毫米
3 – Pixel	像素	7 – Centimeter	厘米

例如：Form1.Scalemode=3　'设置窗体坐标系的刻度单位为像素

2. 改变容器的坐标系

Visual Basic 提供了 ScaleTop、ScaleLeft、ScaleHeight、ScaleWidth 属性来改变容器的坐标系的原点、坐标轴方向和刻度单位。

（1）ScaleLeft、ScaleTop 属性：重定义容器左上角的坐标，亦即移动坐标原点。

（2）ScaleHeight、ScaleWidth 属性：改变容器内部垂直和水平方向的刻度单位，将容器内的显示区域分割为多少个单元。如果为负值，则改变坐标轴的方向。

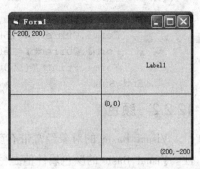

图 12-4　改变窗体的坐标系界面

【例 12.4】设计界面如图 12-4 所示，包括 Label1(Caption 为 Label1)，编写程序改变窗体的坐标系。

【解】程序代码具体如下：

```
Private Sub Form_Load()
    Form1.ScaleHeight=-400
    Form1.ScaleWidth=400          'y 轴正方向向
上，1 单位为窗体显示区域的 1/400
    Form1.ScaleLeft=-200
    Form1.ScaleTop=200            '原点移到中心位置
    Label1.Left=100
    Label1.Top=100               '设置 Label1 的位置
End Sub
```

3. Scale 方法

Visual Basic 还提供了 Scale 方法来快速设置容器的坐标系。使用格式如下：

```
[<对象名>].Scale [(x1,y1) - (x2,y2)]
```

说明：

（1）(x1,y1)为容器对象的左上角的坐标，(x2,y2)为容器对象的右下角的坐标。

（2）不带任何参数调用 Scale 方法，可以将坐标系还原成系统默认的坐标系。

【例 12.5】使用 Scale 方法实现【例 12.4】的坐标系。将【例 12.4】的程序修改如下：

【解】程序代码具体如下：

```
Private Sub Form_Load()
    'y 轴正方向向上，1 单位为窗体的显示区域的 1/400
    '原点移到中心位置
    Form1.Scale (-200,200)-(200,-200)
    Label1.Left=100
    Label1.Top=100     '设置 Label1 的位置
End Sub
```

4. 当前坐标

在容器中绘制图形或输出结果时，经常需要指定它们在特定位置的输出，指定这个位置的方法就是在输出前设置当前坐标。属性 CurrentX 用于设置或返回当前坐标的水平坐标，属性 CurrentY 用于设置或返回当前坐标的垂直坐标。

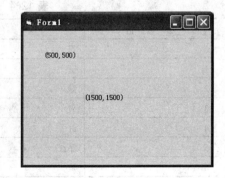

图 12-5　当前坐标示例界面

【例 12.6】设计界面如图 12-5 所示，在坐标（500,500）的位置输出"（500,500）"，在坐标（1500,1500）的位置输出"（1500,1500）"。

【解】编写程序如下：

```
Private Sub Form_Paint()
    Form1.CurrentX=500
    Form1.CurrentY=500           '设置当前坐标为(500,500)
```

```
        Form1.Print "(500,500)"          '输出"(500,500)"
        Form1.CurrentX=1500
        Form1.CurrentY=1500              '设置当前坐标为(1500,1500)
        Form1.Print "(1500,1500)"        '输出"(1500,1500)"
    End Sub
```

12.2.2　颜色

Visual Basic 的对象经常带有颜色属性，用户可以在设计阶段和运行阶段设置对象的颜色属性。Visual Basic 的颜色属性值是一个四字节的长整型数（Long），其中最低三个字节分别对应构成颜色的三原色：红色、绿色、蓝色。以十进制表示，它们的取值范围为 0~255。

1. 在设计阶段设置颜色

对象的属性窗口列出了所有属性。可以设置与颜色有关的属性（如 BackColor、ForeColor）的颜色值，只需要在属性窗口中单击相应的属性名，在属性值处就会出现一个下拉箭头，在单击下拉箭头，会弹出颜色对话框，如图 12-6 所示。其中包括系统预定义的颜色（System）和颜色调色板（Palette），可以从中选择颜色。

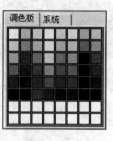

图 12-6　颜色设置

2. 运行阶段设置

在运行阶段可以使用 RGB()函数和 QBColor()函数来获取一个长整型（Long）的颜色值。

（1）RGB()函数。格式为：

```
RGB(red,green,blue)
```

其中 red、green、blue 分别代表红色、绿色、蓝色的值，取值范围为 0~255 的整数。

（2）QBColor()函数。格式为：

```
QBColor(Value)
```

其中 Value 是介于 0~15 的整数，Value 的值及其代表的颜色见表 12-4。

表 12-4　QBColor()函数可用的参数值

参 数 值	颜　色	参 数 值	颜　色
0	黑	8	灰
1	蓝	9	亮蓝
2	绿	10	亮绿
3	青	11	亮青
4	红	12	亮红
5	品红	13	亮品红
6	黄	14	亮黄
7	白	15	亮白

3. 颜色常量

Visual Basic 将经常使用的颜色值定义为内部常量，可以直接使用。预定义的颜色常量见表 12-5。

表 12-5 预定义的颜色常量

颜 色 常 量	颜 色	颜 色 常 量	颜 色
vbBlack	黑	vbBlue	蓝
vbRed	红	vbMagenta	品红
vbGreen	绿	vbCyan	青
vbYellow	黄	vbWhite	白

4．十六进制颜色值

Visual Basic 内部使用十六进制数代表指定的颜色。可以直接使用该十六进制数为颜色属性赋值。其格式为：&H00BBGGRR&。其中，BB、GG、RR 为十六进制蓝绿红三原色的值。

【例 12.7】使用四种方式分别为各个 Label 控件的 BackColor 属性赋值。

【解】设计界面如图 12-7 所示，包括 Label1（红）、Label2（绿）、Label3（黄）、Label4（蓝）。编写程序如下：

```
Private Sub Form_Load()
    '设置 Lable1 的背景为红色
    Label1.BackColor=RGB(255,0,0)
    '设置 Lable2 的背景为绿色
    Label2.BackColor=QBColor(2)
    '设置 Lable3 的背景为黄色
    Label3.BackColor=vbYellow
    '设置 Lable4 的背景为蓝色
    Label4.BackColor=&HFF0000
End Sub
```

图 12-7 BackColor 属性值界面

12.3 绘 图 方 法

1．画点

Pset 方法用于在对象的指定位置上画点，其语法格式如下：

```
[对象.] Pset [Step] (x,y) [,颜色]
```

说明：

（1）(x,y)为所画点的坐标。

（2）关键字 Step 表示采用与当前坐标的相对值。

（3）颜色参数如果没有设置，Pset 方法用容器对象的前景颜色画点。

（4）Pset 方法绘制的点的大小受其容器对象的 DrawWidth 属性的影响。

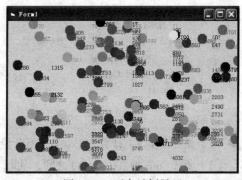

【例 12.8】每次单击窗体在窗体上随机画一个带颜色的点。

【解】设计界面如图 12-8 所示，编写程序如下：

```
Private Sub Form_Click()
    Dim x As Integer
    Dim y As Integer
```

图 12-8 画点示例界面

```
        Randomize      '初始化随机数
        x=Rnd()*Me.Width
        '得到一个 0 到窗口高度之间的随机值 y
        y=Rnd()*Me.Height
        DrawWidth=20   '设置画笔大小为 20
    '设置画笔色为(0,0,0)到(255,255,255)间的随机值
        ForeColor=RGB(Rnd()*255,Rnd()*255,Rnd()*255)
        PSet (x,y)  '画点
        Print x,y   '输出当前坐标值
    End Sub
```

说明：

（1）其中每个点的位置由随机函数 Rnd()随机生成。

（2）每个点的颜色也由随机函数 Rnd()随机生成。

（3）每按一下鼠标，输出一个点。

2. 直线和矩形

Line 方法用于画直线和矩形，其语法格式如下：

```
    [对象.] Line [ [Step] (x1,y1)]-[Step] (x2,y2) [,颜色][,B[F]]
```

说明：

（1）(x1,y1)为线段的起点坐标或矩形的左上角坐标。

（2）(x2,y2)为线段的终点坐标或矩形的右下角坐标。

（3）关键字 Step 表示采用当前作图位置的相对值。

（4）关键字 B 表示画矩形。

（5）关键字 F 表示用画矩形的颜色来填充矩形，F 必须与关键字 B 一起使用。如果只用 B 不用 F，则矩形的填充由 FillColor 和 FillStyle 属性决定。

【例 12.9】绘制 y=Cos(x)的函数曲线，如图 12-9 所示，编程实现。

【解】编写程序如下：

```
    Private Sub Form_Paint()
        Dim x As Single,y As Single
        '改变坐标系，原点在窗体中心，X 方向长度为 10，Y 方向高度为 2
        Scale (-10,2)-(10,-2)
        '绘制坐标轴
        Line (-10,0)-(10,0)
        Line (0,-2)-(0,2)
        '绘制函数曲线
        For x=-10 To 10 Step 0.01
            y=Cos(x)
            PSet(x,y)
        Next
    End Sub
```

说明：

（1）循环改变 x，计算 y=Cos(x)，不断绘制点(x,y)，就可以绘制函数曲线。

（2）函数 Cos(x)的值在-1～+1 之间，因此，为了突出曲线效果，将坐标系的垂直坐标设定为-2～2。

（3）绘制其他的数学函数曲线，也可以采用类似方法。

【例 12.10】以窗体中心为起点，随机画 100 条直线，如图 12-10 所示，编程实现。

【解】编写程序如下：

```
Private Sub Form_Paint()
    Dim i As Integer,x As Single,y As Single
    Randomize                '初始化随机数
    Scale (-1,1)-(1,-1) '改变坐标系，原点在窗体中心，各方向长度为1
    For i=1 To 100
        x=Rnd                '得到一个0到1之间的随机值x
        If Rnd<0.5 Then x=-x
        y=Rnd                '得到一个0到1之间的随机值y
        If Rnd<0.5 Then y=-y
                             '得到一个0到15之间的随机值colorcode
        colorcode=15*Rnd
        Line (0,0)-(x,y),QBColor(colorcode)        '画线
    Next
End Sub
```

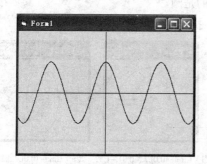

图 12-9 y=Cos(x)函数曲线界面

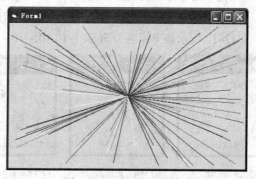

图 12-10 画线示例界面

说明：

（1）语句 Scale (-1,1)-(1,-1)，使得窗体的坐标系统左上角为(-1,1)，右下角为(1,-1)，绘制直线的时候，坐标点的 x 和 y 值应该小于 1。

（2）绘制直线时，起点总为（0,0），使得直线总是从中心点开始。

【例 12.11】以窗体中心为起点，随机画 30 个矩形，如图 12-11 所示，编程实现。

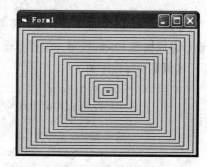

图 12-11 画矩形示例界面

【解】编写程序如下：

```
Private Sub Form_Paint()
    Dim i As Integer,x As Single,y As Single
    '改变坐标系，原点在窗体中心，各方向长度为1
    Scale (-1000,1000)-(1000,-1000)
    x=10
    y=10
    For i=1 To 30
        Line (-x,-y)-(x,y),QBColor(0),B
        x=x+50
        y=y+50
    Next
```

```
End Sub
```

说明：

（1）通过循环，每次使得 x 和 y 增加 50，从而改变矩形的长和宽。

（2）两个点(-x,-y)和(x,y)以原点对称，所有矩形也以原点对称。

3. 画圆

Circle 方法用于画圆、椭圆、圆弧和扇形，其语法格式如下：

```
[对象.] Circle [Step] (x,y),半径[,[颜色][,[起始角][,[终止角][,长短轴比率]]]]
```

说明：

（1）(x,y)为圆心坐标。

（2）关键字 Step 表示采用当前作图位置的相对值。

（3）圆弧和扇形通过参数起始角、终止角控制。当起始角、终止角取值在 0～2 时为圆弧，当在起始角、终止角取值前加一负号时，画出扇形，负号表示画圆心到圆弧的径向线。

（4）椭圆通过长短轴比率控制，默认值为 1 时，画出的是圆。

图 12-12 所示是坐标系为 Scale (-10,10)-(10,-10) 时，执行对应语句后绘制的图形。

  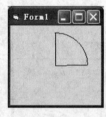 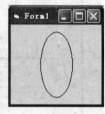

（a）Circle (0,0),7　　（b）Circle (0,0),7,,-1.57　　（c）Circle (0,0),7,,2　　（d）Circle (0,0),7,,-0.01,-1.57　　（e）Circle (0,0),7,,,,2

图 12-12　Circle 方法

【例 12.12】画 20 个圆，圆心等距环绕窗体中心。设计界面如图 12-13 所示，编程实现。

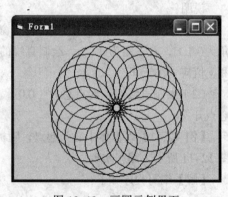

图 12-13　画圆示例界面

【解】编写程序如下：

```
Private Sub Form_Paint()
    Dim r,x,y,x0,y0,pi As Single
    pi=3.1415926  '设置pi值
    '设置圆心位置计算参数
    r=Form1.ScaleHeight/4
    x0=Form1.ScaleWidth/2
    y0=Form1.ScaleHeight/2
    'i在0到2*pi之间循环，步长为pi/10
    st=pi/10
    For i=0 To 2*pi Step st
        x=r*Cos(i)+x0
        y=r*Sin(i)+y0      '计算圆心位置
        Circle(x,y),r*0.9   '画圆
    Next
End Sub
```

说明：

（1）公式 x=r * Cos(i)+x0，y=r * Sin(i)+y0，取得半径为 r，以(x0,y0)为圆心的圆。

（2）语句 Circle (x,y),r * 0.9，绘制的圆该圆上的这些点为中心，半径为 r * 0.9 绘制很多圆。

4．其他绘图属性

（1）清除图形。Cls 方法用于清除对象中绘制的图形和文本。其语法格式如下：

```
<对象>.Cls
```

例如：

```
Form1.Cls    '清除 Form1 中绘制的图形和文本
```

（2）线宽和线型。对象的 DrawWidth 属性给出这些对象上所画线的宽度或点的大小。DrawWidth 属性以像素为单位来度量，最小值为 1。

对象的 DrawStyle 属性给出这些对象上所画线的形状。DrawStyle 属性值见表 12-6。

表 12-6　DrawStyle 属性的设置值

设 置 值	常 量	形 状	设 置 值	常 量	形 状
0（默认值）	vbSolid	实线	4	vbDashDotDot	双点画线
1	vbDash	虚线	5	vbInVisible	无线
2	vbDot	点线	6	vbInsideSolid	内收实线
3	vbDashDot	点画线			

以上线型仅当 DrawWidth 属性值为 1 时才能产生。当 DrawWidth 的值大于 1 且 DrawStyle 属性值为 1~4 时，都只能产生实线效果。当 DrawWidth 的值大于 1，而 DrawStyle 属性值为 6 时，所画的内实线仅当是封闭线时起作用。DrawStyle=6 为内侧实线方式，在画封闭图形时，线宽的计算从边界向内，而实线方式（DrawStyle=0）画封闭图形时，线宽的计算以边界为中心，一半在边界内，一半在边界外。

如果使用控件，则通过 BorderWidth 属性定义线的宽度或点的大小，通过 BorderStyle 属性给出所画线的形状。

【例 12.13】 画出七种风格的直线。设计界面如图 12-14 所示，编程实现。

【解】 编写程序如下：

```
Private Sub Form_Paint()
    Scale (0,0)-(100,100)      '改变坐标系
    Form1.DrawWidth=1          '设置画笔大小为 1
    Form1.DrawStyle=0          '设置画笔风格为实线
    Line (0,10)-(100,10)
    Form1.DrawStyle=1          '设置画笔风格为虚线
    Line (0,20)-(100,20)
    Form1.DrawStyle=2          '设置画笔风格为点线
    Line (0,30)-(100,30)
    Form1.DrawStyle=3          '设置画笔风格为点画线
    Line (0,40)-(100,40)
    Form1.DrawStyle=4          '设置画笔风格为双点画线
    Line (0,50)-(100,50)
    Form1.DrawStyle=5          '设置画笔风格为无线
    Line (0,60)-(100,60)
    Form1.DrawStyle=6          '设置画笔风格为内收实线
    Line (0,70)-(100,70)
End Sub
```

图 12-14　七种风格直线界面

（3）填充颜色与填充样式。封闭图形的填充方式由对象的 FillStyle、FillColor 属性决定。

FillColor 属性：指定填充图案的颜色，默认的颜色与 ForeColor 相同。

FillStyle 属性：指定填充的图案，FillStyle 属性值见表 12-7。

表 12-7 DrawStyle 属性的设置值

设 置 值	常 量	形 状	设 置 值	常 量	形 状
0（默认值）	vbFSSolid	实心	4	vbUpWardDiagonal	上斜对角线
1	vbFSTransparent	透明	5	vbDownwardDiagonal	下斜对角线
2	vbHorizontalLine	水平直线	6	vbCross	十字线
3	vbVerticalLine	垂直直线	7	vbDiagonalCross	交叉对角线

【例 12.14】画出八种风格的填充样式。设计界面如图 12-15 所示，编程实现。

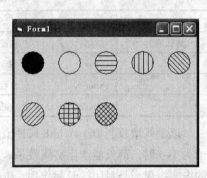

【解】编写程序如下：

```
Private Sub Form_Paint()
    Scale (0,0)-(100,50) '改变坐标系
    Form1.DrawWidth=1
    Form1.DrawStyle=0       '设置画笔大小为1,风格为实线
    Form1.FillStyle=0 '设置填充类型为实心
    Circle (10,10),6
    Form1.FillStyle=1 '设置填充类型为透明
    Circle (30,10),6
    Form1.FillStyle=2        '设置填充类型为水平直线
    Circle (50,10),6
    Form1.FillStyle=3        '设置填充类型为垂直直线
    Circle (70,10),6
    Form1.FillStyle=4        '设置填充类型为上斜对角线
    Circle (90,10),6
    Form1.FillStyle=5        '设置填充类型为下斜对角线
    Circle (10,30),6
    Form1.FillStyle=6        '设置填充类型为十字线
    Circle (30,30),6
    Form1.FillStyle=7        '设置填充类型为交叉对角线
    Circle (50,30),6
End Sub
```

图 12-15　八种风格填充样式界面

（4）自动重画和 Paint 事件。有两种方法可以确保绘制的图形具有持久性。

第一种方法是将窗口的 AutoRedraw 属性设为 True。这会确保任何绘图方法所输出的图形都会保存在内存中，这样输出的图案就具有了持久性，可以进行重绘。

第二种方法是在窗口的 Paint 事件中进行绘图。Paint 事件会在窗口第一次显示时被触发，之后每次窗口重绘，Paint 事件都会再次被触发。

需要注意的是，当 AutoRedraw 属性被设为 True 时，Paint 事件就不再被触发了。

Paint 事件还常被用于在调整窗体大小时调整所绘图形跟随窗体大小而变化。方法是在 Resize 事件过程中使用 Refresh 方法强制调用 Paint 事件。

【**例 12.15**】画出一个与一个窗体各边的中点相交的菱形，并且当窗体的大小改变时，菱形也随着自动调整。

【**解**】设计界面如图 12-16 所示，编写程序如下：

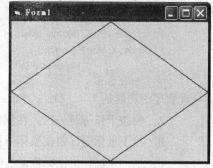

```
Private Sub Form_Paint()
    Dim HalfX,HalfY
    '计算菱形顶点参数
    HalfX=ScaleLeft+ScaleWidth/2
    HalfY=ScaleTop+ScaleHeight/2
    '画菱形
    Line
(ScaleLeft,HalfY)-(HalfX,ScaleTop)
    Line-(ScaleWidth+ScaleLeft,HalfY)
    Line-(HalfX,ScaleHeight+ScaleTop)
    Line-(ScaleLeft,HalfY)
End Sub
Private Sub Form_Resize()
    Refresh  '窗体改变尺寸时重画菱形
End Sub
```

图 12-16 自适应窗体大小的菱形界面

习 题

一、练习题

1. 选择题

（1）图像框 Image1 有一个属性，可自动调整图形的大小以适应图像框的尺寸，这个属性是（　　）。

    A. Autosize　　　　B. Stretch　　　　C. AutoRedraw　　　　D. Appearance

（2）设窗体上有一个图片框 Picture1，要在程序运行期间装入当前文件夹下的图形文件 File1.jpg，能实现此功能的语句是（　　）。

    A. Picture1.Picture="File1.jpg"　　　　B. Picture1.Picture=LoadPicture("File1.jpg")

    C. LoadPicture("File1.jpg")　　　　D. Call LoadPicture("File1.jpg")

（3）形状控件的 Shape 属性有六种取值，分别代表六种几何图形。以下选项中不属于这六种几何图形的是（　　）。

    A. 　　　　B. 　　　　C. ◯　　　　D.

（4）如果一个直线控件 Line 在窗体上呈现为一条垂直线，则可以确定的是（　　）。

    A. 它的 Y1、Y2 属性的值相同　　B. 它的 X1、Y1 属性的值分别与 X2、Y2 属性的值相等

    C. X1、X2 属性的值相等　　D. 它的 X1、X2 属性的值分别与 Y1、Y2 属性的值相等

（5）使用语句 Form1.Scale (-100,100)-(100,-100) 设置窗体坐标系，窗体右上角的坐标是（　　）。

    A. (-100,100)　　　　B. (100,-100)　　　　C. (-100,-100)　　　　D. (100,100)

（6）以下选项中不能表示红色的是（　　）。

    A. vbRed　　　　B. QBColor(4)　　　　C. RGB(255,0,0)　　　　D. &HFF0000

（7）有一个名称为 Fom1 的窗体，设有下列程序（方法 PSet(X,Y)的功能是在坐标 X、Y 处画一个点）：

```
Private Sub Form_MouseDown (Button As Integer,Shift As Integer,X As
Single,Y As Single)
            Form1.PSet (X,Y)
    End Sub
```

此程序的功能是（　　）。

A. 每按下鼠标键一次，在鼠标所指位置画一个点

B. 按下鼠标键，则在鼠标所指位置画一个点；放开鼠标键，则此点消失

C. 拖动鼠标，沿鼠标拖动的轨迹画一条线

D. 按下鼠标键并拖动鼠标，则沿鼠标拖动的轨迹画一条线

（8）以下程序运行时，在窗体上绘制（　　）。

```
Private Sub Command1_Click()
    Scale (-10,10)-(10,-10)
    Line (-5,5)-(5,0),,B
End Sub
```

A. 一条直线　　　　B. 一个圆　　　　C. 一个矩形　　　　D. 一个点

（9）以下程序运行时，在窗体上绘制（　　）。

```
Private Sub Command1_Click()
    Scale (-10,10)-(10,-10)
    Circle (0,0),5
End Sub
```

A. 一个半圆　　　　B. 一个实心圆　　C. 一个完整的圆　　　D. 一个椭圆

2. 填空题

（1）为了在运行时把 d:\pic 文件夹下的图形文件 a.jpg 装入图片框 Picture1，所使用的语句为_____。

（2）形状控件 Shape1 的 Shape 属性值为_____时显示为一个正方形。

（3）Line 控件的 BorderStyle 属性为_____时显示为实线。

（4）使用 Scale 方法语句_____设定窗体 Fomr1 的左上角的坐标为（-5,5），右下角坐标为（5,-5）。

（5）已经有语句 Scale (-10,10)-(10,-10)，使用 Line 语句在窗体的右上角到左下角绘制一条直线的语句是_____。

（6）窗体图 12-17 所示，其中汽车是名称为 Imagel 的图像框，命令按钮的名称为 Command1，计时器的名称为 Timerl，直线的名称为 Linel。程序运行时，单击命令按钮，则汽车每 0.1 s 向左移动 100，车头到达左边的直线时停止移动。请填空完成下面的属性设置和程序，以便实现上述功能。

图 12-17　题（6）界面

① Timerl 的 Interval 属性的值应事先设置为_____。

②
```
Private Sub Command1_Click()
    Timer1.Enabled=True
    End Sub
    Private Sub Timer1_Timer()
        If Image1.Left>=_____Then
```

```
        Image1.Left=_____
    End If
End Sub
```

3．编程题

（1）编写程序，做一个简单的图片查看器，其功能是选择图片文件显示在窗体中。

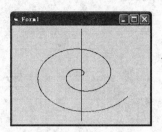

（2）编写程序，绘制 sin(x)在 −2π到+2π之间的曲线，线宽2，红色，坐标轴黑色。

（3）编写程序，绘制图 12-18 所示的阿基米德曲线。

（4）编写程序，绘制图 12-19 所示图形。

图 12-18　题（3）界面

（5）编写程序，用 Shape 控件产生图 12-20 所示的奥林匹克五环。

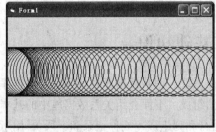

图 12-19　题（4）界面

图 12-20　题（5）界面

（6）编写程序，绘制图 12-21 所示的太极图。

（7）编写程序，绘制图 12-22 所示可以走动的时钟。

图 12-21　题（6）界面

图 12-22　题（7）界面

二、参考答案

1．选择题

（1）	（2）	（3）	（4）	（5）	（6）	（7）	（8）	（9）
B	B	B	C	D	D	A	C	C

2．填空题

（1）Picture1.Picture=LoadPicture("d:\pic\a.jpg")　　　　（2）1　　　　或者 vbShapeSqure

（3）1　　　　或者 vbBSSolid　　　（4）Scale　（−5, 5)−(5, −5)

（5）Line　(10,10)−(−10,−10)　　　（6）100　　　　　　Line1.X1　　　　　　Image1.Left − 100

3．编程题（略）

第13章 数据库编程

数据库技术是计算机应用技术中的一个重要组成部分，在软件开发中经常使用数据库存储和管理大容量数据。Visual Basic 能够开发数据库应用系统，管理、维护和使用这些数据库。

13.1 数据库基础知识

目前使用的数据库管理系统主要包括层次数据库系统、网状数据库系统和关系数据库系统。其中，关系数据库使用最为广泛，其由若干表和视图组成。下面介绍关系数据库中的基本概念：

（1）表（Table）：表是数据存储的基本单位，由行和列组成（或称记录和字段），用于存储二维表信息。例如，学生信息表中，每一行对应一名学生，每一行中，包括学生的学号、姓名、性别、系别等信息，如图 13-1 所示。

（2）字段（Field）：表中的每一列称为一个字段。每个字段都有相应的描述信息，如数据类型、数据宽度等。

（3）记录（Record）：记录是表的一个基本组成单位，表中的每一行称为一条记录，它由若干个字段组成。

（4）主键（Primary key）：关系数据库中的某个字段或某些字段的组合定义为主键，每条记录的主键值都是唯一的，不允许重复，可以通过主键唯一标识一条记录。

学号	姓名	性别	年龄	系别
07011101	马燕	女	19	经济管理
07011201	张伟国	男	19	经济管理
07021103	王小丽	女	20	外语
…	…	…	…	…

主键　字段名　记录　表

图 13-1　关系数据库结构

13.2 数据库设计

在 Visual Basic 中，可以通过多种方法建立和访问数据库，本章以 Microsoft Access 数据库讲述数据库编程。在 Visual Basic 中建立的数据库与 Microsoft Access 数据库完全相同，也可以在 Microsoft Access 中建立数据库。

（1）启动 MS Access，执行"文件"→"新建"命令，选择"空数据库"打开"文件新建数据库"对话框，将数据库保存在"D:\VB"文件夹中，命名为"teach.mdb"，打开主界面如图 13-2 所示。

（2）单击"使用设计器创建表"命令，打开设计视图，定义表的各个字段，设置各个字段的名称、数据类型和说明。该数据库包括三个数据表：

① Student（s_no, s_name, s_sex, s_age, s_depart），如图 13-3 所示。

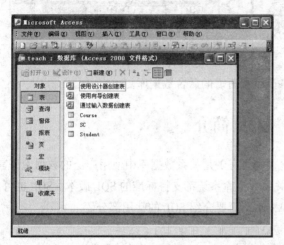

图 13-2　"文件新建数据库"窗口

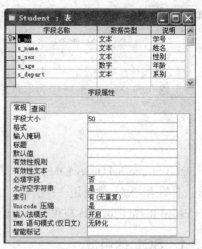

图 13-3　设计视图和 Student 表

② Course（c_no, c_name, c_credit），如图 13-4 所示。

③ SC（s_no, c_no, score），如图 13-5 所示。

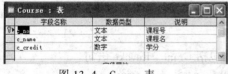

图 13-4　Course 表

图 13-5　SC 表

（3）双击数据表的图标，向其中添加数据，注意数据的参照完整性，即 SC 表中的 s_no 字段的内容必须来源于 Student 表中 s_no 的内容，c_no 必须来自于 Course 表中的 c_no。最终记录如图 13-6 所示。

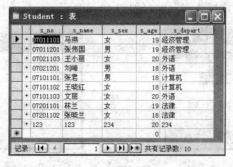

（a）Student 表记录

图 13-6　数据表记录

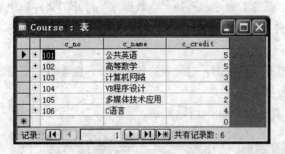

（b）Course 表记录 　　　　　　　　（c）SC 表记录

图 13-6　数据表记录（续）

以上建立的 teach.mdb 将作为本章后续各节编程所需的后台数据库。

13.3　SQL 简介

　　SQL（Structured Query Language，结构化查询语言）是关系数据库中使用广泛的数据库语言，它接近自然语言，易学易用。目前各厂商的关系数据库系统都支持标准的 SQL 版本。SQL 也可以用于 Visual Basic 的数据库应用程序的设计中，本节简要介绍 SQL 的常用部分。

13.3.1　SQL 的组成

　　SQL 由命令动词、子句、运算符和统计函数构成，它们组合为 SQL 语句，可以进行数据库的创建、更新和查询等功能。它包括三种不同功能部分：

　　（1）数据定义语言（Data Definition Language）：主要包括 Create、Drop、Add 和 Alter 语句。

　　（2）数据处理语言（Data Manipulation Language）：主要包括 Select、Insert、Update、Delete、Transaction、Execute 语句。

　　（3）数据控制语言（Data Control Language）：主要包括 Grant、Revoke 语句。

　　MS Access 的查询中可以运行各种 SQL 语句，其方法如下：

　　（1）执行"插入"→"查询"命令，打开"新建查询"对话框，如图 13-7 所示，选择"设计视图"选项，单击"确定"按钮。

　　（2）单击"关闭"按钮，关闭"显示表"对话框，进入"选择查询"窗口，执行"视图"→"SQL 视图"命令，SQL 的"选择查询"窗口如图 13-8 所示。

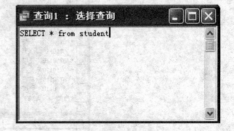

图 13-7　"新建查询"对话框 　　　　　　图 13-8　"选择查询"窗口

　　（3）输入语句"SELECT * from student"，单击工具栏的"运行"按钮 ，显示所有 Student

表的数据。

（4）执行"视图"→"SQL 视图"命令可以返回图 13-8 所示的窗口，执行"文件"→"保存"命令，设定查询名为"查询 1"并保存。

需要时，在"查询"选项卡中，双击"查询 1"图标可以执行查询，执行"视图"→"SQL 视图"命令，可以进入"选择查询"窗口。

13.3.2　SQL 数据定义语言

SQL 的数据定义语言可以完成表、视图、索引、存储过程、用户和组的创建和删除。本小节简要介绍创建和删除数据表的方法。

（1）创建表。创建表的 SQL 语句的格式如下：

```
CREATE TABLE 表名
 ([字段名 1]  字段类型 1,
   …
 [字段名 n]  字段类型 n);
```

例如，在查询 1 中编写以下语句，则创建名为 Friends 的表，其结构如图 13-9 所示。

```
CREATE TABLE Friends
 ([FriendID] integer,
 [LastName] text,
 [FirstName] text,
 [Birthdate] date,
 [Phone] text,
 [Notes] memo);
```

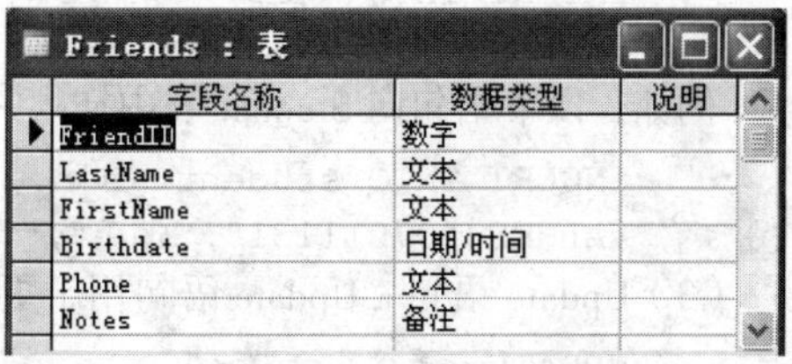

图 13-9　Friends 表结构

（2）删除表。删除表的 SQL 语句格式如下：

```
Drop Table 表名
```

例如，以下语句删除表 Friends：

```
Drop Table Friends
```

13.3.3　SQL 数据处理语言

数据处理语言主要包括数据的查询、插入、修改、删除和计算等。

（1）Select 语句。Select 语句用于查询数据表中的数据，其一般格式为：

```
SELECT [ALL|DISTINCT][TOP N [PERCENT]]
<列名>[{,<列名>}]
FROM  <表名>[{,<表名>}]
[WHERE <检索条件>]
[GROUP BY <列名 1>[HAVING <条件表达式>]]
[ORDER BY <列名 2>[ASC|DESC]];
```

例如，以下语句查询 Student 表中，所有性别为"男"的记录的所有列，如图 13-10 所示。

```
select * from student where s_sex="男"
```

其中"*"表示查询所有的列。

例如，以下语句查询 Teach.mdb 数据库中，所有女生的各门课程的成绩，按照课程排序，其结果如图 13-11 所示。

```
SELECT
```

```
Student.*,c_name,c_credit,score
FROM student,Course,SC
Where student.s_no=SC.S_NO
AND sc.c_no=Course.c_no
And s_sex="女"
ORDER BY Course.c_no
```

s_no	s_name	s_sex
07101101	张君	男
07011201	张伟国	男
07021201	刘峰	男

记录: |◀ ◀ 1 ▶ ▶| ▶* 共有记录

图 13-10 查询结果

s_no	s_name	s_sex	s_age	s_depart	c_name	c_credi	score
07011101	马燕	女	20	经济管理	公共英语	5	89
07101102	王晓红	女	19	计算机	公共英语	5	78
07201102	张晓兰	女	19	法律	高等数学	5	76
07201101	林兰	女	20	法律	高等数学	5	67
07021103	王小丽	女	21	外语	VB程序设计	4	87
07101102	王晓红	女	19	计算机	多媒体技术应	2	66

记录: |◀ ◀ 1 ▶ ▶| ▶* 共有记录数: 6

图 13-11 多表关联查询结果

（2）Insert 语句。Insert 语句用于向数据表中插入一条记录。其一般格式为：

```
INSERT INTO <表名>(<列名1>[,<列名2> …])
VALUES(<常量1>[,<常量2> …])
```

例如，以下语句向 Student 表中插入一条记录：

```
INSERT INTO student (s_no,s_name,s_sex,s_age,s_depart)
VALUES("07011131","张燕","女","17","天津市河西区")
```

（3）Update 语句。Update 语句用于更新数据表中的记录，其一般格式为：

```
UPDATE <表名>
SET <列名1>=<表达式1>[,<列名2>=<表达式2> …]
[WHERE <检索条件>]
```

例如，以下语句将 Student 表中所有性别为"女"的记录的 s_age 字段增加 1：

```
Update Student Set s_age=s_age+1 Where s_sex="女"
```

（4）Delete 语句。Delete 语句用于删除符合条件的记录，其一般格式为：

```
DELETE  *  FROM <表名>
[WHERE <检索条件>]
```

如果省略 Where 子句，则删除所有记录。

例如，以下语句删除 Student 表中所有 age 大于 20 的记录：

```
DELETE * FROM Student  WHERE s_age>20
```

13.4 数 据 控 件

数据控件 Data▣是 Visual Basic 用来建立和进行数据库访问的标准内部控件。使用 Data 控件无须编写代码就可以对 Visual Basic 所支持的各种类型数据库进行大部分数据访问操作。

Data 控件放在 Visual Basic 工具箱中，使用方法与其他控件相似，把它拖动到窗体中，控件自动取名为 Data1，如图 13-12 所示。

第一条 —— |◀ ◀ Data1 ▶ ▶| —— 最后一条

前一条   下一条

图 13-12 用数据控件查看记录

13.4.1 Data 控件的常用属性

Data 控件的常用属性包括 Connect、DatabaseName、RecordSource、RecordsetType、BOFAction 和 EOFAction 等，可以通过图 13-13 所示的属性窗口进行设置，也可以通过编写代码来设置。

（1）Connect：指定 Data 控件要访问的数据库的类型。Visual Basic 默认的数据库是 Microsoft Access 的 MDB 文件。此外，也可以连接 DBF、XLS、ODBC 等数据库。

（2）DatabaseName：指定具体使用的数据库文件名，包括其路径名。在属性表中会打开一个名为 DatabaseName 的打开文件对话框。

例如，设置 DatabaseName="D:\VB\teach.mdb"，将连接前面创建的数据库。

图 13-13 Data 控件的属性窗口

（3）RecordSource：用于确定具体可访问的数据。该数据可以是数据库中整张表。例如，要指定 teach.mdb 数据库中的 Student 表，则在属性窗口中单击 RecordSource 属性右边的按钮 ▾，在下拉菜单中选择 Student 即可；也可以是某张表中的部分数据，使用 SQL 查询语句的一个查询字符串。

必须设置 Connect、DatabaseName、RecordSource 属性才可以使用 Data 控件访问数据库。它们可以通过属性窗口进行设置，也可以通过运行时在 Form_Load 事件中设置，代码如下：

```
Data1.DatabaseName=App.path&"\teach.mdb"
```

（4）RecordsetType：指定 Data 控件所使用的记录集的类型。有三种取值：

① 0-Talbe：表。

② 1-Dynaset：动态集（默认值）。

③ 2-Snapshot：快照。

（5）BOFAction 和 EOFAction：当记录指针指向 Recordset 对象的开始（第一条记录）或结束（最后一条记录）时，数据控件的 EOFAction 和 BOFAction 属性的设置或返回值决定了 Data 控件要采取的操作。属性的取值见表 13-1。

表 13-1 BOFAction 和 EOFAction 属性设置

属　性	取　值	常　　数	操　　作
BOFAction	0	vbBOFActionMoveFirst	控件定位于第一条记录
	1	vbBOFActionBOF	将当前记录位置定位在第一条记录之前，记录集的 BOF 值保持为 True，触发数据控件对第一条记录的无效事件 Validate
EOFAction	0	vbEOFActionMoveLast	控件重定位到最后一条记录为当前记录
	1	vbEOFActionEOF	将当前记录位置定位在最后一条记录之前，记录集的 EOF 值保持为 True，触发数据控件对最后一条记录的无效事件 Validate
	2	vbEOFActionAddNew	向记录集加入新的空记录，可以对新记录进行编辑，当移动记录指针时新记录写入数据库

13.4.2 数据绑定控件

数据控件 Data 本身不能显示和直接修改记录，必须通过绑定控件来实现。Visual Basic 中常用的标准数据绑定控件有 TextBox、ListBox、ComboBox、CheckBox 等。

数据绑定控件的主要属性有：

（1）DataSource：用来指定绑定控件所连接的数据控件的名称。如文本框控件的 DataSource 属性设置为 Data1。

（2）DataField：将控件绑定到当前记录的一个字段。

【例 13.1】设计窗体如图 13-14 所示，显示 teach.mdb 数据库中 Student 表的记录内容。

【解】（1）在窗体中绘制一个 Data 控件（控件名自动默认为 Data1）、五个文本框和五个标签。

（2）设置 Data 控件的属性。Data1 的 Connect 属性指定为 Access 数据库类型；DatabaseName 的属性设置为“D:\VB\teach.mdb”；RecordSource 属性设为该数据库中的 Student 表。

图 13-14　用文本框显示 Student 表的内容界面

（3）设置文本框的属性。五个文本框的 DataSource 属性都设置为 Data1。DataField 属性分别选择与其对应的 s_no、s_name、s_scx、s_agc、s_depart。

（4）使用 Data 控件的四个箭头遍历整个记录集中的记录。如果改变了某个字段的值，只要移动记录，这时所做的改变就会存入数据库。

13.4.3　Data 控件的事件与方法

1．Data 控件的事件

除了 MouseMove、MouseDown、MouseUp 等常用事件以外，Data 控件还具有几个与数据库访问有关的特有事件。

（1）Reposition 事件：当用户单击 Data 控件上的某个箭头按钮，或者在应用程序中使用了某个 Move 或 Find 方法，或者添加一条新记录成为当前记录之后，均会触发 Reposition 事件。

```
Private Sub Data1_Reposition()
Data1.Caption=Data1.Recordset.AbsolutePosition+1  'Data1 显示第几条记录
End Sub
```

（2）Validate 事件：当要移动记录指针、修改、删除记录或卸载含有数据控件的窗体之前，都会触发 Validate 事件。该事件用来检查被数据控件绑定的控件内的数据是否发生变化。

2．Data 控件的方法

（1）Refresh：主要用来建立或重新显示与 Data 控件相连接的数据库记录集。如果在程序运行过程中修改了 Data 控件的 DatabaseName、RecordSource 或 Connect 等属性，就可以用该方法来刷新记录集。

Refresh 的语法格式为：

　　　　数据控件名.Refresh

（2）UpdateRecord：该方法可以将绑定控件上的当前内容写到数据库中，就可以在修改数据后调用该方法来确认修改。

（3）UpdateControls：该方法将数据重新读到绑定控件中，在修改数据后调用该方法放弃所做的修改。

（4）Close：该方法用于关闭数据库或记录集，并且将该对象设置为空。例如：

    数据控件名.Recordset.Close

13.4.4 记录集对象

在 Visual Basic 中，数据库中的表不允许直接访问，只能通过记录集对象（Recordset）进行操作和浏览。在 Data 控件中，记录集 Recordset 对象由 Data 控件的 RecordSource 属性决定，可以是 DatabaseName 数据库中的单个表名，或运行一次 SQL 查询所得的记录结果。

1. Recordset 对象的类型

在 Data 控件中可用三类 Recordset 对象，即 Table（表类型）、Dynaset（动态类型）和 Snapshot（快照类型），默认为 Dynaset 类型。

（1）表类型的记录集已建立了索引，适合快速定位与排序，但内存开销太大。

（2）动态集类型的记录集则适合更新记录，但其搜索速度不及表类型。

（3）快照类型的记录集内存开销最小，适合显示只读数据。

2. Recordset 对象的属性

（1）AbsolutePosition：返回当前的指针值。如果是第一条记录，其值为 0，该属性为只读属性。例如：

    Data1.Caption=Data1.Recordset.AbsolutePosition+1

（2）BOF 和 EOF：BOF 判定指针是否在首条记录之前，若 BOF 为 True，则当前位置位于记录集的第 1 条记录之前。与之类似，EOF 判定指针是否在最后一条记录之后。

（3）Bookmark：返回或设置当前记录集记录指针的标签。每一条记录都有自己唯一的标签，它与记录在记录集中的顺序无关。将 Bookmark 属性存放到变量中，就可以通过将该变量赋值给 Bookmark 属性，并返回到这个记录。例如：

    studentmark=Data1.Recordset.Bookmark   '记录当前指针赋给标签
    Data1.Recordset.Bookmark=studentmark   '将当前记录指向标签

（4）NoMatch ：在记录集中查找时，如果找到相匹配的记录，则该属性为 False，否则为 True。该属性常与 Bookmark 属性一起使用。

（5）RecordCount：返回记录集中的记录数。该属性为只读属性。在多用户环境下，RecordCount 属性值有时不准确，需要先将记录指针移动到最后一条记录。

3. Recordset 对象的方法

（1）Move：使用 Move 方法可代替对数据控件对象的四个箭头按钮的操作而遍历整个记录集。五种 Move 方法如下：

① MoveFirst：将记录集指针移动到第一条记录。

② MoveLast：将记录集指针移动到最后一条记录。

③ MoveNext：记录集指针移动到下一条记录。

④ MovePrevious：记录集指针移动到上一条记录。

⑤ Move[n]：向前或向后移动 n 条记录，n 为指定的数值。

（2）Update：语句 Data1.Recordset.Update 保存对 Recordset 对象的当前记录所做的修改。

（3）Find：可在指定的动态集 Dynaset 或快照类型 Snapshot 的 Recordset 对象中查找与指定条件相符的一条记录，并使之成为当前记录。方法包括：

① FindFirst：在记录集中查找满足条件的第一条记录。

② FindLast：在记录集中查找满足条件的最后一条记录。

③ FindNext：从当前记录开始查找满足条件的下一条记录。

④ FindPrevious：从当前记录开始查找满足条件的上一条记录。

例如，在 Student 表中查找学号为"07101101"的记录，如果没有找到，则显示"找不到该名学生"。代码如下：

```
Data1.Recordset.FindFirst "s_no= '07101101 '"
If Data1.Recordset.NoMatch Then
    MsgBox "找不到该名学生! ",,"查询结果"
End If
```

注意：在使用 Find 方法查询时，RecordsetType 属性一般设置为"1-Dynaset"。

（4）Seek：常用于数据表类型（Table）记录集，通过一个已设置为索引（Index）的字段，查找符合条件的记录，并使该记录为当前记录。

格式：记录集.Seek comparison,关键字1,关键字2,…,关键字3

其中，comparison 是字符串类型的比较运算符，可以是=、>=、>、<>、<、<=。例如：

```
Data1.Recordset.Index="s_age"
Data1.Recordset.Seek ">","19"
```

注意：必须打开记录集合的索引，才可以查找。

（5）AddNew：Data1.Recordset.AddNew 向记录集增加一条新记录，它将一条空记录添加到记录集的末尾，并将记录指针定位到该记录。新记录的值可以在代码中指定，也可以在数据绑定控件中输入。在添加完新记录之后要使用 Update 方法才能将数据保存到数据库。

（6）Edit：语句 Data1.Recordset.Edit 可以改变当前记录的一些字段的值。与 AddNew 方法类似，必须再使用 Update 方法更新数据库的内容。

（7）Delete：将当前记录从记录集中删除。但记录仍将显示在绑定控件中。因此，删除后，常使用 MoveNext 或 MovePrevious 方法移动指针，否则将会出现无当前记录的情况。

为了扩展 Data 控件的功能，Visual Basic 允许使用代码操纵 Data 控件及其 Recordset 对象。例如，使用 Move 方法取代 Data 控件的箭头。

【例 13.2】创建窗体如图 13-15 所示，使用 Data 控件和绑定控件 TextBox，实现查看学生信息记录，对学生记录进行增加、修改、删除，单击"查询成绩"按钮时，打开图 13-16 所示的输入框输入学号，按学号进行学生信息查询。

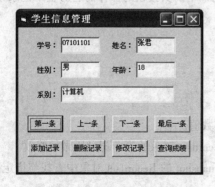

图 13-15　Data 控件处理记录窗体

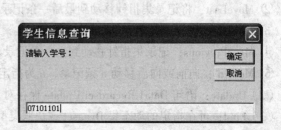

图 13-16　查询界面

【解】（1）在窗体上依次添加标签、文本框和命令按钮。再添加一个 Data 控件，设置其 Visible 属性为 False。

（2）设置 Data1 和各数据绑定控件的属性。

（3）编写程序如下：

```
    '"添加记录"按钮
Private Sub CommandAdd_Click()
    Data1.Recordset.AddNew
    Data1.Recordset("s_no")="07101103"
    Data1.Recordset.Fields("s_name")="文丽"
    Data1.Recordset("s_sex")="女"
    Data1.Recordset("s_age")=20
    Data1.Recordset("s_depart")="外语"
    Data1.Recordset.Update          '更新记录
    Data1.Refresh
End Sub
    '"删除记录"按钮
Private Sub CommandDelete_Click()
    Dim mag
    '提示是否确定删除
    mag=MsgBox("确定删除记录吗？",vbYesNo,"删除记录")
    If mag=vbYes Then                       '如果选择"是"
        Data1.Recordset.Delete              '删除当前记录
        Data1.Recordset.MoveLast            '定位到末记录
    End If
End Sub
Private Sub CommandEdit_Click()             ' "修改记录"按钮
    If CommandEdit.Caption="修改记录" Then
            '单击"修改记录"按钮后，按钮标题改为"确定"
        CommandEdit.Caption="确定"
            ' "添加""删除""查询"命令按钮不可用
        CommandAdd.Enabled=False
        CommandDelete.Enabled=False
        CommandFind.Enabled=False
        Data1.Recordset.Edit                '编辑当前记录
        Text1.SetFocus
    Else
            '如果按钮标题是"确定"，则更新修改内容
        If CommandEdit.Caption="确定" Then
            Data1.Recordset.Update
            CommandEdit.Caption="修改记录"       '按钮标题恢复为"修改记录"
            CommandAdd.Enabled=True    ' "添加"、"删除"、"查询"命令按钮恢复可用
            CommandDelete.Enabled=True
            CommandFind.Enabled=True
        End If
    End If
End Sub
Private Sub CommandFind_Click()                 ' "查询记录"按钮
```

```
        Dim str As String
        Dim con As String
            '输入要查询的学生学号
        con=InputBox("请输入要查找的学生学号: ", "学生信息查询")
    str="s_no='"&con&"'"                    '设置查询条件
    Data1.Recordset.FindFirst str           '使用 FindFirst 方法进行查询
        If Data1.Recordset.NoMatch Then     '如果没有找到匹配的记录
        MsgBox "找不到该名学生! ",,"查询结果"  '则显示相应的信息
        End If
    End Sub
    Private Sub CommandFirst_Click()        '定位到第一条记录
        Data1.Recordset.MoveFirst
    End Sub

    Private Sub CommandLast_Click()         '定位到最后一条记录
        Data1.Recordset.MoveLast
    End Sub
    Private Sub CommandNext_Click()         '下移一条记录
        If Not Data1.Recordset.EOF Then     '对"下一条"按钮进行越界保护
            Data1.Recordset.MoveNext
        Else
            Data1.Recordset.MoveLast
        End If
    End Sub
    Private Sub CommandPrevious_Click()     '上移一条记录
        If Not Data1.Recordset.BOF Then     '对"上一条"按钮进行越界保护
            Data1.Recordset.MovePrevious
        Else
            Data1.Recordset.MoveFirst
        End If
    End Sub
```

13.5 ADO 数据控件和 DataGrid 控件

ADO 数据控件与内部 Data 控件相似，可以快速地创建一个到 Microsoft Access 数据库的连接。同时，可以使用一种类似于表格的绑定控件 DataGrid，更方便地显示和浏览数据表中所有的记录。

【例 13.3】使用 ADO 数据控件和 DataGrid 控件显示 Student 表中的数据，如图 13-17 所示。

【解】操作步骤如下：

（1）在窗体上添加 ADO 数据控件和 DataGrid 控件。

ADO 数据控件和 DataGrid 控件是 ActiveX 控件。执行"工程"→"部件"命令，选择 Microsoft ADO Data Control 6.0（SP6）（OLEDB）和 Microsoft DataGrid Control 6.0（SP6）（OLEDB），单击"确定"按钮。在窗体的适当位置绘制相应的控件，其默认名为 Adodc1 和 DataGrid1。

（2）在 Adodc1 上右击，在快捷菜单中选择"ADODC 属性"命令，打开 ADO 数据控件的"属性页"对话框，允许三种不同的方式连接数据库，如图 13-18 所示。

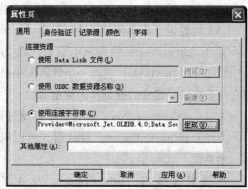

图 13-17　用 ADO 控件和 DataGrid 控件访问数据库界面　　图 13-18　ADO 数据控件的"属性页"对话框

① 使用 Data Link 文件：表示通过一个连接文件来完成。

② 使用 ODBC 数据资源名称：可以通过下拉列表选择某个创建好的数据源名称（DSN）作为数据来源。

③ 使用连接字符串：单击"生成"按钮，通过选项设置自动生成连接字符串的内容。

（3）采用"使用连接字符串"方式连接数据源。单击"生成"按钮，如图 13-19 所示，打开"数据链接属性"对话框。

在"提供程序"选项卡内选择一个合适的 OLE DB 数据源，选择 Microsoft Jet 4.0 OLE DB Provider 作为 MS Access 数据库的驱动，单击"下一步"按钮，打开"连接"选项卡，如图 13-20 所示。

图 13-19　"提供程序"选项卡

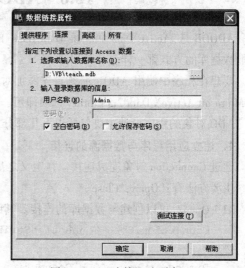

图 13-20　"连接"选项卡

在"连接"选项卡中，单击"选择或输入数据库名称"文本框右边的按钮，选择数据库 D:\VB\teach.mdb，单击"测试连接"按钮，如果显示"测试连接成功"消息框，则表示连接成功，否则表示连接失败。单击"确定"按钮，返回"属性页"对话框，此时在"使用连接字符串"对话框中生成了一个连接字符串，内容如下：

```
Provider=Microsoft.Jet.OLEDB.4.0;Data Source=D:\VB\teach.mdb;Persist Security
Info=False
```

该字符串就是 ConnectionString 属性值，也可以在属性窗口直接设置 ConnectionString 属性值。

（4）设置记录源。在"属性页"中"记录源"选项卡的"命令类型"下拉列表中包括：

① 1-adCmdText：输入 SQL 语句，如"select * from book"。

② 2-adCmdTable：选择一个数据库中已经存在的表或已经建立的查询作为数据源。

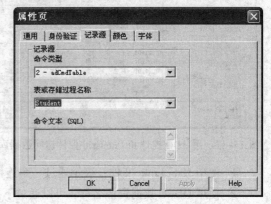

③ 4-adCmdStoreProc：选择一个存储过程。

④ 8-adCmdUnKnown：默认值，可以取任何一个类型。

本例中选择 2-adCmdTable，表名称为 Student，如图 13-21 所示。

（5）在窗体上添加 DataGrid 数据控件，选中 DataGrid1 数据控件，并在对应的属性窗口中修改 DataSource 的属性值为 Adodc1。

图 13-21 "记录源"选项卡

（6）运行窗体，查看结果，如图 13-17 所示。

使用代码操纵 Adodc 控件和其 Recordset 对象，方法和 Data 控件类似。例如：

```
Adodc1.Recordset.MoveFirst
```

可以将【例 13.2】改为使用 Adodc 控件编程实现，这里不再赘述。

13.6　ADODB 程序设计

ADODB 是 Active Data Objects Data Base 的简称，它最大的优点是：不管后台数据库如何，存取数据库的方式都一样。

要想在程序中使用 ADO，必须首先添加对 ADO 的引用。执行"工程"→"引用"命令，选择 Microsoft ActiveX Data 2.5 Library 选项即可。

ADO 对象的程序设计主要包括以下几部分：

1. 建立应用程序与数据源的连接

通过 Connection 对象完成连接。在定义之后先用 set 命令实例化才能在程序中引用。

主要方法有：Open、Close。

（1）Open：可以创建与数据库的连接。其语法如下：

```
Connection.Open ConnectionString,UserId,Password,Options
```

例如：

```
Dim cn As New ADODB.Connection
Set cn=New ADODB.Connection
cn.Open "Provider=Microsoft.Jet.OLEDB.4.0;persist security info=false;
data source=D:\VB\teach.mdb"
```

（2）Close：关闭已经打开的数据库连接。其语法如下：

```
cn.Close
```

2. 查询语句

显示的记录可以不是单表的内容，可以通过 SQL 语句在多表之间进行查询后得到记录。例如：

```
SQL="select student.s_no,s_name,c_name,score from student,course,sc "
```

```
SQL=SQL&" where student.s_no=sc.s_no and course.c_no=sc.c_no"
```

3. 执行查询, 得到返回的记录集

Recordset 对象是来自于基本表或命令执行结果的记录集。 Recordset 对象所指的当前记录均为整个记录集中的单条记录。常用代码如下:

```
Dim rs As ADODB.Recordset
Set rs=New ADODB.Recordset
rs.Open SQL,cn,adOpenStatic,adLockOptimistic
```

其中, adOpenStatic 表示静态游标, 可以用来查找数据或生成报告的记录集合的静态副本, 对其他用户所做的添加、更改和删除不可见。adLockOptimistic 表示开放式锁定, 只在调用 Update 方法时锁定记录。

4. 处理记录集

对记录集的内容需要进一步处理, 如记录的查看、添加、修改、删除等操作。

【例 13.4】设计图 13-22 所示的界面。使用 ADODB 程序设计的方法进行学生信息的查看以及对学生记录进行增加、删除以及按学号进行查询的操作。

【解】单击"查询成绩"按钮, 可调出图 13-23 所示的查询界面。

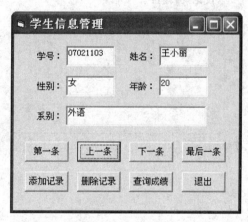

图 13-22　使用 ADODB 程序设计处理记录界面

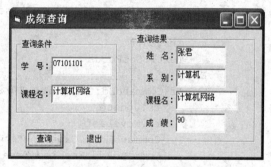

图 13-23　按学号查询学生成绩界面

Form1 中的代码如下:

```
Dim cn As New ADODB.Connection    '定义一个新的 Connection 对象
Dim rs As ADODB.Recordset         '定义一个新的 Recordset 对象
Private Sub showing()             '定义一个 showing 过程, 在各文本框中显示各字段
    If Not (rs.BOF Or rs.EOF) Then
        Text1=rs("s_no")
        Text2=rs("s_name")
        Text3=rs("s_sex")
        Text4=rs("s_age")
        Text5=rs("s_depart")
    End If
End Sub
Private Sub CommandAdd_Click()    '"添加记录"按钮
    rs.AddNew
    rs("s_no")="07101103"
    rs("s_name")="文丽"
```

```
        rs("s_sex")="女"
        rs("s_age")=19
        rs("s_depart")="外语"
        rs.Update                        '更新记录
        rs.MoveLast                      '定位末记录
        rs.Close
        cn.Close
        Form_Load
    End Sub
    Private Sub CommandDelete_Click()    '"删除记录"按钮
        Dim mag
        mag=MsgBox("确定删除记录吗? ",vbYesNo,"删除记录")    '确定是否删除
        If mag=vbYes Then
            rs.Delete                    '删除当前记录
            rs.MoveLast                  '定位末记录
            showing                      '在窗体的各文本框中显示各字段的值
        End If
    End Sub
    Private Sub CommandEdit_Click()      '"修改记录"按钮
        If CommandEdit.Caption="修改记录" Then
            CommandEdit.Caption="确定"
            CommandAdd.Enabled=False
            CommandDelete.Enabled=False
            CommandFind.Enabled=False
            'rs.Edit
            Text1.SetFocus
        Else
            If CommandEdit.Caption="确定" Then
                rs.Update
                rs.MoveLast
                CommandEdit.Caption="修改记录"
                CommandAdd.Enabled=True
                CommandDelete.Enabled=True
                CommandFind.Enabled=True
            End If
        End If
        showing
    End Sub
    Private Sub CommandFind_Click()      '"查询成绩"按钮
        Form2.Show                       '显示"成绩查询"窗体
    End Sub
    Private Sub CommandFirst_Click()     '定位第一条记录
        rs.MoveFirst
        showing
    End Sub
    Private Sub CommandLast_Click()      '定位最后一条记录
        rs.MoveLast
        showing
    End Sub
    Private Sub CommandNext_Click()      '下移一条记录
```

```
     If Not rs.EOF Then
      rs.MoveNext
     Else
      rs.MoveLast
    End If
     showing
   End Sub
   Private Sub CommandPrevious_Click()        '上移一条记录
     If Not rs.BOF Then
       rs.MovePrevious
   Else
       rs.MoveFirst
    End If
    showing
   End Sub
   Private Sub Form_Load()                    '启动窗体，创建和数据库的连接
     Set cn=New ADODB.Connection
     Dim file_name As String
     Dim path As String
     If Len(App.path)=3 Then
        path=App.path
     Else
        path=App.path&"\"
     End If
     file_name=path+"teach.mdb"              'file_name 的值为数据源的路径+名称
     cn.Open "Provider=Microsoft.Jet.OLEDB.4.0;persist security info= false;
   data source="&file_name
     SQL="select*from student "
     'SQL=SQL&" where student.s_no=sc.s_no and course.c_no=sc.c_no"
     Set rs=New ADODB.Recordset
     rs.Open SQL,cn,adOpenStatic,adLockOptimistic           '打开记录集
     If Not (rs.EOF And rs.BOF) Then
         rs.MoveFirst
         showing
     End If
   End Sub
```

Form2 中的代码如下：

```
   ' "成绩查询" 窗体
   Dim cn As New ADODB.Connection
   Dim rs As ADODB.Recordset
   Private Sub Command1_Click()               '按学号查询
     Set cn=New ADODB.Connection
     Dim file_name As String
     Dim path As String
     Dim str As String
     If Len(App.path)=3 Then
        path=App.path
     Else
        path=App.path & "\"
     End If
```

```
    file_name=path+"teach.mdb"
    cn.Open "Provider=Microsoft.Jet.OLEDB.4.0;persist security info=false;
data source="&file_name
    SQL="select s_name,s_depart,c_name,score from student,course,sc "
'设定查询条件
    SQL=SQL&" where student.s_no=sc.s_no and course.c_no=sc.c_no "
    SQL=SQL&"and student.s_no='"&Text5.Text&"'"
    SQL=SQL&"and c_name='"&Text6.Text&"'"
    Set rs=New ADODB.Recordset
    rs.Open SQL,cn,adOpenStatic,adLockOptimistic
    If Not(rs.EOF And rs.BOF)Then
        rs.MoveFirst
        showing
    Else
        MsgBox "没有找到相关记录! ",,"查询结果"
    End If
End Sub
Private Sub Command2_Click()
    End
End Sub
Private Sub showing()                   '显示查询结果
    Text1.Visible=True
    Text2.Visible=True
    Text3.Visible=True
    Text4.Visible=True
    If Not (rs.BOF Or rs.EOF) Then
        Text1.Text=rs("s_name")
        Text2.Text=rs("s_depart")
        Text3.Text=rs("c_name")
        Text4.Text=rs("score")
    End If
End Sub
Private Sub Form_Load()                 '窗体启动时，查询结果文本框不可见
    Text1.Visible=False
    Text2.Visible=False
    Text3.Visible=False
    Text4.Visible=False
End Sub
```

习　题

一、练习题

1. 选择题

（1）在关系数据库中，由行和列组成的二维表称为（　　）。

    A. 表　　　　　　　B. 字段　　　　　　　C. 记录　　　　　　　D. 主键

（2）SQL 语句中能创建表的语句是（　　）。

    A. Create Table　　B. Drop Table　　　　C. SELECT　　　　　D. INSERT INTO

（3）Data 控件中（　　）属性指定数据的类型。

    A．Connect   B．DatabaseName   C．RecordSource   D．RecordsetType

（4）Data 控件的方法中（　　）将当前内容写到数据库中。

    A．Refresh   B．UpdateRecord   C．UpdateControls   D．Close

（5）ADODB 数据库编程中，（　　）对象用于连接数据库。

    A．Connection   B．Recordset   C．ADODB   D．Command

2．填空题

（1）在关系数据库的表中的每一列称为_____，每一行称为_____。

（2）SQL 语言包括_____、_____和_____三部分语句。

（3）删除名字为 Student 表的 SQL 语句为_____。

（4）查询 Student 中性别为"男"、年龄>=19、"外语"系的学生记录_____。

（5）向 Course 表中插入一条新记录课程号为 999、课程名为体育、学分为 3 的 SQL 语句为_____。

（6）删除 Student 表中性别为"男"的记录的 SQL 语句为_____。

（7）Data 控件中_____属性可以指定数据库的文件名。

（8）ADO 的 Connection 对象的_____方法可以打开数据库连接，_____方法可以关闭数据库连接。

3．编程题

设计一个名为 bookmanage 的 Access 数据库，其中包含 book、author、publisher 三个表。各个表的结构见表 13-2～表 13-4。

表 13-2　Book 表

字 段 名 称	数 据 类 型	字 段 大 小
b_no	文本	6
b_name	文本	20
p_no	文本	6
a_no	文本	6

表 13-3　Author 表

字 段 名 称	数 据 类 型	字 段 大 小
a_no	自动编号	-
a_name	文本	20

表 13-4　Publisher 表

字 段 名 称	数 据 类 型	字 段 大 小
p_no	文本	6
p_name	文本	20

要求：

（1）使用 Data 控件和数据绑定控件 TextBox，进行数据库的连接，实现以下操作：

① 显示 Book 表中所有记录。

② 为 Book 表新增一条记录。

③ 删除上步操作中增加的记录。

④ 进行有条件的查询。

⑤ 修改 Book 表中的当前记录。

（2）使用 Adodc 控件和 DataGrid 控件实现上述操作。

（3）使用 ADO 程序设计方式实现上述操作。

二、参考答案

1．选择题

（1）	（2）	（3）	（4）	（5）
A	A	A	B	A

2．填空题

（1）字段　　记录

（2）数据定义语言　　数据处理语言　　数据控制语言

（3）Drop table Student

（4）Select * From Student Where s_sex="男" And s_age>=19　And s_depart="外语"

（5）Insert Into Course　（c_no，c_name，c_credit）　Values("999","体育",3)

（6）Delete * From Student Where s_sex="男"

（7）DatabaseName

（8）Open Close

3．编程题（略）

第14章 Visual Basic 高级编程技术

为了让读者掌握更多的实用编程技术，本章介绍 Visual Basic 的一些高级编程技术，主要包括类的编写和使用、ActiveX 控件的编写和使用、多媒体 MCI 控件编程、网络编程和应用程序发布。

14.1 Visual Basic 类的编写和使用

类是面向对象程序设计的重要概念，它封装了对象的属性和方法，类可以实例化为对象。Visual Basic 提供各种控件的类，程序开发者只能使用，不能更改。

程序开发者可以在类模块中创建自定义的类，从而封装属性和方法，类模块文件的扩展名为.cls。其主要步骤包括创建类模块、向类中添加属性、方法和事件。

1. 创建类模块

创建类模块有两种方法：

（1）执行"工程"→"添加类模块"命令，打开"添加类模块"对话框，如图 14-1 所示。

选中"类模块"图标，单击"打开"按钮，创建一个新的类模块，默认文件名为 Class1.cls。类模块代码窗口如图 14-2 所示，可用在其中添加类的属性、方法等代码。

（2）在"添加类模块"对话框中，选中"VB 类生成器"图标，单击"打开"按钮，打开"类生成器"窗口，如图 14-3 所示，可以在其中添加属性、方法、事件等。

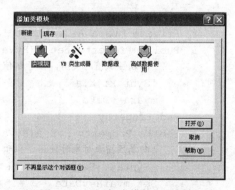

图 14-1 "添加类模块"对话框

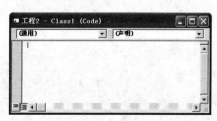

图 14-2 类模块代码窗口

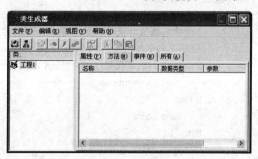

图 14-3 类生成器

在类生成器中执行"文件"→"新建"→"类"命令，打开"类模块生成器"对话框如图 14-4 所示，可以在其中定义新类，设定类名并选择继承的基类。单击"确定"按钮，创建了新类。

在类生成器中执行"文件"→"更新工程"命令，将相应的属性、方法等代码显示在类模块窗口。

2. 向类中添加属性。

在类生成器中执行"文件"→"新建"→"属性"命令，打开"属性生成器"对话框如图 14-5 所示，在其中为类生成属性，设定名称、数据类型和声明类型，并自动生成属性代码。例如，属性 a 对应的代码如下：

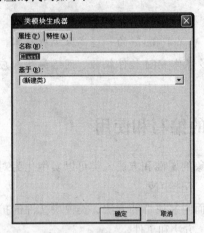

图 14-4　类模块生成器

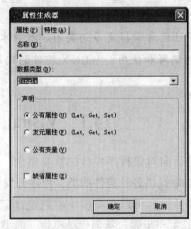

图 14-5　属性生成器

```
'保持属性值的局部变量
Private mvara As Variant '局部复制
Public Property Let a(ByVal vData As Variant)
    '向属性赋值时使用，位于赋值语句的左边
    'Syntax: X.a=5
    mvara=vData
End Property
Public Property Set a(ByVal vData As Variant)
    '向属性指派对象时使用，位于 Set 语句的左边
    'Syntax: Set x.a=Form1
    Set mvara=vData
End Property
Public Property Get a() As Variant
    '检索属性值时使用，位于赋值语句的右边
    'Syntax: Debug.Print X.a
    If IsObject(mvara) Then
        Set a=mvara
    Else
        a=mvara
    End If
End Property
```

其中，Visual Basic 提供的三种属性过程的含义见表 14-1。

表 14-1　三种属性过程的含义

过　　程	说　　明
Property　Get	用于返回属性的值
Property　Let	设置属性的值
Property　Set	如果属性含有对象引用，设置对象属性的值

3．向类中添加方法

在类生成器中执行"文件"→"新建"→"方法"命令，打开"方法生成器"对话框如图 14-6 所示，可以在其中设定方法的参数和返回数据类型。

（1）单击"添加"按钮⊞，打开"添加参数"对话框，如图 14-7 所示，可以在其中设定参数名称、数据类型等选项。

（2）单击"删除"按钮✕，可以删除选中的参数。

方法生成器会生成方法的代码。图 14-6 所示的方法生成的代码如下：

```
Public Function CalArea(a As Single,b As Single,c As Single) As Single
End Function
```

图 14-6　方法生成器　　　　　　　　　　　图 14-7　添加参数

4．向类中添加事件

当类模块建立后，其 Initialize 事件和 Terminate 事件将被自动加入。创建对象时触发 Initialize 事件，释放对象时触发 Terminate 事件。此外，Visual Basic 还允许软件开发者添加自定义事件，方法为：在类生成器中，执行"文件"→"新建"→"事件"命令，打开"事件生成器"窗口，在其中添加事件及其参数。例如，增加事件 fff 如下：

```
'要引发该事件，请遵循下列语法使用 RaiseEvent
'RaiseEvent fff[(arg1,arg2,…,argn)]
Public Event fff(a As Single)
```

5．在应用程序中使用类

在应用程序中可以为类创建实例对象，并使用其属性和方法。

（1）使用以下语句创建对象 aTriangle。

```
dim aTriangle as New Triangle
```

或

```
Dim aTriangle As Triangle
Set aTriangle=New Triangle
```

（2）设置和获取类的的属性。

```
aTriangle.a=100          '设置属性
a=aTriangle.a            '获取属性
```

（3）调用类的方法。

```
Print aTriangle.CalArea  '调用方法
```

6. 释放对象

每个对象都会占用内存和系统资源，当不再使用对象时应及时释放这些资源。卸载对象可以释放资源。其语句的格式为：

```
set [对象变量名]=Nothing
```

如果不使用 Set 语句释放对象，则当应用程序结束时，系统会统一卸载应用程序创建的所有对象。

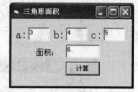

【例 14.1】 定义三角形类 Triangle，包括三个属性 a、b 和 c 表示三条边，方法 CalArea 计算其面积。设计界面如图 14-8 所示，定义类 Triangle 的对象，输入三条边长，计算三角形面积。

图 14-8　求三角形面积界面

【解】（1）新建工程，创建类模块，保存为 Triangle.cls，其中包括三个属性 a、b 和 c 表示三条边，方法 CalArea 计算其面积。类模块的代码如下：

```
'保持属性值的局部变量
Private mvara As Single '局部复制
Private mvarb As Single '局部复制
Private mvarc As Single '局部复制
'计算三角形的面积
Public Function CalArea() As Single
    Dim s As Single
    If a+b <= c Or a+c<=b Or b+c<a Then
        CalArea=0
    Else
        s=(a+b+c)/2
        CalArea=Sqr(s*(s-a)*(s-b)*(s-c))
    End If
End Function
Public Property Let c(ByVal vData As Single)
'向属性指派值时使用，位于赋值语句的左边
'Syntax: X.c=5
    mvarc=vData
End Property
Public Property Get c() As Single
'检索属性值时使用，位于赋值语句的右边
'Syntax: Debug.Print X.c
    c=mvarc
End Property
Public Property Let b(ByVal vData As Single)
'向属性指派值时使用，位于赋值语句的左边
'Syntax: X.b=5
```

```
        mvarb=vData
    End Property
    Public Property Get b() As Single
    '检索属性值时使用，位于赋值语句的右边
    'Syntax: Debug.Print X.b
        b=mvarb
    End Property
    Public Property Let a(ByVal vData As Single)
    '向属性指派值时使用，位于赋值语句的左边
    'Syntax: X.a=5
        mvara=vData
    End Property
    Public Property Get a() As Single
    '检索属性值时使用，位于赋值语句的右边
    'Syntax: Debug.Print X.a
        a=mvara
    End Property
```

（2）设计界面如图 14-8 所示，窗体 Form1（Caption="三角形面积"）、Lable1（Caption="a:"）、Lable2（Caption="b:"）、Lable3（Caption="c:"）、Lable4（Caption="面积:"）、Text_a（输入 a）、Text_b（输入 b）、Text_c（输入 c）、Text_Area（输出 Area）、Command1（计算）。编写事件代码如下：

```
    Private Sub Command1_Click()
        Dim aTriangle As New Triangle
        aTriangle.a=Val(Text_a.Text)              '输入边
        aTriangle.b=Val(Text_b.Text)
        aTriangle.c=Val(Text_c.Text)
        Text_area.Text=aTriangle.CalArea()        '输出
    End Sub
```

14.2　自定义 ActiveX 控件和使用

Visual Basic 提供了很多基本控件，软件开发者可以建立自己的 ActiveX 控件，并放在工具箱中使用。在 Visual Basic 中创建 ActiveX 控件有两种方法：一种是手工创建，另一种是利用 Visual Basic 的向导程序定制 ActiveX 控件。

【例 14.2】手工定义求三角形面积的 ActiveX 控件。

【解】（1）在 Visual Basic 中，执行"文件"→"新建工程"命令，打开"新建工程"对话框，如图 14-9 所示。

（2）选中其中的"ActiveX 控件"图标，单击"确定"按钮，创建一个新工程。用户控件窗体如图 14-10 所示，包括 Lable1（Caption="a:"）、Lable2（Caption="b:"）、Lable3（Caption="c:"）、Lable4（Caption="面积:"）、Text_a（输入 a）、Text_b（输入 b）、Text_c（输入 c）、Text_Area（输出 Area）、Command1（计算）。

在属性窗口中设置控件的背景、边框、字体、高度、宽度、图片等属性。窗体的 Picture 属性为 Sunset.jpg。用户控件的默认图标是█，也可以设置用户控件的图标。

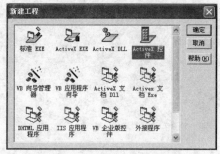

图 14-9　"新建工程"对话框　　　　图 14-10　"用户控件"窗口

（3）为 Command1 按钮编写代码如下：

```
Public ddd As Integer                  '可被外部调用的变量
Private Sub Command1_Click()
    Dim a As Single                    '定义变量
    Dim b As Single
    Dim c As Single
    Dim s As Single
    Dim area As Single
    Dim t As String
    a=Val(Text_a.Text)                 '输入边
    b=Val(Text_b.Text)
    c=Val(Text_c.Text)
    s=(a+b+c)/2                        '计算周长
    area=Sqr(s*(s-a)*(s-b)*(s-c))      '计算面积
    Text_area.Text=area                '输出
End Sub
```

（4）保存工程，并执行"文件"→"生成工程"命令，生成 Triangle.ocx 用户控件。

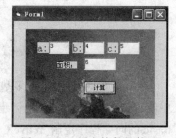

（5）打开 Visual Basic，新建"标准 EXE"工程，执行"工程" →"部件"命令，打开"部件"对话框，单击"浏览"按钮，选择 Triangle.ocx 控件，在工具箱中多了一个用户控件图标▣。选中用户 控件图标，在窗体绘制该控件，运行程序结果如图 14-11 所示。

图 14-11　用户控件的使用

上例的用户控件中 Triangle.ocx 计算三角形面积，都在控件内部 完成，其中的数据未与外部有任何联系。而在实际应用中，控件中的属性与应用程序之间的数据 接口非常重要。Triangle.ocx 控件中定义的 Public ddd As Integer 变量可以被外部引用，例如，以下 程序正确地引用了变量 ddd：

```
Private Sub Form_click()
    UserControl11.ddd=12345
    Print UserControl11.ddd
End Sub
```

【例 14.3】用向导的方法定义三角形求面积的 ActiveX 控件，并使用它求三角形面积。

【解】（1）在 Visual Basic "新建工程"对话框中，创建一个新的"ActiveX 控件"项目。用户 控件的界面如图 14-12 所示，包括 Lable1（Caption="a:"）、Lable2（Caption="b:"）、Lable3 （Caption="c:"）、Lable4（Caption="面积:"），Text_a（输入 a）、Text_b（输入 b）、Text_c（输入 c），

控件窗体的 Picture 属性为 "Sunset.jpg"。

（2）执行 "工程"→"添加用户控件" 命令，打开 "添加用户控件" 对话框如图 14-13 所示。

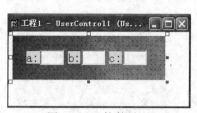

图 14-12　控件界面

图 14-13　"添加用户控件" 对话框

（3）选中 "VB ActiveX 控件界面向导" 图标，打开 ActiveX 控件接口向导，两次单击 "下一步" 按钮，直到打开 "创建自定义接口成员" 对话框如图 14-14 所示，可以在其中创建控件的属性。本例中创建 a、b、c 和 Area，分别表示三角形的三条边和面积。

（4）单击 "下一步" 按钮，在 "设置映射" 对话框如图 14-15 所示，建立公有名称与控件的成员之间的映射。本例中建立以下映射：

a=Text_a.Text,b=Text_b.Text,c=Text_c.Text

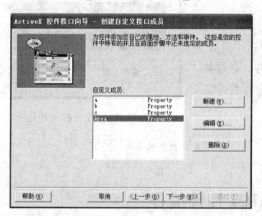

图 14-14　创建自定义接口成员

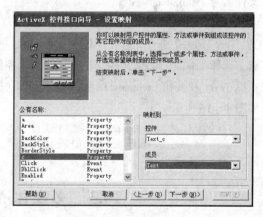

图 14-15　设置映射

（5）两次单击 "下一步" 按钮，完成向导，此时用户控件的代码窗口自动生成代码，完成映射关系。

（6）用户可以修改代码窗口中的代码。本例中增加以下程序，使得修改文本框中数据时，重新计算面积赋给变量 Area：

```
'注意！前边还有很多关于用户控件的代码
'计算三角形面积函数
Private Function CalArea() As Single
    Dim s As Single
    Dim x As Single,y As Single,z As Single
    x=Val(a)
    y=Val(b)
    z=Val(c)
```

```
            s=(x+y+z)/2                          '计算周长
            If x+y<=z Or x+z<=y Or y+z<=x Then
                CalArea=-1
            Else
                CalArea=Sqr(s*(s-x)*(s-y)*(s-z))  '计算面积
            End If
    End Function
    '当 Text_a 改变时重新计算
    Private Sub Text_a_Change()
        Area=CalArea()
    End Sub
    '当 Text_b 改变时重新计算
    Private Sub Text_b_Change()
        Area=CalArea()
    End Sub
    '当 Text_c 改变时重新计算
    Private Sub Text_c_Change()
        Area=CalArea()
    End Sub
    '注意! 后边还有很多关于用户控件的代码
```

（7）保存工程，执行"文件"→"生成工程"命令，生成文件名为 Triangle.ocx 控件。

（8）打开 Visual Basic，新建"标准 EXE"工程，执行"工程"→"部件"命令，打开"部件"对话框，单击"浏览"按钮，选择 Triangle.ocxw 文件。在窗体绘制该控件，并绘制文本框 Text1 和按钮 Command1。编写以下程序，运行程序结果如图 14-16 所示。

图 14-16　用户控件使用

```
    Private Sub Command1_Click()
        Text1.Text=UserControl11.Area      '引用用户控件的属性
    End Sub
```

14.3　多媒体 MCI 控件编程

Visual Basic 的多媒体 MCI 控件可以处理常见的视频、声音、MIDI 等多媒体格式信息，向多媒体设备如声卡、MIDI 序列发生器、CD-ROM 驱动器等设备发出 MCI 命令。

14.3.1　MCI 控件

MCI 控件 （MMControl）包括一组具有执行 MCI 命令功能的按钮，如图 14-17 所示。它们从左到右一次为回到开始（Prev） 、到结尾（Next） 、播放（Play） 、暂停（Pause） 、回倒（Back） 、步进（Step） 、停止（Stop） 、录制（Record） 和弹碟（Eject） 。

图 14-17　MCI 控件

执行"工程"→"部件"命令，选择 Microsoft Multimedia Control 6.0 部件，在工具箱中增加了 MCI 控件 。选中 MCI 控件，在窗体上绘制该控件即可。

14.3.2　常见的多媒体设备

MCI 控件具体能提供哪些功能，取决于计算机的硬件和软件配置。例如，要播放波形声音，则计算机必须有声卡，且必须装有正确的驱动程序。常见的多媒体设备见表 14-2。

表 14-2　常见多媒体设备

设 备 类 型	说 明
Cdaudio	音频 CD 播放器
Waveaudio	播放数字波形文件的音频设备，文件类型为.wav
Avi	视频文件，文件类型为.avi
Videodisc	激光视盘播放器
Sequencer	MIDI 序列发生器，文件类型为.mid
Vcr	录像机播放设备

14.3.3　MCI 控件的主要属性和事件

1．MCI 控件的主要属性

MCI 控件的主要属性见表 14-3。

表 14-3　MCI 控件的主要属性

属 性	说 明
AutoEnable	值为 True 时，控件自动根据设备类型决定哪些按钮有效
（按钮）Enabled	设置某个按钮是否有效。例如，PrevEnabled，PlayEnabled
（按钮）Visibled	设置某个按钮是否显示。例如，PrevVisible，PlayVisible
Visible	MCI 控件在运行时是否显示
Orientation	MCI 控件中按钮的排列方向。值为 0 表示垂直方向，为 1 表示水平方向
Command	执行一条 MCI 命令
hWndDisplay	指定视频播放的窗口
Length	返回多媒体文件的长度
Position	当前播放的位置
Filename	指定要打开的文件名
From 和 to	在 Play 或 Record 事件前，表示播放和录制的起始位置和结束位置
TimeFormat	设置时间格式
Mode	打开的设备目前的状态
Shareable	打开的设备能否被不同应用程序共享。一般设置为不共享，否则运行时可能出错
Silent	指定播放设备是否播放声音
Track 系列属性	包括一系列关于轨道的属性，仅用于 CD 或 Videodisc 中
UpdateInterval	决定两次 StatusUpdate 事件之间的毫秒数
UsesWindows	当前的 MCI 设备是否使用同一个窗口输出
Wait	决定 MCI 控件是否等到下一条 MCI 命令完成才将控制返回应用程序

（1）按钮 Enabled 和按钮 Visibled：按钮 Enabled 和按钮 Visibled 两个属性分别指定对应按钮是否可用和是否显示。例如：

```
MMControl1.PlayEnabled=False        '播放按钮不可用
```

```
    MMControl1.PlayVisible=False        '隐藏播放按钮
```
（2）Command 属性：用于执行一条 MCI 控制命令。例如：
```
    MMControl1.Command="Play"  '播放
```
MCI 控制命令见表 14-4。

表 14-4　MCI 控件命令

属　　性	说　　明	属　　性	说　　明
Open	打开多媒体设备	Record	录制
Close	关闭多媒体设备	Prev	回到开始点
Play	播放	Next	到下一个位置的开始点
Pause	暂停	Seek	向前或向后查找指定位置
Stop	停止	Eject	退出媒体
Back	后退	Sound	播放声音
Step	前进	Save	保存打开的文件

（3）TimeFormat 属性：设置时间格式，取值在 0~10 之间。其中：

① 0-Millisecond，以毫秒为单位。

② 1-HMS，以时/分/秒为单位。

③ 2-MSF，以分/秒/媒体文件个数为单位。

④ 3-，以媒体文件的个数为单位。

⑤ 8-，以字节为单位。

⑥ 9-，以取样数为单位。

（4）Mode 属性：表示设备的当前状态，设计时不可见，运行时为只读属性。取值为：

① 524，设备未打开；② 525，停止状态；③ 526，播放状态；④ 527，录制状态；⑤ 528，搜索状态；⑥ 529，暂停状态；⑦ 530，准备状态。

2. MCI 控件的主要事件

（1）按钮 Click 事件：按钮 Click 事件是一组事件，单击 MCI 控件上的一个按钮触发对应按钮的 Click 事件。例如，以下事件为按下播放按钮（Play）时触发的事件。

```
    Private Sub MMControl1_PlayClick(Cancel As
    Integer)
```
（2）Done 事件：当 Notify 属性值为 True 时，MCI 控制指令执行完毕时触发该事件，执行相应的代码。

```
    Private Sub MMControl1_Done(NotifyCode As
    Integer)
```
（3）StatusUpdate 事件：按照 UpdateInterval 属性指定的时间间隔触发 StatusUpdate 事件。

```
    Private Sub MMControl1_StatusUpdate()
```
【例 14.4】利用 MCI 控件制作一个播放 AVI 视频的简易播放器，如图 14-18 所示。其功能如下：

图 14-18　简易视频播放器界面

（1）单击"打开"按钮，弹出"打开"对话框，选择.avi 文件后，开始播放视频。

（2）单击"关闭"按钮，关闭正在播放的视频，并关闭程序。

（3）游标 Slider 控件显示播放进度，Label1 显示当前位置，Label2 显示总长度。

（4）使用 MCI 控件控制视频的播放过程。

【解】（1）在窗体上绘制图片框控件 Picture1，按钮 Command1（属性 Caption 值为"打开"）和 Command2（属性 Caption 值为"关闭"），标签 Label1（属性 Caption 值为"0 毫秒"）和 Label2（属性 Caption 值为"0 毫秒"），游标控件 Slider1（属性 Enabled 值为 False），MCI 控件，通用对话框控件 CommonDialog1。调整控件的大小和位置，并设定属性值，如图 14–18 所示。

（2）编写程序如下：

① Form_Load 过程。

```
Private Sub Form_Load()
    MMControl1.hWndDisplay=Picture1.hWnd        '将 Picture 设置为播放的界面
    MMControl1.Wait=False   '采用非阻塞方式传递 MCI 命令
    MMControl1.UpdateInterval=10 '每过 10 毫秒触发 MMControl1_StatusUpdate 事件
End Sub
```

说明：

● 语句 MMControl1.hWndDisplay=Picture1.hWnd，使得 MCI 控件播放的视频显示在图片框 Picture1 中。

● 语句 MMControl1.UpdateInterval=10，使得每过 10 毫秒触发 MMControl1_StatusUpdate 事件，修改游标 Slider 的 Value 和标签的显示。

② Command1_Click 过程。

```
'打开视频文件
Private Sub Command1_Click()
On Error GoTo error1                     '错误处理语句
    With CommonDialog1                   '针对打开对话框的操作
        .CancelError=True                '单击取消按钮时，触发错误
        .Filter="AVI 视频(*.avi)|*.avi|所有文件|*.*"  '可以选择的文件类型
        .ShowOpen                        '打开对话框
        If .FileName <> "" Then          '如果文件名不为空，则打开文件
            MMControl1.Command="Stop"    '停止正在播放的文件
            MMControl1.Command="Close"   '关闭正在播放的文件
            MMControl1.FileName=.FileName '更换新的文件
            MMControl1.Command="Open"    '打开新的文件
            Slider1.Max=MMControl1.Length '游标 max 更新
            MMControl1.Command="Play"
        End If
    End With
    Exit Sub                             '正常退出过程
error1:
    MsgBox "打开文件错误",vbCritical,"提示"
End Sub
```

说明：

● 使用 On Error GoTo error1 语句进行错误处理，当发生错误时，提示错误信息。

● 使用 CommonDialog1 控件，选择.avi 视频文件。

● 先关闭当前正在播放的视频，后重新打开新的视频文件并播放。

● 打开新视频时，重新设定游标 Slider 的 Value 和标签的显示。

③ MMControl1_StatusUpdate 过程。

```
Private Sub MMControl1_StatusUpdate()
    Slider1.Value=MMControl1.Position              '游标位置随着播放进程改变
```

```
        Label2.Caption=MMControl1.Length&"毫秒"        '总长度
        Label1.Caption=MMControl1.Position&"毫秒"      '当前位置
    End Sub
```

说明：此过程每过 UpdateInterval 属性值所指定的毫秒数后触发，更新游标 Slider 的 Value 和标签的显示。

④ Command2_Click()。

```
    '关闭当前视频并关闭应用程序
Private Sub Command2_Click()
    MMControl1.Command="Stop"        '停止正在播放的文件
    MMControl1.Command="Close"       '关闭正在播放的文件
    End                              '结束程序
End Sub
```

说明：关闭应用程序之前，应该先关闭正在播放的视频。

14.4 Visual Basic 网络编程

随着 Internet 的迅猛发展，有关网络的应用越来越多，Visual Basic 提供了许多控件用于 Internet 和网络编程：

（1）WebBrowser 控件：用于建立 Web 浏览器访问 Web 页面。

（2）Winsock 控件：一种使用 TCP 和 UDP，在服务器和客户机之间双向传递数据的控件。

（3）Internet Transfer 控件：用于从 Web 服务器或 FTP 服务器下载数据，或从客户机上传数据到服务器。

（4）MAPISession 控件：用于建立 E-mail 会话，登录电子邮件系统。

（5）MAPIMessage 控件：和 MAPISession 控件配合使用，管理个人的 E-mail。

另外，Visual Basic 6.0 还包括 DHTML（Dynamic Hyper Text Markup Language）应用程序和 IIS（Internet Information Server）应用程序，用于处理 Web 页面。

本节介绍使用 WebBrowser 控件建立 Web 浏览器的方法。

WebBrowser 控件 通过 HTTP 协议从 Web 站点下载并显示网页，也可以浏览本地计算机的资源。执行"工程"→"部件"命令，在"部件"对话框中选择 Microsoft Internet Controls 部件，就可以将 WebBrowser 控件 增加到工具箱中。

1. WebBrowser 控件的属性

WebBrowser 常用属性包括 LocationName、LocationURL、Busy、Offline、RegisterAsBrowser 等。

（1）LocationName 属性：返回 WebBrowser 控件中访问内容的名字，是只读属性。如果访问的是 Web 页面，则返回页面的标题；如果访问的是本地文件或文件夹，则返回本地路径。

（2）LocationURL 属性：返回 WebBrowser 控件访问内容的 URL 地址，是只读属性。

（3）Busy 属性：表示 WebBrowser 控件是否正在链接站点或下载数据，可以用 Stop 方法停止链接或下载数据过程。

（4）Offline 属性：表示 WebBrowser 控件是否支持离线浏览。如果为 True，则从本地计算机的临时文件夹中读取页面；如果为 False，则 WebBrowser 控件每次都从服务器下载最新页面。

（5）RegisterAsBrowser 属性：表示是否把浏览器控件注册为系统的默认浏览器，使得浏览页面时自动调用此浏览器。

2．WebBrowser 控件的方法

WebBrowser 控件可以完成 Internet Explorer 的大部分功能，主要包括 GoBack、GoForward、Refresh、GoHome、GoSearch、Stop、Navigate 等方法。

（1）GoBack 方法：该方法访问已经浏览的页面中的前一个页面。

（2）GoForward 方法：该方法访问已经浏览的页面中的下一个页面。

（3）Refresh 方法：该方法刷新当前页面。

（4）GoHome 方法：该方法访问浏览器的默认页面。

（5）GoSearch 方法：该方法访问浏览器中选项对话框中设置的搜索地址。

（6）Stop 方法：该方法停止当前浏览器的一切操作。

（7）Navigate 方法：该方法访问指定的页面或路径。

3．WebBrowser 控件的事件

WebBrowser 控件主要包括 DownloadBegin、DownloadComplete、TitleChange、NewWindows、NavigateComplete2 和 CommandStateChange 等事件。

（1）DownloadBegin 和 DownloadComplete 事件：当调用 Navigate 方法，开始下载网页时触发 DownloadBegin 事件。当全部页面下载完毕时触发 DownloadComplete 事件。

（2）TitleChange 事件：当浏览器的 URL 标题改变时触发该事件。

（3）NewWindows 事件：当浏览器建立一个新窗口后触发该事件。

（4）NavigateComplete2 事件：当浏览器连接到目的站点，并下载了全部内容时，触发该事件。

（5）CommandStateChange 事件：当浏览器的命令状态改变时，触发该事件。

【例 14.5】利用 WebBrowser 控件创建一个简单的 Web 浏览器，如图 14-19 所示。其功能如下：

（1）在文本框输入 URL 地址，单击"转到"按钮，浏览器打开页面。开始下载页面时，下侧状态栏文字为"正在加载页面……"，下载完毕后文字为"页面加载成功!"。

（2）标题栏为正在访问的页面的标题。

（3）实现网页的后退、前进、刷新、主页、查找、停止和空白这七个按钮的功能。

【解】（1）设计界面：

① 设置窗体 Form1 的属性 Caption="简单浏览器　V1.0"。

② 窗体上绘制一个 Toolbar 工具栏，打开其"属性页"对话框如图 14-20 所示，在其中插入七个按钮标题值分别为"后退""前进""刷新""主页""查找""停止"和"空白"，其关键字与标题值相同。

图 14-19　简单的 Web 浏览器界面

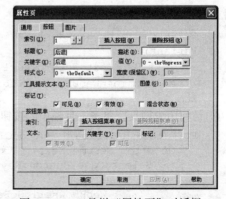

图 14-20　工具栏"属性页"对话框

③ 绘制标签 Lable1（属性 Caption="地址："），文本框 Text_URL，命令按钮 Command1（Caption="转到"），调整其大小和位置。

④ 绘制 WebBrowser 控件🌐，调整其大小和位置。

⑤ 绘制状态栏 StatusBar1 控件▭，在其属性页中设定一个窗格 Panels。

（2）编写程序如下：

① Form_Load 过程。当窗体加载时，设定文本框的首页地址，并访问该页面。

```
Private Sub Form_Load()
    '打开窗体时的首页
    Text_URL.Text="http://csie.tust.edu.cn/netteach"
    WebBrowser1.Navigate Text_URL.Text '访问首页
End Sub
```

② Form_Resize 过程。当窗体大小改变时，自动改变 WebBrowser1 控件的宽和高，以适应窗体的大小。

```
' Private Sub Form_Resize()
'当窗体大小改变时，自动改变 WebBrowser1 控件的大小
    WebBrowser1.Width=Me.ScaleWidth-300        '宽
    WebBrowser1.Height=Me.ScaleHeight-StatusBar1.Height-1200 '高
End Sub
```

③ "转到"按钮过程。当在文本框 Text_URL 中输入 URL 地址后，单击"转到"按钮时打开页面。

```
Private Sub Command1_Click()
    WebBrowser1.Navigate Text_URL.Text        '访问页面
End Sub
```

④ 页面下载中和下载后。当页面开始下载时，触发 WebBrowser1_DownloadBegin 事件，改变状态栏显示的文本。当页面下载结束时，触发 WebBrowser1_ DownloadComplete 事件，改变状态栏显示的文本。

```
Private Sub WebBrowser1_DownloadBegin()
    StatusBar1.Panels(1).Text="正在加载页面……"
End Sub
Private Sub WebBrowser1_DownloadComplete()
    StatusBar1.Panels(1).Text="页面加载成功！"
End Sub
```

⑤ 访问网页结束时的过程。当浏览器连接到目的站点，并下载了全部内容时，触发 WebBrowser1_NavigateComplete2 事件过程，修改文本框 Text_URL 中的 URL 地址，窗体的标题栏为网页的标题。

```
Private Sub WebBrowser1_NavigateComplete2(ByVal pDisp As Object,URL As
Variant)
    Text_URL.Text=WebBrowser1.LocationURL      '网页的 URL 地址
    Me.Caption=WebBrowser1.LocationName        '网页的标题
End Sub
```

⑥ 访问历史网页。单击工具栏中的按钮，在已经访问的所有页面中进行对应操作。

```
Private Sub Toolbar1_ButtonClick(ByVal Button As MSComctlLib.Button)
    On Error Resume Next      '如果访问出错，则忽略操作
        Select Case Button.Key  '按钮的关键字值
            Case "后退"
                WebBrowser1.GoBack
```

```
           Case "前进"
               WebBrowser1.GoForward
           Case "刷新"
               WebBrowser1.Refresh
           Case "主页"
               WebBrowser1.GoHome
           Case "查找"
               WebBrowser1.GoSearch
           Case "停止"
               WebBrowser1.Stop
           Case "空白"
               Text_URL.Text="about:blank"
               WebBrowser1.Navigate "about:blank"  '访问空白页
       End Select
   End Sub
```

14.5 应用程序的发布

应用程序设计完成后经常需要分发给用户使用。源程序涉及知识产权保护和保密问题，一般不宜直接分发给用户。应用程序编译为.exe 可执行程序后，需要一些如.ocx、.dll 等系统文件才能运行。因此，如果用户的计算机系统没有安装 Visual Basic 软件环境，则仍然不能运行。

Visual Basic 提供的打包和展开工具（Package & Deployment 向导），可以为应用程序制作安装包。在用户计算机运行安装包，则可以在脱离了 Visual Basic 系统的 Windows 环境中运行应用程序。安装包可以通过软盘、光盘、网络等途径容易地发布，从而实现软件的商品化。

应用软件打包和安装主要包括三个步骤：

（1）打包：将应用程序和工程必须的系统文件打包压缩为一个或多个文件中。

（2）展开：将应用程序的包放置到适当位置，以便用户从该位置安装。

（3）安装：用户获得安装包，执行其中的 Setup.exe 文件，按照向导安装软件。

1. 编译生成可执行文件

在 Visual Basic 中，可以将应用程序编译为可执行文件。在编译过程中，将检查程序的语法错误。其操作步骤为：执行"文件"→"生成 xxx.exe"命令，打开"生成工程"对话框如图 14-21 所示。

2. 打包

将应用程序打包的主要步骤如下：

（1）打开打包和展开向导。执行"开始"→"Microsoft Visual Basic 6.0 中文版"→"Microsoft Visual Basic 6.0 中文版工具"→"Package & Deployment 向导"命令，打开打包和展开向导如图 14-22 所示。单击"浏览"按钮，在打开的"打开工程"对话框中选择需要打包的工程。

图 14-21 生成工程

（2）打包脚本。单击"打包"按钮，进入"打包脚本"对话框，如图 14-23 所示。在其中选择以前打包过程时保存的脚本，使用以前打包的设置；如果不想选择以前的脚本则可以选择"无"。

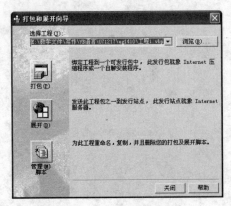

图 14-22 打包和展开向导

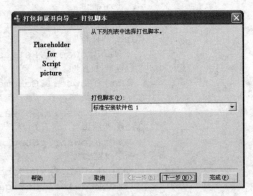

图 14-23 "打包脚本"对话框

（3）包类型。单击"下一步"按钮，打开"包类型"对话框，如图 14-24 所示。其中"标准安装包"选项创建由 Setup.exe 程序安装的包。"相关文件"选项创建一个文件列出相关文件信息。选中"标准安装包"选项。

（4）打包文件夹。单击"下一步"按钮，打开"打包文件夹"对话框，如图 14-25 所示，指定安装包存放的文件夹。打包文件夹可以选择已有的文件夹、新建文件夹或选择网络上的文件夹。

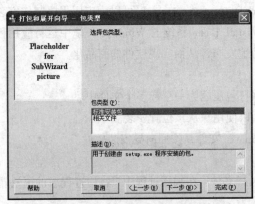

图 14-24 "包类型"对话框

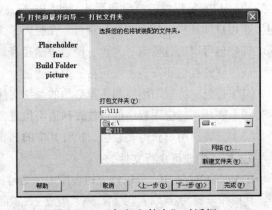

图 14-25 "打包文件夹"对话框

（5）包含文件。单击"下一步"按钮，打开"包含文件"对话框如图 14-26 所示，其中列出了工程将要包含的文件名称及其当前位置。用户可以取消选中的文件，也可以单击"添加"按钮，增加其他文件。

（6）压缩文件选项。单击"下一步"按钮，打开"压缩文件选项"对话框，如图 14-27 所示。可选项包括：

① 单个的压缩文件：将安装应用程序所需要的文件复制到一个大的.cab 文件中。

② 多个压缩文件：将安装应用程序所需要的文件复制到多个.cab 文件中，并可以指定每个压缩文件的大小。

（7）安装标题。单击"下一步"按钮，打开"安装程序标题"对话框，如图 14-28 所示。设定安装程序的标题，该标题将在安装过程中显示。

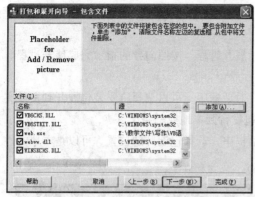

图 14-26 "包含文件"对话框

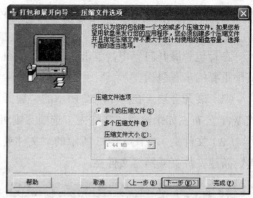

图 14-27 "压缩文件选项"对话框

（8）启动菜单项。单击"下一步"按钮，打开"启动菜单项"对话框，如图 14-29 所示。设定应用程序安装后在 Windows 的"开始"菜单中的程序组和项的名称。

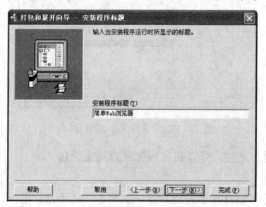

图 14-28 "安装程序标题"对话框

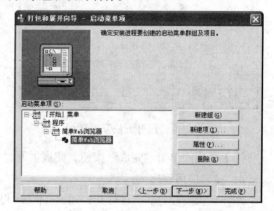

图 14-29 "启动菜单项"对话框

（9）安装位置。单击"下一步"按钮，打开"安装位置"对话框，如图 14-30 所示。设定应用程序及其相关系统文件在安装时的位置。

（10）共享文件。单击"下一步"按钮，打开"共享文件"对话框，如图 14-31 所示。决定应用程序文件是否以共享方式安装。如果为共享文件方式，那么当用户卸载该软件时，如果仍有别的用户使用该文件，则该文件不会删除。

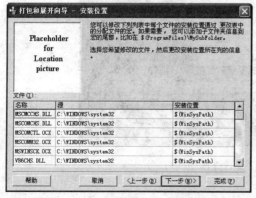

图 14-30 "安装位置"对话框

图 14-31 "共享文件"对话框

（11）完成。单击"完成"按钮，完成打包过程，并在结束时显示打包的报告。

3．展开

在打包和展开向导中，单击"展开"按钮，开始展开进程，按照向导的指示完成展开过程。其中重要的步骤包括：

（1）展开方法。在图 14-32 所示的"展开方法"对话框中，可以选择将安装包展开到文件夹或 Web 公布。如果选择"文件夹"选项，则可以把包发行到本地或网络文件夹。

（2）文件夹。在图 14-33 所示的"文件夹"对话框中，选择包展开的位置，可以是本地文件夹、新建文件夹或网络文件夹。

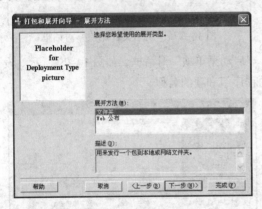
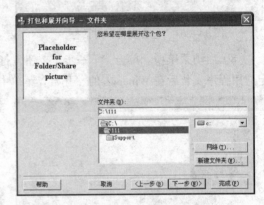

图 14-32 "展开方法"对话框   图 14-33 "文件夹"对话框

（3）完成。单击"完成"按钮，完成展开过程，此时，可以在目标位置找到安装包。

4．安装应用程序

用户获得安装包后，运行其中的 Setup.exe 程序，则打开了安装界面，如图 14-34 所示。安装程序在计算机中安装应用程序以及运行所需的其他文件。

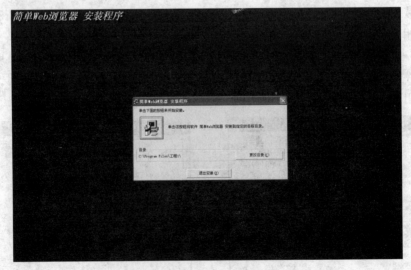

图 14-34 应用程序安装过程

参 考 文 献

[1] 教育部高等学校非计算机专业计算机基础课程教学指导分委员会. 关于进一步加强高等学校计算机基础教学的意见[M]. 北京：高等教育出版社，2004.

[2] 中国高等院校计算机基础教育改革课题研究组. 中国高等院校计算机基础教育课程体系2006[M]. 北京：清华大学出版社，2006.

[3] 宁爱军，熊聪聪. C语言程序设计 [M]. 北京：人民邮电出版社，2011.

[4] 宁爱军等. Visual Basic 程序设计教程 [M]. 北京：人民邮电出版社，2009.

[5] 宁爱军. 以能力为目标的程序设计教学[J]. 首届"大学计算机基础课程报告论坛"专题报告论文集，北京：高等教育出版社，2005.

[6] 宁爱军，熊聪聪. 以能力培养为重点的程序设计课程教学[J]. 全国高等院校计算机基础教育研究会2006年会学术论文集，北京：清华大学出版社，2006.

[7] 郑仁杰，殷人昆，陶永雷. 实用软件工程[M]. 2版. 北京：清华大学出版社，1997.

[8] 龚沛曾，杨志强，陆慰民. Visual Basic 程序设计教程[M]. 3版. 北京：高等教育出版社，2007.

[9] 龚沛曾，杨志强，陆慰民. Visual Basic 程序设计实验指导与测试[M]. 3版. 北京：高等教育出版社，2007.

[10] 刘炳文. Visual Basic 程序设计教程[M]. 2版. 北京：清华大学出版社，2003.

[11] 谭浩强. C程序设计[M]. 3版. 北京：清华大学出版社，2005.

[12] 邱李华，郭志强，曹青. 计算机程序设计基础 Visual Basic 版[M]. 北京：机械工业出版社，2005.

[13] 柴欣，史巧硕. Visual Basic 程序设计教程[M]. 北京：中国铁道出版社，2012.

习　题

一、练习题

1. 选择题

（1）Visual Basic 中自定义类模块文件的扩展名是（　　）。

　　A．.bas　　　　　　B．.cls　　　　　C．.exe　　　　　　D．.acx

（2）在 Visual Basic 中编写的类，不可以添加（　　）。

　　A．属性　　　　　　B．方法　　　　　C．事件　　　　　　D．控件

（3）Visual Basic 的多媒体（　　）可以处理常见的视频、声音、MIDI 等多媒体格式信息。

　　A．Navigate　　　　B．Web Browser　　C．Winsock　　　　D．MCI 控件

（4）（　　）控件用于建立 Web 浏览器访问 Web 页面。

　　A．WebBrowser　　 B．Winsock　　　　C．Internet Transfer　 D．MAPIMessage

（5）WebBrowser 控件的（　　）方法访问指定的页面或路径

　　A．Navigate　　　　B．GoSearch　　　 C．Stop　　　　　　 D．Refresh

（6）以下关于 Visual Basic 应用程序的说法错误的是（　　）。

　　A．Visual Basic 应用程序编译为.exe 文件后，在任何环境下都可以运行

　　B．运行 Visual Basic 应用程序安装包中的 Setup.exe，可以安装应用程序

　　C．Visual Basic 应用程序安装包可以安装在 Windows 操作系统下

　　D．Visual Basic 应用程序安装包在客户计算机上安装后，不需安装 Visual Basic 就可运行

2. 编程题

1. 简述类的编写和使用方法。

2. 简述 ActiveX 控件的编写和使用方法。

3. 简述应用程序的发布过程，并使用打包和展开向导将编写的一个工程打包和安装。

4. 利用所学编程知识，自己拟定一个实际应用软件项目，设计一个实用软件。

二、参考答案

1. 选择题

（1）	（2）	（3）	（4）	（5）	（6）
B	D	D	A	A	A

2. 编程题（略）